高原生境下 A²O 工艺脱氮除磷机理及改进研究

宗永臣　金建立　张东艳　著

西南交通大学出版社
·成都·

内容简介

本书依托西藏特殊高原生境中的低温、低气压、强紫外线辐射等要素，开展高原生境污水处理试验研究，选用了 A^2O 污水处理系统，针对城市生活污水开展了运行特性和脱氮除磷机理研究。研究结果显示，高原生境下的污水处理脱氮除磷效果不佳，溶解氧、紫外线辐射、水温对其具有一定的影响，主要体现为多样性和微生物群落组成较非高原区域具有较大的差异性，活性污泥浓度、优势微生物、功能蛋白、酶系、功能基因和代谢途径也具有较大的差异性。进一步地强化工艺运行结果也进一步地验证了上述结论。

图书在版编目（CIP）数据

高原生境下 A^2O 工艺脱氮除磷机理及改进研究 / 宗永臣，金建立，张东艳著. --成都：西南交通大学出版社，2023.9

ISBN 978-7-5643-9499-8

Ⅰ.①高… Ⅱ.①宗…②金…③张… Ⅲ.①污水处理–反硝化作用–研究②污水处理–生物处理–脱磷–研究 Ⅳ.①X703.1

中国国家版本馆 CIP 数据核字（2023）第 177866 号

Gaoyuan Shengjing xia A^2O Gongyi Tuodan Chulin Jili ji Gaijin Yanjiu

高原生境下 A^2O 工艺脱氮除磷机理及改进研究

宗永臣　金建立　张东艳　著

责 任 编 辑	李华宇
封 面 设 计	墨创文化
出 版 发 行	西南交通大学出版社 （四川省成都市金牛区二环路北一段 111 号 西南交通大学创新大厦 21 楼）
发行部电话	028-87600564　028-87600533
邮 政 编 码	610031
网　　　　址	http://www.xnjdcbs.com
印　　　　刷	成都蜀雅印务有限公司
成 品 尺 寸	170 mm × 230 mm
印　　　　张	16.75　　　　字　数　257 千
版　　　　次	2023 年 9 月第 1 版　印　次　2023 年 9 月第 1 次
书　　　　号	ISBN 978-7-5643-9499-8
定　　　　价	86.00 元

图书如有印装质量问题　本社负责退换
版权所有　盗版必究　举报电话：028-87600562

本书编写组

主要著者　宗永臣　金建立　张东艳

其他著者　陈相宇　樊　飞　孙文青　吕光东

前言 | Preface

污水处理的本质是利用系统中微生物生命代谢活动分解、转化污水中的污染物，但微生物对外界的环境要素具有较强的敏感性和适应性。西藏所处的自然环境非常特殊，国内外均无相似的地区。主要体现为高海拔产生的一系列独特环境要素，诸如低温、低气压等，这些环境要素会进一步对污水处理工艺产生影响；西藏稀薄的空气造就了强紫外线辐射，其紫外线指数甚至高达36，达到了五级指数等级，以紫外线为代表的太阳辐射也会对污水处理工艺的处理效果产生进一步的影响。因此，本书选用了 A^2O 系统作为典型污水处理工艺，开展脱氮除磷机理研究，探讨了低水温、强紫外线等特殊环境因素对脱氮除磷污泥培养及其稳定运行的影响机理，研究了优势微生物的特征，探索了高原环境因素影响下的脱氮除磷与微生物响应机制，开展了运行参数优化、系统强化或者系统改良等高效运行的机制研究。

本书共分为8章：第1章主要介绍了 A^2O 工艺的研究进展；第2章对 A^2O 工艺开展了运行特性的分析；第3章对活性污泥微生物特征进行了研究；第4章对活性污泥微生物优势种群的影响因素进行了分析；第5章对 A^2O 系统脱氮除磷机理进行了解析；第6章和第7章分别采用 MBBR 型 A^2O 工艺和 A^2O-BCO 工艺对高原生境下的污水处理工艺开展运行研究；第8章主要在第2~7章的基础上得出结论。

本书是作者所在研究团队近年来从事高原污水处理研究成果的结晶，编写组由西藏农牧学院教师宗永臣（第7、8章）、张东艳（第5章）、金建立（第6章）、陈相宇（第3章）、樊飞（第1章）、孙文青（第2章）、吕光东（第4章）等组成，所在团队的老师及一批硕士研究生也参与了相关研究工作和资料整理等工作，如李远威硕士、郝凯越硕士等。书中引用了国内外部分专著、文章、规范等成果，在此对相关作者一并表示感谢。同时，要特别感谢河海大学陆光华教授对本书的编撰工作给予了大力支持和帮助。

本书的编撰得到了西藏自治区自然科学基金项目重点项目"强太阳辐射下的污水处理脱氮机制研究"（XZ202301ZR0056G）、国家自然基金委地区科学基金项目"西藏极端环境对 A^2O 工艺脱氮除磷影响机理研究"（51868069）、高原特色的土木水利人才培养示范基地建设项目（533323004）的资助，在此表示感谢！

由于作者水平和经验所限，书中难免存在不足之处，敬请同行和读者批评指正。

编者

2023年5月

目录 | Contents

第1章 绪 论 ………………………………………………………… 001

1.1 国内外研究进展 …………………………………………………… 002
1.2 研究内容 …………………………………………………………… 012
1.3 主要创新点 ………………………………………………………… 012

第2章 A²O工艺的运行特性 ……………………………………… 013

2.1 试验控制 …………………………………………………………… 013
2.2 温度工况下的运行特性 …………………………………………… 017
2.3 DO工况下的运行特性 …………………………………………… 023
2.4 HRT工况下的运行特性 ………………………………………… 029
2.5 UV工况下的运行 ………………………………………………… 036
2.6 本章小结 …………………………………………………………… 041

第3章 活性污泥微生物特征分析 ………………………………… 043

3.1 微生物物种注释与评估 …………………………………………… 043
3.2 Beta多样性 ………………………………………………………… 049
3.3 微生物群落结构的共现性 ………………………………………… 051
3.4 活性污泥微生物群落结构及丰度差异 …………………………… 059
3.5 活性污泥性能 ……………………………………………………… 072
3.6 本章小结 …………………………………………………………… 079

第4章 活性污泥微生物优势种群的影响因素分析 ……………… 081

4.1 微生物优势群落与进水水质的关系 ……………………………… 081
4.2 微生物优势群落与工艺参数的关系 ……………………………… 084

4.3 微生物优势群落与工况因子的关系 ················· 088
4.4 微生物优势群落之间的相关性 ····················· 095
4.5 本章小结 ····································· 099

第 5 章 A^{2}O 系统脱氮除磷机理分析 ···················· 101

5.1 微生物群落功能蛋白及其变化 ····················· 101
5.2 活性污泥微生物群落代谢途径 ····················· 108
5.3 活性污泥微生物群落中的酶系及其丰度 ··············· 113
5.4 微生物功能基因丰度 ····························· 118
5.5 高原环境因素下 A^{2}O 工艺物质代谢途径 ············· 123
5.6 高原环境因素下的脱氮除磷机理 ··················· 132
5.7 本章小结 ····································· 134

第 6 章 MBBR 型 A^{2}O 工艺试验 ······················· 136

6.1 试验设计 ····································· 136
6.2 MBBR 型 A^{2}O 工艺填充优选 ····················· 138
6.3 不同 HRT 下 MBBR 型 A^{2}O 工艺运行特性 ··········· 153
6.4 本章小结 ····································· 180

第 7 章 A^{2}O-BCO 工艺试验特性 ······················· 182

7.1 试验设计 ····································· 182
7.2 A^{2}O-BCO 工艺运行特性 ························· 184
7.3 微生物群落结构和物种组成 ······················· 190
7.4 污水处理的微生物代谢机制 ······················· 201
7.5 本章小结 ····································· 243

第 8 章 结　论 ···································· 245

参考文献 ·· 247

第 1 章
绪　论

近年来，随着西藏城镇化建设的快速推进，以城镇污水处理为代表的基础设施建设已经进入一个崭新阶段。截至 2020 年初，西藏已建成运行 18 座污水处理厂、试运行 14 座污水处理厂、在建 56 座污水处理设施，全区设市城市污水处理率达到 90.19%，县城及以上城镇污水处理率达 65.15%。

现状调查发现，已运行污水处理厂均不同程度出现了问题，主要表现在脱氮除磷效果尚不能令人满意，具体表现在总氮（TN）、总磷（TP）、化学需氧量（COD）等水质指标去除率较低，出水水质间歇性不满足相关标准。上述问题的出现主要与西藏自治区处于典型的高原环境有关，其最为显著的外因为高海拔，而高海拔会影响水温和紫外线（UV）强度。考虑到污水处理工艺大多采用生物处理为主要污水处理反应器，而生物处理的核心部分就是水处理微生物，水处理微生物对水温和 UV 具有较高的敏感性，故高原的特殊生境将直接对水处理的效果产生影响。

（1）水温：众所周知，气温会随着海拔升高而下降。西藏平均海拔 4 000 m 以上，属于典型的低温地区，而低气温将导致低水温。

（2）UV：西藏大部分地区处于长时间日照和高强度太阳辐射下，西藏七地市的日照和辐射强度信息见表 1-1。

UV 作为太阳辐射的一部分，其强度与太阳辐射强度呈正相关关系。西藏林芝市的 UV 辐射强度是内陆其他城市的 1.5～2.5 倍，属于典型的高 UV 辐射强度地区。

表 1-1 西藏的日照和辐射强度

项目	拉萨市	昌都市	日喀则市	林芝市	山南市	那曲市	阿里地区
日照/(h/a)	3 021.6	2 276.5	3 248.2	2 000.5	2 979.3	2 879.3	3 395.7
日照率/%	68	51	73	45	67	65	77
太阳总辐射值/(kcal/cm^2·a)①	191	145.9	192.4	135.5	172.1	162	181.9

综上可知：西藏所处的自然环境非常独特，国内外均无相似的地区。目前对西藏特殊环境条件下各类污水处理工艺的运行机制和脱氮除磷微生物学机理等方面的研究尚属空白。

1.1 国内外研究进展

1.1.1 A^{2}O 工艺概述

A^{2}O 工艺又被称为 AAO 工艺，是 Anaerobic-Anoxic-Oxic Process 的简称，其主要用于二级或三级污水处理，具有良好的同步脱氮除磷效果。其经历了五个阶段发展而来：

第一阶段为脱氮工艺，在 1932 年由 Wuhrmann 开发，其工艺流程遵循了硝化、反硝化而设置。该工艺缺点非常明显，主要体现在脱氮速率极低、好氧池容积较大等方面。

第二阶段为 AO 工艺，在 1973 年由 Barnard 提出，其在脱氮工艺的基础上互换了缺氧池和好氧池的位置，并将好氧池混合液回流。该工艺的提出极大地解决了碳源不足的问题，使得反硝化脱氮得以高效开展，但是该工艺依然存在不能完全脱氮的问题。

第三阶段为 Bardenpho 工艺，是在 1973 年 Barnard 提出 AO 工艺后针对该工艺不完全脱氮的不足而改进的工艺，其流程是在 AO 工艺后增加脱氮工艺，该工艺在一定程度上具有完全去除硝酸盐的能力。

第四阶段为改良型 Bardenpho 工艺，在 1976 年 Barnard 针对 Bardenpho

---

① 1 kcal≈4.186 kJ。

工艺的不足而提出：在 Bardenpho 工艺前增加厌氧池即可实现有效去除磷。由于该工艺具有五段故也称作五阶段 Bardenpho 工艺，此时工艺已经具备了同步脱氨除磷的效果。

第五阶段为 A^2O 工艺，1980 年 Rabinowitz 和 Marais 在对 Phoredox 工艺的试验中发现：提出在五阶段 Bardenpho 工艺中增加一个好氧池和一个缺氧池后，其污水出水效果相近，但是其建设费用和运行成本却可得以大幅度降低。

1.1.2 A^2O 脱氮除磷原理

A^2O 工艺流程及各反应器功能如图 1-1 所示。

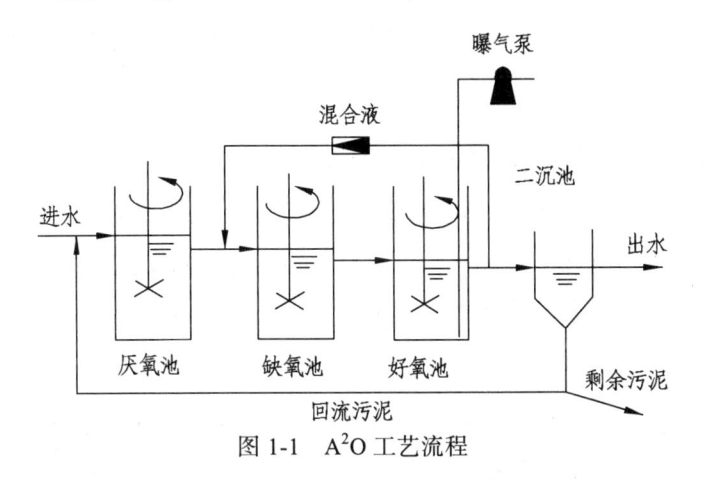

图 1-1 A^2O 工艺流程

第一阶段为厌氧池，该反应器主要功能为释磷。原水和回流污泥中的含磷污泥经混合后在碱性厌氧菌的作用下易分解长链有机物为小分子有机物，聚磷菌吸收小分子有机物合成为聚-β-羟丁（poly-β-hydroxybutyrate，PHB）并将其储存于细胞内，将胞内磷水解为磷酸盐，释放进入水体中，而此部分能量可供聚磷菌在厌氧下持续生存，这也造成了水体中磷的浓度上升，同时污水中的溶解性有机物进入胞内导致五日生化需氧量（BOD_5）浓度下降；氮作为细胞组成成分进而被降低，稀释作用使得污泥内的 NH_3-N 浓度下降；而硝态氮则在进入厌氧池后被还原为氮气释放，会去除部分有机物，一般认为厌氧池几乎不含硝态氮。回流污泥的硝态氮和溶解性有机物进入厌氧池，既不利于聚磷菌释磷也不利于大分子有机物厌氧发酵为小分子有机物。

第二阶段为缺氧池，目前较为公认的缺氧池功能为反硝化脱氮，好氧池的混合液回流带入一定量的硝态氮。缺氧池流入足量的混合液后，反硝化细菌利用污水中的有机物将混合液里的硝态氮还原成氮气释放，进而完成硝化反应，使得有机物和硝态氮浓度均出现较大范围的下降。也有研究认为，此处也可能存在释磷或吸磷效应。

第三阶段为好氧池，其是工艺的核心反应器，可以去除 TN、TP 等多种污染物。经过前两个反应器的反应，有机物浓度已经极低，聚磷菌主要依靠 PHB 能量生长与繁殖，同时吸收水体中可溶性的磷酸盐并将其储存在胞内，沉淀后可将含磷较高污泥分离出进而实现除磷的效果。此时，有机物由于生化作用继续降低，TN 由于硝化作用也进一步下降，但硝态氮由于硝化反应的原因呈现增加的趋势。

1.1.3 A²O 处理效果的影响因素

目前，A²O 工艺已经开展的影响因素研究主要集中在 HRT、污泥回流比、混合液回流比、水温、溶解氧（DO）、potential of Hydrogen（pH）、碳氮比、脱氮除磷、水处理微生物等几个方面。

1. HRT

HRT 是污水在构筑物内的有效停留时间，一般用处理构筑物的容积与处理进水量的比值来衡量，HRT 的单位为 h。对于 A²O 工艺一般控制在 7~14 h，其中厌氧池停留时间为 1~2 h，缺氧池停留时间为 0.5~3 h，其余为好氧池停留时间。HRT 是制约 A²O 工艺的重要因素，对工艺脱氮除磷效率有着重要的影响。

彭艺艺等通过改变厌氧池容积调整了厌氧池停留时间，对比发现此时可以改善脱氮除磷效果，推荐厌氧池的 HRT 为 2 h 以上，甚至可以延长至 2.5 h；柳利魁等针对华北某市污水厂进水的 NH₃-N 和悬浮固体（SS）高于设计值的情况，通过提高好氧反应器的 HRT 等措施，使得好氧池硝化能力得到了提高；曾武等采用 A²O 工艺对混合污水开展了试验，发现好氧池 HRT 为 5 h 时，具有较好的脱氮效果及较高的有机物去除率；马俊等也开展了上述试验控制，发现好氧池 HRT 为 6 h 时出水效果最好。

可见适当改变相应反应器的容积可以提高出水水质效果,这在部分水质指标不达标时具有较好的提升效果。

2. 回流比

在 A^{2}O 工艺中存在两种回流,分别是混合液回流以及污泥回流,其中混合液回流是指好氧池混合液回流至缺氧池的过程,而污泥回流则是指二沉池污泥回流至厌氧池的过程。《室外排水设计标准》(GB 50014—2021)规定,污泥回流比为 20%~100%,混合液回流比为≥200%。目前,两个回流比的研究进展如下:

1)混合液回流比

徐伟峰等开展了 A^{2}O 小试研究,其混合液回流比分别设置为 100%、200% 和 300%,其试验结果表明混合液回流比增大,缺氧除磷效果和反硝化作用均出现先升高后下降的趋势,但厌氧释磷和好氧吸磷没有受到影响,混合液回流比为 200%时除磷效果最好;湖南大学陈玉新等采用污水处理仿真软件构建了某市的 A^{2}O 数学模型,通过模拟发现当混合液回流比分别为 150%和 400%时对应的 TP 和 TN 去除效果最佳,系统运行最佳是在混合液回流比为 350%时;程静等以龙王嘴污水处理厂为研究对象,采用四组混合液回流比比较了工艺的脱氮效果,发现当混合液回流比为 200%时脱氮效果最佳,其去除率在 50%左右;黄宁等通过中试试验发现,在缺氧池内 HRT 大于 3 h、混合液回流比大于 150%时,TN 去除率接近 70%可达标排放;华南理工大学曾武等研究发现,当混合液回流比为 120%时生活污水和粪便混合污水的脱氮和有机物去除较好;Wang 等研究人员通过逐步提升混合液回流比的方式处理了垃圾渗滤液,最终发现混合液回流比为 2200%时出水效果最佳;Ye 等通过控制混合液回流比 200%时,出水效果达到最佳状态,其 COD、TN、NH$_3$-N 和 TP 的最终浓度范围为 26~48 mg/L、6.11~11.03 mg/L、2.93~3.04 mg/L 和 0.21~0.45 mg/L。

上述研究表明:混合液回流比宜控制在 200%左右,极端状况也可高达 2200%,具体混合液回流比要视具体进出水情况确定。

2）污泥回流比

有学者先后通过研究发现，通过控制 A²O 系统的污泥回流比可以控制脱氮除磷效果；刘新超等通过控制 HRT 和污泥回流比发现 A²O 系统在 HRT 为 4~8 h、污泥回流比为 0.5~1.0、混合液回流比为 1~2、混合液挥发性悬浮固体浓度（Mixed Liquid Volatile Suspended Solids，MLVSS）为 800~1 300 mg/L 时，系统脱氮除磷受降雨冲击影响较大；饶钦平针对混合液悬浮固体浓度（Mixed Liquor Suspended Solids，MLSS）、污泥龄（Solid Retention Time，SRT）、污泥回流比影响脱氮除磷效果开展了试验，试验结果显示 MLSS 为 2000~3 000 mg/L、SRT 为 7~10 d、污泥回流比在 35%~50%时脱氮除磷效果最佳；李咏梅等研究了 A²O 工艺对雌二醇和炔雌醇的去除性能，同时兼顾脱氮除磷的考虑，结果表明，A²O 工艺对污水中雌激素有较高的去除率，当温度为 20 ℃、污泥回流比为 100%时，除磷脱氮和雌激素具有最佳的运行效果；Wang 等学者的试验表明，污泥回流比对污染物去除和污泥沉降起着重要作用，在回流比为 50%的情况下，出水中 SS、TP 和 COD 的浓度分别为 10 mg/L、0.48 mg/L 和 49 mg/L，出水达到一级 A 标准，污泥沉降性能较好。

上述研究结果表明，污泥回流比宜控制在 50%~100%的范围内，也可高达 400%，对应的硝化作用和反硝化作用效果较好，其对应的进水水质要求也较高。

3. 水 温

水温是生物污水处理中最为活跃的因素，其对污水处理工艺的影响成为近年来热门的研究方向。它主要侧重于对各水质指标和水处理微生物的影响研究，具体研究如下：

水温对出水水质影响较大，主要原因为水温对微生物的结构以及生物活性影响极大，不同水温对应的优势微生物也不尽相同，其中低温性微生物适应的温度为 20 ℃ 以下，中温性微生物适应的温度为 20~45 ℃，高温性微生物适应的温度为 45 ℃ 以上，各类好氧生物以中温为主，其对应的微生物生长温度为 20~37 ℃。

在脱氮方面，各功能菌群都有其适宜的生长温度范围，大部分微生物正常生长的温度是 20~35 ℃,低温会影响微生物细胞内酶的活性,在一定温度区间内,微生物活性随着温度每升高 10 ℃ 将增加 1 倍以上;而微生物活性随着温度每降低 10 ℃ 将降低到 1/2 以下,亚硝酸细菌的最适生长温度为 24~28 ℃,硝酸菌的最适生长温度为 25~30 ℃,反硝化细菌的最适生长温度为 25~35 ℃。由上述可知,温度降低会造成与脱氮相关的硝化作用及反硝化作用显著下降。研究表明,当温度降低到 15 ℃ 以下,污水处理系统硝化能力明显减弱,当温度低于 4 ℃ 时,系统几乎丧失硝化能力。因此,要保证低温条件下系统的脱氮效果,关键在于提高系统内硝化细菌的生物量,以及驯化耐冷硝化菌,使其在低温条件下能够有效进行硝化作用。过高或过低的温度条件对污水处理系统的脱氮功能均有抑制作用。当温度降低和污泥负荷增大时,硝化/反硝化作用将会减弱,系统中则呈现出亚硝态氮的积累,此时缺氧池将会发生反硝化除磷现象;此外,在低温高负荷作用下,好氧池产生了非丝状菌污泥膨胀。

在除磷方面,生物除磷受温度影响主要有以下的原因:第一,低温条件下微生物代谢增殖速率会降低,即使聚磷菌能够生存于低温环境,其释磷和吸磷效能仍然会下降;第二,反硝化细菌受低温影响活性变差,进而导致硝态氮出现累积,硝态氮浓度升高使得脱氮除磷矛盾加剧;第三,低温会极大降低大分子有机物的水解,从而使得聚磷菌释磷过程中所需的小分子碳源不足,进而影响系统除磷效率。王荣昌等研究发现,污水处理系统中活性污泥絮体颗粒平均粒径随着温度降低而减小,粒径分布呈现集中趋势,较难以形成污泥絮体内部反硝化除磷缺氧微环境。

上述针对脱氮除磷的水温研究表明:水温对微生物影响较大,而微生物则会影响去除效率,反应器的水温宜控制在 20~30 ℃。

4. DO

A^2O 工艺作为生物反应器,其各单元的 DO 控制是污水处理效果非常重要的环节,其控制目标是确保供氧量满足各生物单元维持在一定的 DO 浓度。刘明超发现:厌氧池 DO 一般应控制在 0.2 mg/L 以下,缺氧段 DO 则应控制在 0.5 mg/L 以下,而好氧段 DO 应控制在 2~3 mg/L,过高或过低的 DO 都会造成出水效果降低。现阶段的研究主要是各反应器 DO 对去除率以及微生物的影响，相关研究如下：

DO 的浓度主要影响了污泥沉降率、污泥硝化活性、厌氧释磷速率和反硝化脱氮速率等，其最终影响体现在脱氮除磷的效率上，现阶段对曝气池内的 DO 控制在 1.5~2 mg/L。Li S 在低 DO 条件下观察到最大氨氧化速率和亚硝酸盐氧化速率，结合高通量测序结果发现低 DO 条件可以富集亚硝化单胞菌和 *Nitrospira*，这与最大氨氧化速率和亚硝酸盐氧化速率的结果一致。硝态氮和正磷酸盐的去除和微生物群落结果表明，低 DO 有利于反硝化菌和反硝化聚磷生物的生长。较高或较低的 DO 将会导致 TN 去除率降低。好氧池 DO 控制在 1 mg/L 时除磷效果较好，当 DO 过高时，磷的去除效果则变差，另外，DO 水平影响了脱硫磷酸酶和聚磷酸酶的活性。Limpiyakorn 等研究发现固体停留时间主要影响氨氧化细菌总数，而 DO 浓度主要影响氨氧化细胞的氨氧化活性。

5. pH

污水在系统中沿流动方向的 pH 存在变化：厌氧池内减小，缺氧池内增加，好氧池内再次增加的现象。一般认为反硝化作用可导致 pH 升高；磷释放可导致 pH 下降；在厌氧区，进水 pH 降低，表明系统主要反应为厌氧磷释放。在缺氧区，pH 增大，表明缺氧区的主要反应是反硝化作用。好氧磷吸收导致 pH 升高，好氧硝化作用导致 pH 降低，好氧区 pH 持续升高，表明在碳源充足的条件下，厌氧阶段的聚羟基脂肪酸酯（PHA）更充足，正常操作时，磷摄取会显著影响 pH。在这样的条件下，可以获得良好的污染物去除效果。

上述研究表明：NH_3-N 的去除率随着 pH 的增加而增加，而 TN 的去除率先上升后下降。一般认为 pH = 6.5~7.0，这是反硝化剂最适合的 pH。pH 对系统中的 COD 去除几乎没有影响。pH 可以表明厌氧水解发酵的过程，以及沿流动方向的硝化和反硝化。李明提出将 pH 视为指示剂反应参数。

1.1.4　A2O 工艺的改进与优化

目前，A^2O 工艺的改进与优化研究主要集中于工艺改良和运行优化两个方面，其中 A^2O 工艺改良主要有倒置 A^2O 工艺、University of Capetown 工艺

(UCT)、回流污泥反硝化 A^2O 工艺等，而运行优化主要有分段进水、强化 A^2O 工艺等。

1. A^2O 工艺改良

倒置 A^2O 工艺：该工艺是将缺氧池与厌氧池前后位置互换后得到，解决了 A^2O 工艺内循环剩余污泥未经历完整释磷、吸磷这一过程，进而克服了除磷效果的弊端；同时克服了由于缺氧区居于系统中部，反硝化碳源分配不利的地位，提高了系统整体的脱氮除磷效率。李亚峰等运用常规倒置 A^2O 工艺在开展脱氮除磷研究时发现，出水无法达到排放标准，发现运行优化可以提高脱氮除磷的效果。Tang 等设计并研究一种用于农村生活污水处理的新型集成装置——倒置 A^2O-MBR 工艺，研究结果表明，该装置满足农村生活污水的处理，当 DO 为 3.0 mg/L 时，NH_3-N、TN 和 TP 降低分别达到 96%、70% 和 88%，出水水质完全符合一级 A 标准。

UCT 工艺：该工艺是将第一个厌氧池改为缺氧池，并在该池后面增加好氧池，即依次为缺氧池、好氧池、缺氧池、好氧池的流程，其目的是可以满足不外加碳源的情况下脱氮率达到 90%以上；Wang 等研究了 UCT 工艺在启动阶段的表现，重点是 HRT 和生物营养物去除（BNR）效率之间的关系，结果显示 UCT 过程在 COD、TP 和 TN 去除方面是有效的，其对应的最佳 HRT 为 19 h；为处理低碳源的污水，王慰等提出一种内源性反硝化观点的缺氧后 UCT 分步进料工艺，仅在原始 UCT 分步进料反应器的最后一个有氧部分之后添加缺氧部分，以增强微生物聚生体的碳源储存能力，经过 61 天的运行，通过同步硝化和反硝化的氮去除率高达 31.5%，污泥沉降的性能得到改善：污泥指数从 350 mL/g 降低到 97 mL/g，而污泥膨胀仍然保留在最初的 UCT 分步进料过程中。

改良 A^2O 工艺：工艺增加回流系统，将 10%进水中的有机物进行反硝化进而去除硝态氮，该法可在节省一个回流装置后去除效果优于 UCT。杨志泉等针对西藏污水处理厂的改良 A^2O 工艺开展了研究，改良 A^2O 工艺出水水质较好，运行成本较低，满足城市污水处理的要求；李思敏等提出了新的改良 A^2O 工艺，实现了处理低碳源污水的效果；Lai T M 在使用改良 A^2O 工艺监测城市废水中有机物和营养物的去除率，系统表现出优异的性能，其中

COD、TN 和 TP 的去除率为 91%~98%、48%~63% 和 56%~71%。

A + A²O 工艺：在传统 A²O 工艺的厌氧池前设置反硝化池，二沉池的回流污泥和 10% 的进水进入该池，停留时间控制在 20~30 min，可以去除回流污泥中带入的硝酸盐，还可以消除硝态氮对释磷的不利作用，也保障了磷的去除效果。赵蓉和周爱姣分别针对该工艺的参数调控和运行效果开展了相关研究，结果表明该工艺混合液回流比和污泥回流比均为 100% 时工艺最优，BOD_5、COD、SS 等去除率最高。

新型双污泥系统脱氮除磷（PASF）工艺：该工艺是将生物膜法和活性污泥法相结合以缓解不同泥龄的微生物生长的需求。邹伟国等研究了 PASF 下曝气生物滤池的脱氮除磷原理，并在其他文献中对该工艺的运行效果开展了研究；张辰等研究了上海曲阳污水处理厂的 PASF 工艺，并对其相关的设计参数以及运行状况开展了分析。

2. A²O 运行优化

分段进水 A²O 工艺：该优化是借助于调节反应器构造，设置为分段进水，提高进水碳源的利用效率，进而提高系统的营养物去除性能，改善 A²O 工艺的运行效果。徐宇峰等以低碳氮比为处理对象，研究了进水分配对分段进水的脱氮除磷性能的影响，发现 COD 与 $NH_3\text{-}N$ 较为稳定，而进水分配比对 TN、TP 影响较为显著；Demir 等微生物群落在中试规模的两阶段分步生物营养物去除系统中测定，分段进水过程中的微生物群落与没有分步喂养的营养物去除过程非常相似，该方法可以经济有效地用于从中等强度的城市废水中去除碳和养分；Li 等发现分段进水对自养硝化细菌和异养反硝化细菌的整合可以提高了间歇曝气模式下的 TN 去除效果，其可能解决污水废水处理中的碳源限制问题。

强化 A²O 工艺：工艺在缺氧池内增强反硝化吸磷现象，即为反硝化聚磷菌的选择和富集提供合适的环境。吴昌永等研究了该工艺在不同的反硝化除磷的比例情况下微生物种群变化及其关系，试验结果发现不同水质条件和运行状况下的反硝化除磷的比例也存在不同，其微生物种群结构也表现为一种动态的演替过程，其工艺条件与微生物的种群结构呈现较强的对应关系；

Zhang 等通过基因测序检测的物种多样性和微生物群落证明了强化工艺的这一事实,以及强化可以改善的群落结构,聚磷菌和脱氯单胞菌是主要的功能性磷累计生物,在 A^2O 反应器中占比可达 25.74%,而硝化细菌在反应器的三个阶段中逐渐富集,分别为 13.10%、21.33%和 31.10%。

1.1.5 研究动态

A^2O 工艺作为一种生物处理系统,受到营养条件和环境条件制约较大。因此,系统中微生物种群的数量和种类总是处于一种不断变化的动态平衡之中,其中细菌种群会存在着营养和生存空间的竞争,进而不同时段、不同条件形成不同的优势菌群,而菌群的数量和质量又进一步影响污水处理系统处理效果的差异性。在 A^2O 工艺中不同反应器内的微生物的差异性较大,污泥的流动则会造成微生物的适应性问题,因此各微生物之间的适应性与竞争性必将加剧环境、营养物质、生存空间的复杂性,而这一复杂性将进一步加剧 A^2O 工艺的整体应用难度。考虑西藏特殊环境条件,A^2O 工艺亟待解决以下问题:

(1) 高海拔下 A^2O 工艺运行特性尚不明确。

现阶段,对污水生物处理 A^2O 工艺运行特性研究大多集中于海拔较低的区域,而有关高海拔下特有低水温、强 UV 对 A^2O 工艺运行特性中的污水去除规律、脱氮除磷的影响规律等方面的研究甚少。高海拔下污水生物处理 A^2O 工艺运行特性是亟待揭示的科学问题。

(2) 高海拔下 A^2O 工艺污水处理微生菌种群特征与适应机制有待研究。

目前,钱晓莉证明了水温、DO 对 A^2O 工艺微生物种群组成与污染物去除效率均有一定的影响,但是在高海拔特有环境下,低水温、强 UV 等因素对 A^2O 工艺中功能菌组成及多样性、中间代谢产物的构成、脱氮除磷相关酶活力等影响尚未见报道,这些研究将有助于揭示高海拔下特有环境因素对污水生物处理 A^2O 工艺的响应机理。

目前,学者们对典型污水生物处理 A^2O 工艺研究主要集中于水温、DO、碳源、pH 等因素对污水脱氮除磷效果的影响及机理,而且研究主要在低海拔地区模拟试验条件下完成。关于高海拔特有环境因素(如低水温、强 UV 等)下 A^2O 工艺的运行特性、运行机制尤其是复杂环境因素下的微生物响应机制尚无相关报道。因此，开展高海拔下 A^2O 工艺运行特性研究，揭示高原特有环境因素对 A^2O 工艺污染物去除的响应机制，对推动现代污水处理技术在高海拔地区的广泛应用和保护西藏脆弱且重要的生态屏障都具有极其重要的现实意义。

1.2 研究内容

选用 A^2O 工艺作为典型污水处理工艺开展脱氮除磷机理研究，从微生物响应变化规律入手，探讨低水温、强 UV 等特殊环境因素对脱氮除磷污泥培养及其稳定运行的影响机理，分析高海拔下 A^2O 工艺运行特性，研究微生物群落结构与出水水质的关联性。具体研究内容如下：

（1）高原生境下 A^2O 工艺运行特性研究；

（2）高原生境下 A^2O 工艺微生物特征研究；

（3）高原环境下 A^2O 工艺优势菌的脱氮除磷机理研究；

（4）高原生境下 MBBR 型 A^2O 工艺微生物学特性；

（5）高原生境下 A^2O-BCO 工艺微生物学特性。

1.3 主要创新点

（1）利用 16SrRNA 基因测序，研究了高原典型环境下不同反应器活性污泥的微生物特性，对不同反应器的优势菌进行了分析。

（2）通过 COG 功能蛋白、代谢途径、酶、基因及碳氮磷的代谢途径定量分析，首次发现了西藏高原环境各工况下的 COG 功能蛋白、代谢途径、酶、基因及碳氮磷的代谢途径对应的最优工况几乎相一致，解析了这些生化指标是微生物群落适应高原环境因素下 A^2O 系统的微生态系统脱氮除磷分子学机理。

（3）分析了试验运行特性、微生物群落结构、生化指标的对应关系，实现了利用首次定量分析了高原环境下的脱氮除磷机理。

（4）运用 MBBR 型 A^2O 工艺和 A^2O-BCO 工艺开展了高原生境下的微生物学特性研究。

第 2 章 A^{2}O 工艺的运行特性

以实验室规模下的 A^{2}O 工艺为研究对象，分析了不同水温、HRT、DO、UV 等工况因子下厌氧池、缺氧池、好氧池及二沉池等中 COD、TP、TN、NH$_3$-N 等水质指标去除率的变化，阐明了高原典型环境因素作用下的 A^{2}O 运行特性。

2.1 试验控制

2.1.1 试验工况设计

研究采用单因素控制变量法对 DO、温度、HRT 及 UV 等工况因子进行了控制处理。在进行其中一项工况试验时，其他工况依据前期研究控制为最佳工况，每一个工况控制为 192 h，试验工况设计见表 2-1。

表 2-1 试验设计

主控项目	固定项目	工况值	工况单位
DO	温度、HRT	0.5；1.0；1.5；2.0	mg/L
温度	DO、HRT	10；15；20；25	°C
HRT	DO、温度	15.00；17.50；21.00；26.25	h
UV	DO、HRT、温度	0；5；10；30；180	min

2.1.2 试验药品

试验所使用的药剂主要用于水质分析仪的定期校准及水质指标检测,所用水质指标检测试剂与使用仪器设备为同一厂家生产配套使用。其中分析纯 KNO_3、分析纯 KH_2PO_4、分析纯氯化铵、分析纯邻苯二甲酸氢钾分别用于配置 TN、TP、NH_3-N 以及 COD 的标准液用于校准仪器。专用测试剂、分析纯浓硫酸及稀释至 1%的稀盐酸共同用于测量水质数据。浓盐酸、无水乙醇、25%的戊二醛水溶液、磷酸二氢钠以及磷酸氢二钠用于污泥扫描电镜预处理。

2.1.3 仪器设备

研究中采用的主要设备为自制 A^2O 系统,其余水质检测和辅助仪器见表 2-2。

表 2-2 设备仪器仪器

材料	型号	数量	生产厂家
加热棒	HT-825	4	广东博宇
磁力驱动循环泵	MP-15RM	1	新西山
微型蠕动泵	LHZW001	2	联合众为
爪极式永磁同步电机	60KTYZ	2	捷邦
交直流增氧泵	LT-201S	1	佳璐
空气浮子流量计	LZB-3WB	1	优能五金

温控器、冰袋、加热棒用于温度控制,磁力驱动循环泵,微型蠕动泵用于进水、污泥回流以及混合液回流,爪极式永磁同步电机用于厌氧池以及缺氧池搅拌,交直流增氧泵以及空气浮子流量计用于 DO 控制。

试验涉及检测指标包括污水水质指标、污泥指标、微生物指标等,监测仪器见表 2-3。

第2章 A^{2}O 工艺的运行特性

表 2-3　检测仪器

仪器名称	型号	厂家
水质分析仪	6B-3000A	青岛盛奥华
超低温冷冻储存箱	美菱 DW-HL528S	中科美菱低温科技股份有限公司
压差法 BOD$_5$ 测试仪	青岛路博 LB-805	青岛路博
水质速测仪	HQ40d	HACH
触屏消解仪	6-24A	青岛盛奥华
电热鼓风干燥箱	101-2AB	赛得利斯
热空气消毒箱	GRX-9023A	上海鳌珍
冷冻干燥机	FD-1A-50	北京博医康
台式高速冷冻离心机	TGL-16M	湖南湘仪实验室仪器
冰箱	BCD-642WDVMU1	青岛海尔集团
冷冻干燥机	FD-1A-50	北京博医康试验仪器
移液器	EppendorfN13462C	Eppendorf
小型离心机	ABSONMiFly-6	合肥艾本森科学仪器有限公司
小型离心机	Eppendorf5430R	Eppendorf
高速台式冷冻离心机	Eppendorf5424R	Eppendorf
超微量分光光度计	NanoDrop2000	ThermoFisherScientific
酶标仪	BioTekELx800	Biotek
旋涡混合器	QL-901	海门其林贝尔仪器制造有限公司
粉碎研磨仪	TL-48R	上海万柏生物科技有限公司
MP 研磨仪	FastPrep-245G	MP
微型荧光计	Quantus^{TM} Fluorometer	Promega
磁力架		生工生物工程（上海）股份有限公司
电泳仪	DYY-6C	北京市六一仪器厂
PCR 仪	ABIGeneAmp®9700 型	ABI
测序仪	IlluminaMiseq	Illumina

2.1.4 常规指标检测

试验污水主要测量数据包括水质物理指标、水质化学指标。其中水质物理指标为：温度、pH、DO；水质化学指标为：COD、TN、TP、NH_3-N。温度、pH、DO 使用 HQ40d 水质速测仪进行测量，COD、TN、TP、NH_3-N 使用 6B-3000A 水质分析仪进行测定。

试验污泥主要测量指标包括 SV_{30}、MLSS，SV_{30} 在充分曝气条件下从好氧池抽取 1 000 mL 泥水混合物在 1 000 mL 量筒中静止 30 min，观察污泥沉降比。MLSS 为将定量滤纸在烘箱中以 103～105 ℃ 烘干 2 h 至恒重，将好氧池 1 000 mL 混合物经烘干后的定量滤纸过滤，将过滤后滤纸放入烘箱中以 103～105 ℃ 烘干 2 h 至恒重，前后重量差即为 MLSS。

2.1.5 微生物检测

活性污泥样本为委托上海美吉公司进行 16S rRNA 基因测序，其命名遵循《国际细菌命名法规》。在厌氧池、缺氧池及好氧池中通过池底放水装置，取池内泥水混合物于 50 mL 灭菌离心管中，在小型离心机中以 5 000 r/min 离心 15 min，去除 30 mL 上清液，将装有分层的 20 mL 泥水混合物的离心管用封口膜封口隔离后，在 –80 ℃ 的超低温冰箱中冷冻 12 h 后，邮寄送样，最终数据在美吉生物云平台上分析。

试验中指示微生物观测方法采用水滴计数法，用 1 mL 移液吸管，吸 1 mL 超纯水到一清洁的表面皿中，再用一洁净的胶头吸管，从表面皿中将 1 mL 水全部吸尽，然后以均匀的速度缓慢滴下，记下 1 mL 水的滴数，并重复数次，以免造成误差。

每间隔 24 h 取试验仪器中厌氧池、缺氧池和好氧池污水水样 500 mL，并于 1 h 内观察，以确保所取污水水样的生物活性。首先取污水水样立即用上述所标定的计数吸管，确定 1 mL 水样的滴数，因每一滴水的质量大致是相同的，将污水样品从反应器中取出后，立即使用洁净的移液管吸取水样，滴入 1 滴水样到已清洁并干燥的载玻片上，用镊子夹起盖玻片，先以一边靠近水滴并与载玻片接触，缓慢置于水平，避免气泡出现。然后使用高精度电子天平称量并计算滴入前后载玻片的质量差值，即为 1 滴污水水样的质量。

盖玻片使用长宽为 24 mm × 24 mm 的玻片,然后放入光学显微镜下观察,目镜放大倍数为 10 倍,首先选取 4 倍物镜,找到指示微生物大致的像,然后换用 10 倍物镜,以"之"字形对整个盖玻片区域进行观察;若遇到个别观测不清楚的指示微生物图像时,换用 40 倍物镜进行观察识别并记录数量。最后使用计算机成像系统拍摄指示微生物照片,对指示微生物的种类进行识别并计量其数量。在整个观察过程中,为避免污水水样中活性污泥失去水分干化,每个污水样品 30 min 内观察计数完毕。

2.1.6 统计分析

采用 SPSS20(IBM SPSS Statistics)进行数据统计以及相关显著性分析。采用单因素方差分析(ANOVA)和 Student T 检验方法进行不同处理组的差异性分析,采用线性回归(Linear Regression)方法进行相关分析。主成分分析(PCA)、冗余分析(RDA)、相关性 Heatmap 图采用上海美吉公司(Shanghai Majorbio Bio-pharm Technology Co.,Ltd) I-Sanger 云平台 R 语言 vegan 软件开展分析。

2.2 温度工况下的运行特性

温度控制条件下,HRT 为 21.00 h,厌氧池停留时间:缺氧池停留时间:好氧池停留时间 = 1:1:2,控制好氧池 DO 为 2.0 mg/L,混合液回流比为 R_i = 200%,污泥回流比为 R = 100%,混合液和污泥均采用连续回流,温度分别设置为 25 ℃、20 ℃、15 ℃、10 ℃ 四个等级,水质取样待温度达到设计值 24 h 后进行,运行时温度控制为由高到低。

采用生活污水作为试验用水,其进水水质见表 2-4。相对于有关文献记载 SV_{30} 和 MLSS 两个指标,试验过程中测得上述指标均明显较低,温度工况下的污泥指标和 BOD_5 测定值见表 2-5。

表 2-4 温度工况下进水水质

TN(mg/L)	TP(mg/L)	NH$_3$-N(mg/L)	COD(mg/L)
15.49~74.71	1.74~8.93	11.34~59.15	129.92~530.62

表 2-5　温度工况下的污泥指标和 BOD$_5$

温度 /°C	时间 /h	SV$_{30}$ /%	MLSS /(mg/L)	进水 BOD$_5$ /(mg/L)	出水 BOD$_5$ /(mg/L)	BOD$_5$ /%
25	192	9	841.5	195	45	76.92
20	408	11	894.2	120	25	79.17
15	624	10	791.5	165	15	90.91
10	840	12	1 028.7	195	95	51.28

2.2.1　TN 去除率

试验过程中分别对 A^{2}O 工艺中的进水和四个反应器 TN 浓度开展检测，并计算三个反应器和二沉池的 TN 去除率，得到 TN 去除率的变化曲线如图 2-1 所示。

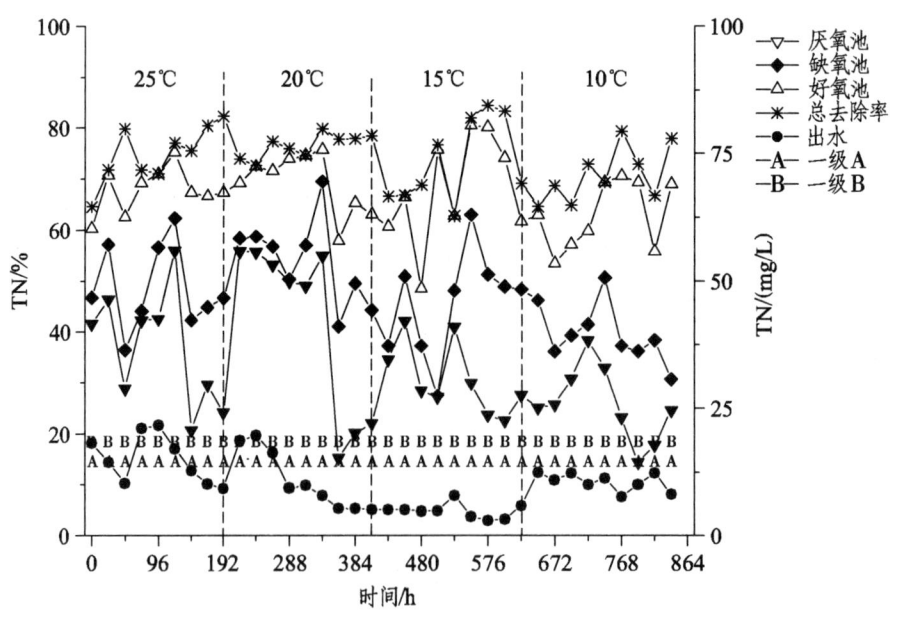

图 2-1　温度工况下 TN 去除率及出水 TN 浓度

温度控制下：① 四个反应器去除率之间存在显著差异（$P<0.05$）；不

同温度下的厌氧池、好氧池、二沉池内的去除率也存在显著性差异（$P<0.05$），即温度变化对厌氧池、好氧池、二沉池内去除率影响差异显著。② 终态时，厌氧池内去除率在 20 ℃ 达到最高，主要由于污泥回流而造成了 TN 浓度下降，同时 NH_3-N 也因参与了部分细胞的合成而有所降低；缺氧池内去除率 25 ℃ 和 20 ℃ 高于 10 ℃ 和 15 ℃，由于大量的 NO_3-N 和亚硝态氮（NO_2-N）被还原为 N_2 释放至空气，故随着 NO_3-N 和 NO_2-N 的浓度降低 TN 浓度也大幅下降；好氧池内去除率 20 ℃ 时高于其他温度，总去除率显示 20 ℃ 时去除率高于其他温度，主要发生有机物被微生物降解，而有机氮被氨化之后被硝化的情况，尽管 NH_3-N 浓度存在了一定程度的下降，但是 NO_3-N 浓度有着较为明显的升高，故 TN 浓度变化并不明显。③ 去除率整体上呈现一定程度的随水温降低而降低的趋势（$P<0.05$）。④ 29 个点出水达到一级 A 标准，5 个点达到一级 B 标准，2 个点不满足一级 B 标准，都是出现在 25 ℃。⑤ TN 的去除在厌氧池、缺氧池、好氧池内均可以实现，最主要的去除是在缺氧池内实现，这和缺氧池内发生的反硝化消耗 TN 的理论相一致。⑥ 进水 TN 与厌氧池去除率、缺氧池去除率、出水 TN 五者之间 Pearson 相关关系显著（$P<0.05$），而出水 TN 与厌氧池去除率和进水 TN 之间 Pearson 相关关系显著（$P<0.05$），进水 TN 影响了厌氧池去除率、缺氧池去除率、出水 TN，但出水 TN 受到进水 TN 和厌氧池去除率的影响。

温度工况下 TN 去除率试验表明：TN 去除率受到温度的影响较为显著，温度对 TN 去除效果 25 ℃>20 ℃>15 ℃>10 ℃，但是去除率整体偏低，主要可能与缺氧池内的反硝化受阻有关；在 15 ℃ 时，出水 TN 浓度达到一级 A 标准。

2.2.2　COD 去除率

试验过程中分别对 A^2O 工艺中的进水和四个反应器的 COD 开展检测，并计算三个反应器和出水的 COD 去除率，依次得到 COD 去除率的变化曲线如图 2-2 所示。

温度控制下：① 四个反应器 COD 去除率存在显著性差异（$P<0.05$），其去除效果（终态时）15 ℃>20 ℃>10 ℃>25 ℃；在温度下缺氧池内的 COD

去除率存在显著性差异（$P<0.05$），即温度变化对缺氧池的 COD 去除率存在显著性差异。② 在厌氧池内 COD 的去除率曲线波动较大但平均去除率差别不显著（$P>0.05$），10 ℃ 时去除率较为平稳；在缺氧池内去除率曲线也存在一定的波动但平均去除率存在显著性差异（$P<0.05$），15 ℃ 和 10 ℃ 去除率相对较高，但 20 ℃ 时去除率较为稳定，且呈现下降趋势；在好氧池内去除率曲线波动不大且其平均去除率差别也不显著（$P>0.05$），20 ℃、10 ℃ 的去除率几乎相当，15 ℃ 的去除率较高且逐渐趋于稳定，好氧池也是去除率贡献最大的反应器；二沉池内去除率曲线波动不大且其平均去除率差别也不显著（$P>0.05$）。③ 综合出水水质检测数据可知，16 个点可以达到一级 A 标准，7 个点可以达到一级 B 标准，13 个点未能达标。④ COD 的去除主要在缺氧池、好氧池内实现。⑤ 进水 COD 与厌氧池去除率、缺氧池去除率、出水 COD 四者之间 Pearson 相关关系显著（$P<0.05$），进水 COD 影响了厌氧池去除率、缺氧池去除率、出水 COD，出水 COD 仅受进水 COD 影响。

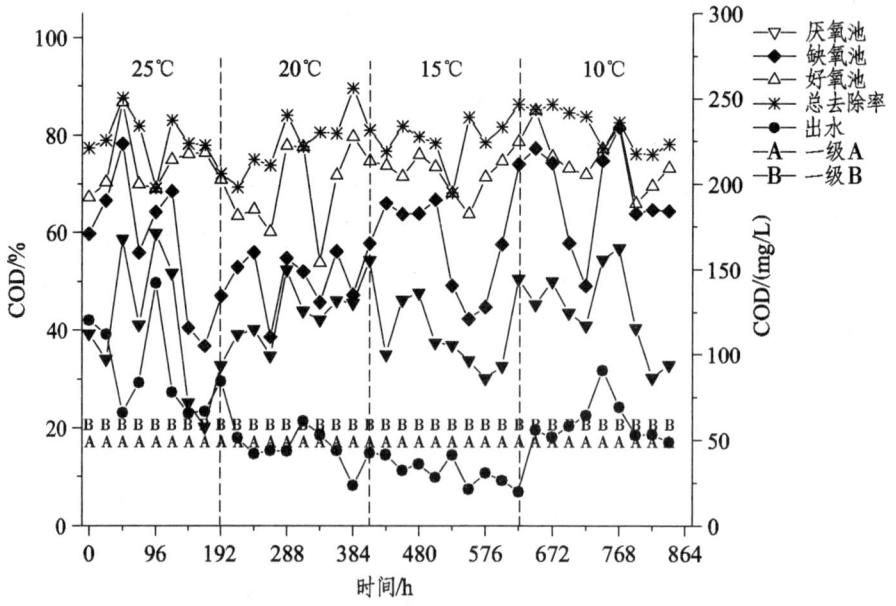

图 2-2 温度工况下 COD 去除率及出水 COD 浓度

温度工况下去除率试验表明：温度对厌氧池和缺氧池的 COD 去除率影响不显著，缺氧池受温度影响较为显著；15 ℃时出水 COD 浓度全部达到一级 A 标准；其他温度条件下部分出水 COD 不达标，COD 的去除主要在缺氧池、好氧池内实现。

2.2.3 TP 去除率

试验过程中分别对 A^{2}O 工艺中的进水和四个反应器 TP 开展检测，并计算三个反应器和二沉池的去除率，依次得到 TP 去除率的变化曲线如图 2-3 所示。

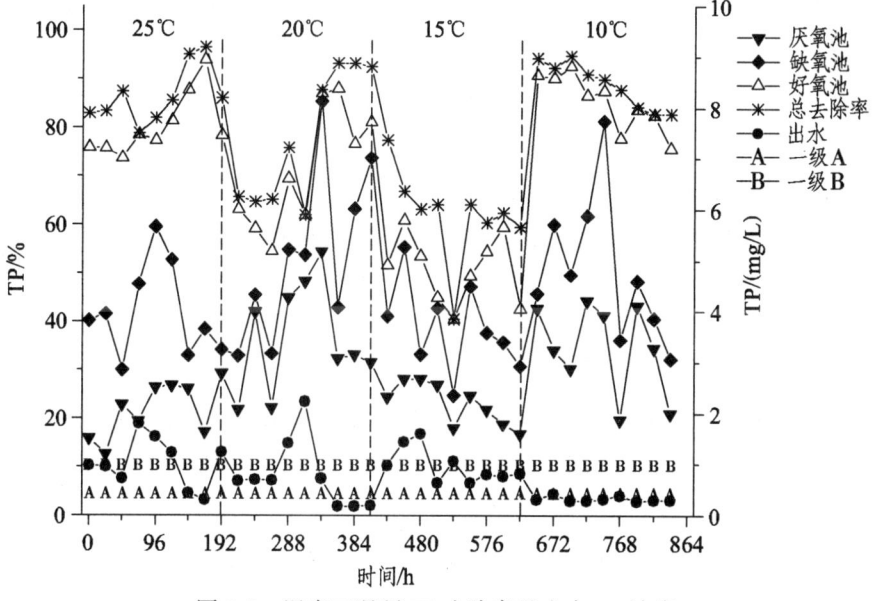

图 2-3 温度工况下 TP 去除率及出水 TP 浓度

温度控制下：① 四个反应器去除率之间存在显著性差异（$P<0.05$），其去除效果（终态时）20 ℃>25 ℃>10 ℃>15 ℃，其最佳水温为 20 ℃，但是 10 ℃时出水的 TP 偏低，这主要与其进水的 TP 偏低有关；在不同温度下厌氧池、好氧池和二沉池内的 TP 去除率存在显著性差异（$P<0.05$），温度变化对厌氧池、好氧池和二沉池去除率存在显著性的影响，即温度对去除有一定

的影响。② 在厌氧池内去除率曲线波动不大，去除率在温度为 20 ℃ 时最高，主要由于污泥回流而造成的了 TP 浓度下降，另外考虑到污泥回流带入聚磷菌，而聚磷菌存在好氧吸磷厌氧释磷的现象，其必定会由好氧池挟带部分磷进入厌氧池并释放磷，故其稀释效果并不十分显著，但是 20 ℃ 时由于释磷速度较慢造成了其对应的稀释效果较好；在缺氧池内去除率曲线具有一定的波动性，TP 去除率在温度为 20 ℃ 时最高；在好氧池和二沉池显示出一致的规律，TP 平均去除率在温度为 20 和 25 ℃ 时较高，10 ℃、15 ℃ 对去除率影响几乎相当，好氧池也是去除率贡献最大的部分。③ 36 个出水的 TP 中，14 个点达到一级 A 标准，13 个点达到一级 B 标准，9 个点不能达标。④ 进水 TP 与好氧池去除率、二沉池去除率、出水 TP 四者之间 Pearson 相关关系显著（$P<0.05$），进水 TP 影响了好氧池去除率、二沉池去除率、出水 TP，而出水 TP 受到了好氧池、二沉池去除率及进水 TP 影响。

温度工况下 TP 去除率表明：温度变化对厌氧池、好氧池和二沉池去除率存在显著性的影响；20 ℃ 时去除率明显高于其他温度，好氧池是 TP 去除的主要反应器，这也体现了低温不利于聚磷菌在厌氧条件下释磷。但是 10 ℃ 时出水的 TP 浓度最低，这主要与其进水的 TP 偏低有关。

2.2.4 NH_3-N 去除率

试验过程中分别对 A^2O 工艺中的进水和四个反应器 NH_3-N 开展检测，并计算三个反应器和二沉池的去除率，依次得到 NH_3-N 去除率的变化曲线如图 2-4 所示。

温度控制下：① 四个反应器去除率之间存在显著性差异（$P<0.05$），其去除效果（终态时）20 ℃>25 ℃>10 ℃>15 ℃；在温度条件下缺氧池内的 NH_3-N 去除率存在显著性差异（$P<0.05$）。② 在厌氧池内，20 ℃ 时变化较大但去除率较高，作为 NH_3-N 的主要反应器，NH_3-N 参与了部分细胞的合成而有所降低，但是温度对厌氧氨氧化菌抑制作用更加明显，而这一抑制温度可从图中读出为 15 ℃，其与相关文献记载的温度相同；在缺氧池内，20 ℃ 时去除效果较好，20 ℃ 时去除率最高，此部分去除率应考虑内回流液回流而形成的稀释作用；好氧池与出水去除率曲线较为一致，作为 NH_3-N 的主要

反应器，20 ℃ 时去除效果稳定且较好，温度对去除效果具有一定的影响，尤其是对好氧池影响较大，此处显示温度对亚硝酸菌和硝酸菌表现为抑制作用，这一抑制温度再次指向 15 ℃。③ 36 个点出水 NH₃-N 中，30 个点达到一级 A 标准，6 个点达到了一级 B 标准。④ 进水 NH₃-N 与厌氧池去除率、缺氧池去除率、好氧池去除率、出水 NH₃-N 之间 Pearson 相关关系显著（$P<0.05$），而出水 NH₃-N 仅与进水 NH₃-N 之间相关关系显著（$P<0.05$）。

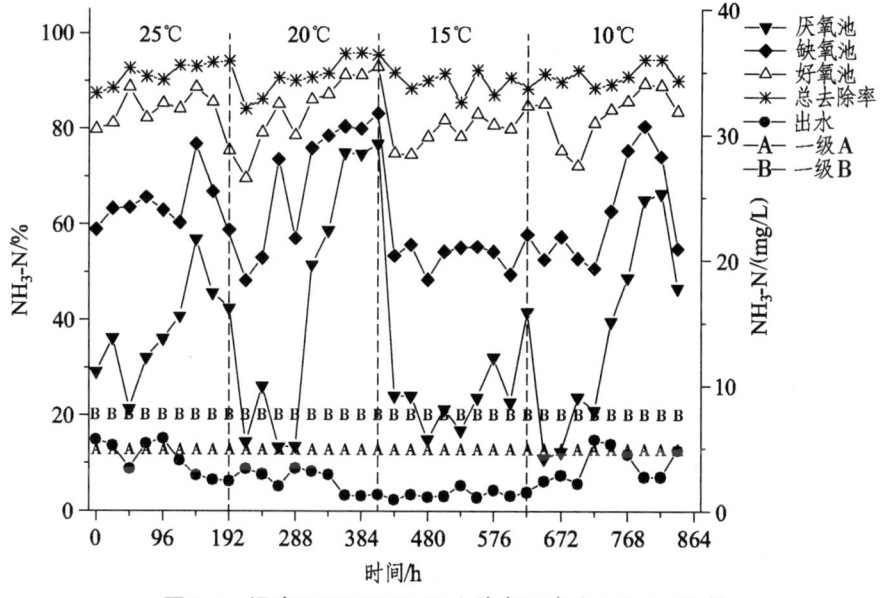

图 2-4 温度工况下 NH₃-N 去除率及出水 NH₃-N 浓度

温度工况下 NH₃-N 去除率试验表明：好氧池是 NH₃-N 去除的主要反应器；在不同温度条件下 NH₃-N 的去除效果都比较好，尤其在 15 ℃ 和 20 ℃，出水全部达到一级 A 标准；温度低于 15 ℃ 其明显抑制了厌氧氨氧化菌、亚硝酸菌、硝酸菌的生长，进而影响了 NH₃-N 的去除效果。

2.3 DO 工况下的运行特性

DO 的控制如下：设计进水温度为 20 ℃，HRT 为 21.00 h，厌氧池停留时间：缺氧池停留时间：好氧池停留时间 = 1∶1∶2，混合液回流比为 $R_i =$

200%，污泥回流比为 $R=100\%$，混合液和污泥均采用连续回流，好氧池内 DO 分别设置为 0.5、1.0、1.5 和 2.0 mg/L，水质取样待 DO 达到设计值 24 h 后进行，运行时 DO 控制为由高到低。

采用生活污水作为试验用水，其进水水质见表 2-6。相对于有关文献记载 SV_{30} 和 MLSS 两个指标，试验过程中测得上述指标均明显较低，DO 工况下的污泥指标和 BOD_5 测定值见表 2-7。

表 2-6　DO 工况下进水水质

TN/（mg/L）	TP/（mg/L）	NH_3-N/（mg/L）	COD/（mg/L）
37.46~65.04	1.86~5.12	27.224~50.64	198.25~521.78

表 2-7　DO 工况下的污泥指标和 BOD5

DO /（mg/L）	时间 /h	SV_{30} /%	MLSS /（mg/L）	进水 BOD_5 /（mg/L）	出水 BOD_5 /（mg/L）	BOD_5 /%
2.0	192	14	1 239.2	200	15	92.50
1.5	408	12	1 012.6	175	30	82.86
1.0	624	8	716.3	180	25	86.11
0.5	840	6	615.7	215	10	95.35

2.3.1　TN 去除率

试验过程中分别对 A^2O 工艺中的进水和四个反应器 TN 开展检测，并计算三个反应器和二沉池的去除率，依次得到 TN 去除率的变化曲线如图 2-5 所示。

DO 控制下：① 四个反应器去除率之间存在显著性差异（$P<0.05$），其 TN 去除效果（终态时）2.0 mg/L>1.0 mg/L>1.5 mg/L >0.5 mg/L；在四个 DO 下厌氧池内的 TN 去除率存在显著性差异（$P<0.05$）。② 在厌氧池内，1.5 mg/L 时去除率最高，此时去除率贡献主要来源于污泥回流稀释和 NH_3-N 参与了部分细胞的合成；在缺氧池内，2.0 mg/L 时去除率最高，由于大量的 NO_3-N 和 NO_2-N 被还原为 N_2 释放至空气，故 NO_3-N 和 NO_2-N 的浓度降低即 TN 浓度也大幅下降，因此试验中的缺氧池 TN 去除贡献率较好；在好氧池内，2.0 mg/L

时去除率最高，一般发生有机物被微生物降解，而有机氮被氨化之后被硝化，尽管 NH_3-N 浓度存在一定的下降，但是 NO_3-N 浓度有着较为明显的升高，故在好氧池内 TN 浓度变化并不明显。③ 在出水的 36 个点中，11 个点满足一级 A 标准，18 个点满足一级 B 标准，7 个点未能达标。④ 进水 TN 与出水 TN 之间 Pearson 相关关系显著（$P<0.05$），而出水 TN 则与缺氧池去除率、好氧池去除率、二沉池去除率、进水 TN 之间 Pearson 相关关系显著（$P<0.05$）。

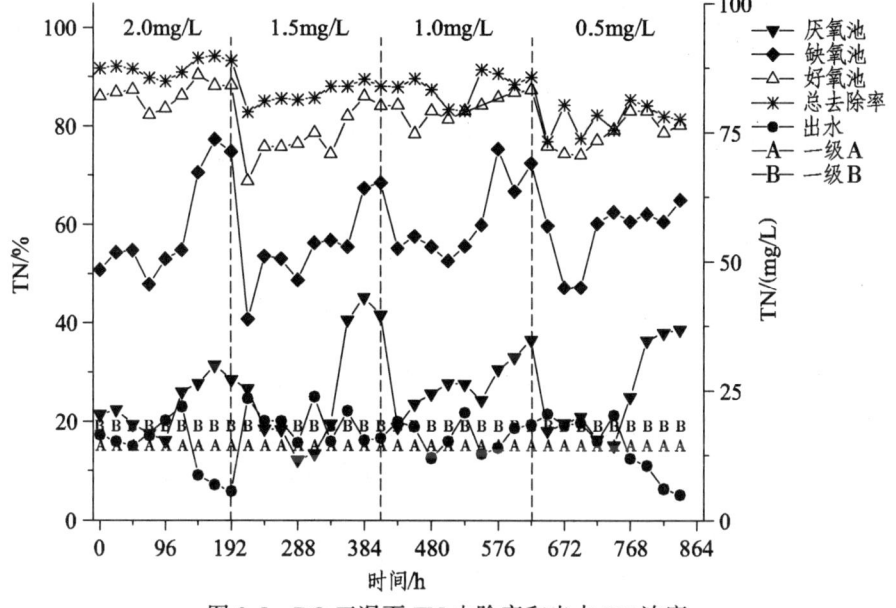

图 2-5 DO 工况下 TN 去除率和出水 TN 浓度

DO 工况下去除率试验表明：TN 的去除率较为稳定，厌氧池和缺氧池内去除率随着 DO 变化不大，TN 的去除主要发生在缺氧池和好氧池内，TN 去除效果（终态）2.0 mg/L>1.0 mg/L>1.5 mg/L>0.5 mg/L。

2.3.2 COD 去除率

试验过程中分别对 A^2O 工艺中的进水和四个反应器 COD 开展检测，并计算三个反应器和二沉池的去除率，依次得到 COD 去除率的变化曲线如图 2-6 所示。

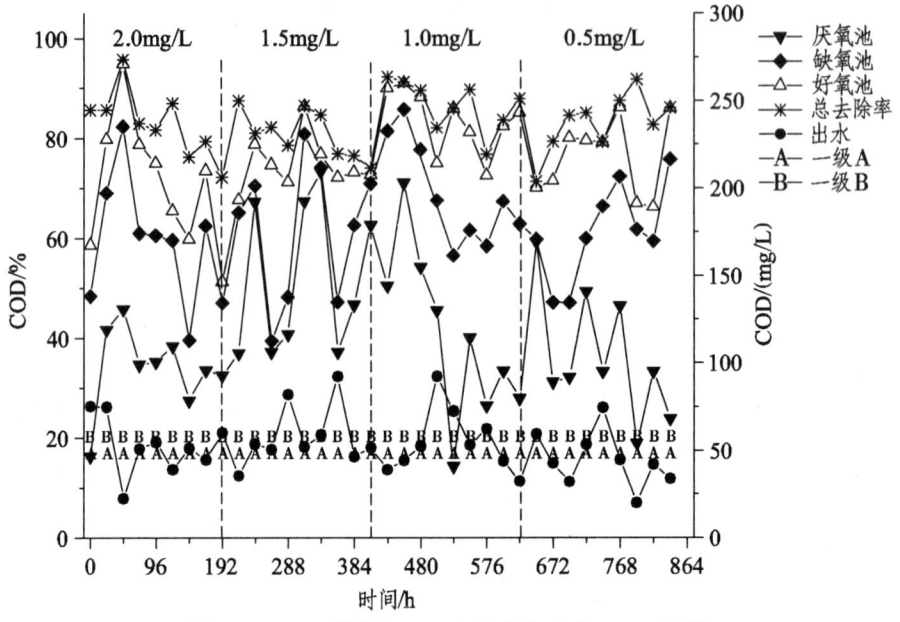

图 2-6 DO 工况下 COD 去除率和出水 COD 浓度

DO 控制下：① 四个反应器 COD 去除率之间存在显著性差异（$P<0.05$），其 COD 去除效果 1.0 mg/L>0.5 mg/L>1.5 mg/L>2.0 mg/L；在 DO 下厌氧池、好氧池、二沉池内 COD 去除率存在显著性差异（$P<0.05$）。② 在厌氧池和缺氧池内，去除率均随着 DO 降低而减少（$P<0.05$）；好氧池和二沉池时去除率在 DO 为 1.0 mg/L 最大，对比发现 1.0 mg/L 和 0.5 mg/L 终态时去除率变化不大，说明当 DO 在一定范围内时去除率较为稳定，即 DO 对去除效果影响不大，这也验证了 DO 对 COD 去除效果影响不大。③ 36 个出水的 COD 中，15 个点达到一级 A 标准，13 个点达到了一级 B 标准，8 个未能达标。④ COD 的去除主要在厌氧池、好氧池内实现。⑤ 进水 COD 与缺氧池去除率、好氧池去除率、二沉池去除率、出水水质之间 Pearson 相关关系显著（$P<0.05$），而出水 COD 与进水 COD 及二沉池去除率之间 Pearson 相关性关系显著（$P<0.05$）。

DO 工况下 COD 去除率试验表明：DO 变化对好氧池去除率存在显著性的影响，但终态 COD 的去除率受 DO 影响不大，COD 去除效果 1.0 mg/L>0.5 mg/L

>1.5 mg/L>2.0 mg/L；COD 的去除主要在厌氧池、好氧池内实现。

2.3.3 TP 去除率

试验过程中分别对 A^2O 工艺中的进水和四个反应器 TP 开展检测，并计算三个反应器和二沉池的去除率，依次得到 TP 去除率的变化曲线如图 2-7 所示。

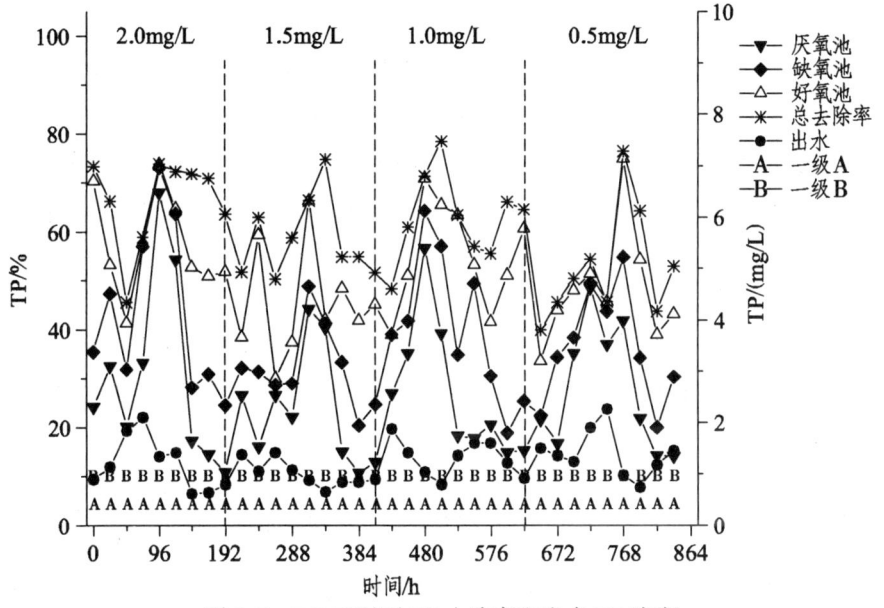

图 2-7 DO 工况下 TP 去除率和出水 TP 浓度

DO 控制下：① 四个反应器去除率之间存在显著性差异（$P<0.05$），其 TP 去除效果 1.0 mg/L>2.0 mg/L>0.5 mg/L>1.5 mg/L；DO 变化对各反应器去除率影响不显著（$P>0.05$），即 DO 对去除具有一定的影响。② 在厌氧池内，去除率曲线波动较大，但平均去除率不高，主要由于污泥回流而造成了 TP 浓度下降，另外考虑到污泥回流带入聚磷菌，而聚磷菌会发生好氧吸磷而厌氧释磷的现象，其必定会由好氧池携带部分磷进入厌氧池并释放磷，其 DO 越高释磷效果就越差，相反则其释磷效果越好，而运行结果几乎与分析一致；在缺氧池内，去除率具有一定程度地随着 DO 的降低而呈现较大波动的趋势；在好氧池和二沉池内，去除率同样呈现较大的波动，DO 越高去除率越高，这与聚磷菌好氧吸磷有关，DO 为 1.0 mg/L 时去除率较高，其所对应的吸磷作用相比其他 DO 有了较大幅度的增加。③ 17 个出水的 TP 中，仅有 13 个点达到了一级 B 标准，其余 23 个点均未能达标。④ 进水水质与厌氧池去除率、缺氧池去除率、好氧池去除率、出水水质之间 Pearson 相关关系显著（$P<0.05$），而出水水质与二沉池去除率、进水水质之间相关关系显著（$P<0.05$），进水 TP 影响厌氧池去除率、缺氧池去除率、好氧池去除率、出水水质，但出水 TP 取决于二沉池去除率和进水水质。

DO 工况下 TP 去除率试验表明：TP 的去除率规律性呈现 1.0 mg/L 时去除率最高，其去除率主要取决于厌氧释磷和好氧吸磷，总体去除率较差，大部分出水的 TP 不能达标；好氧池是 TP 去除的主要反应器，即高原环境条件下，高 DO 不仅利于聚磷菌在厌氧条件下释磷，还利于好氧情况下聚磷菌吸磷。

2.3.4 NH$_3$-N 去除率

试验过程中分别对 A^{2}O 工艺中的进水和四个反应器的 NH$_3$-N 开展检测，并计算三个反应器和二沉池的去除率，依次得到 NH$_3$-N 去除率的变化曲线如图 2-8 所示。

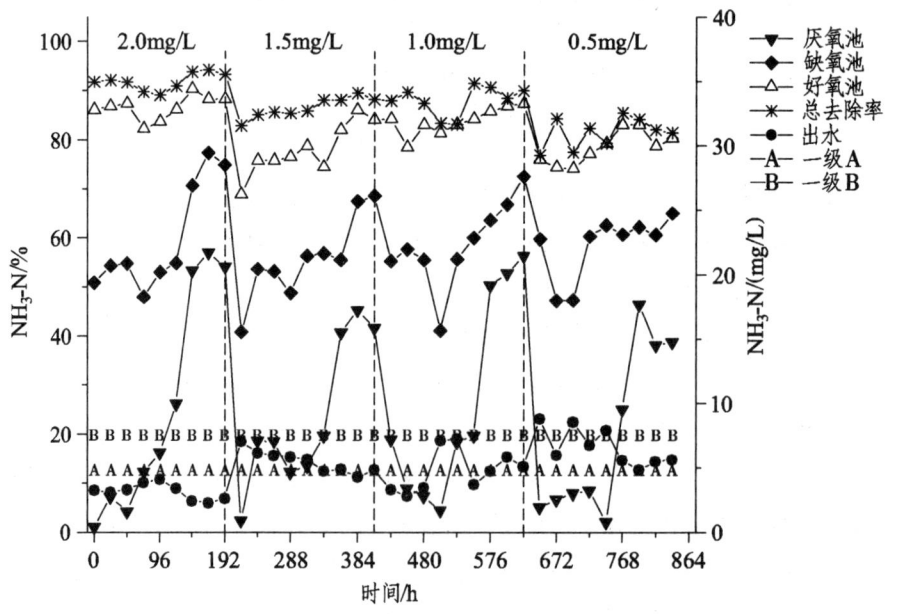

图 2-8 DO 工况下 NH$_3$-N 去除率和出水 NH$_3$-N 浓度

DO 控制下：① 四个反应器去除率之间存在显著性差异（$P<0.05$），其 NH_3-N 去除效果 2.0 mg/L>1.0 mg/L>1.5 mg/L>0.5 mg/L；在四个 DO 下好氧池和二沉池内的 NH_3-N 去除率存在显著性差异（$P<0.05$）。② 在厌氧池内，去除率波动较大，但是平均去除率偏低，其参与了部分细胞的合成而有所降低，但是 DO 对厌氧氨氧化菌抑制作用并不显著；在缺氧池内，0.5 mg/L 对应的去除率较低，应考虑内回流液回流而形成的稀释作用；在好氧池内，去除率波动不大，整体随着 DO 降低而减小，好氧池为 NH_3-N 的主要反应器，DO 对 NH_3-N 去除效果具有一定的影响，尤其是对好氧池影响最大，DO 对亚硝酸菌和硝酸菌抑制作用，这一抑制临界值指向 1.5 mg/L；二沉池去除率与 DO 之间也存在较为显著的相关性（$P<0.05$）。③ 36 个点出水的 NH_3-N 中，19 个点达到一级 A 标准，15 个点达到一级 B 标准，2 个点未能达标。④ 进水 NH_3-N 与其他反应器的 Pearson 相关关系显著（$P<0.05$），进水 NH_3-N 对去除率不存在影响；出水 NH_3-N 与好氧池去除率、二沉池去除率之间相关关系显著（$P<0.05$），好氧池去除率和出水去除率决定了出水水质，这也和好氧池是 NH_3-N 的主要反应器的结论相一致。

DO 工况下 NH_3-N 去除率试验表明：DO 对好氧池去除率影响较大，部分出水 NH_3-N 不能达标，好氧池是去除 NH_3-N 的主要反应器；高原环境条件下，DO 低于 1.5 mg/L 时抑制了厌氧氨氧化菌、亚硝酸菌、硝酸菌的生长，进而影响了 NH_3-N 的去除效果。

2.4 HRT 工况下的运行特性

HRT 的控制如下：设计进水温度为 20 ℃，厌氧池停留时间：缺氧池停留时间：好氧池停留时间 = 1：1：2，控制 DO 为 2.0 mg/L，混合液回流比为 $R_i = 200\%$，污泥回流比为 $R = 100\%$，混合液和污泥均采用连续回流，HRT 分别为 26.25 h、21.00 h、17.50 h、15.00 h，水质取样待流量改变 24 h 后进行，HRT 控制为由大到小。

采用生活污水作为试验用水，其进水水质见表 2-8。相对于有关文献记载 SV_{30} 和 MLSS 两个指标，试验过程中测得上述指标均明显较低，HRT 工况下的污泥指标和 BOD_5 测定值见表 2-9。

表 2-8　HRT 工况下进水水质

TN/（mg/L）	TP/（mg/L）	NH$_3$-N/（mg/L）	COD/（mg/L）
26.61~42.02	1.76~8.81	12.25~43.03	132.82~378.62

表 2-9　HRT 工况下的污泥指标和 BOD5

HRT /h	时间 /h	SV$_{30}$ /%	MLSS /（mg/L）	进水 BOD$_5$ /（mg/L）	出水 BOD$_5$ /（mg/L）	BOD$_5$ /%
26.25	192	8	716.3	215	45	79.07
21.00	408	6	535.5	125	10	92.00
17.50	624	5	423.3	150	35	76.67
15.00	840	7	590.5	195	45	76.92

2.4.1　TN 去除率

试验过程中分别对 A^{2}O 工艺中的进水和四个反应器 TN 开展检测，并计算三个反应器和二沉池的去除率，依次得到 TN 去除率的变化曲线如图 2-9 所示。

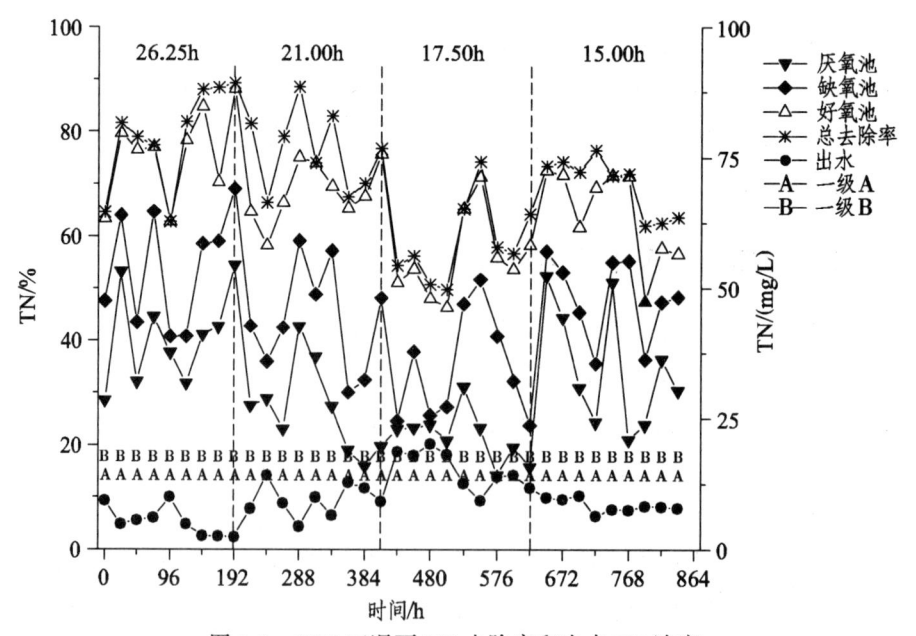

图 2-9　HRT 工况下 TN 去除率和出水 TN 浓度

HRT 控制下：① 四个反应器 TN 去除率之间存在显著性差异（$P<0.05$），在反应末期其 TN 去除效果 26.25 h>21.00 h>15.00 h>17.50 h；在 HRT 下四个反应器的 TN 去除率均存在显著性差异（$P<0.05$）。② 在厌氧池内，去除率波动较大，其随着 HRT 降低先上升而后下降，在 HRT 为 26.25 h 时去除率最高，此时去除率增加主要来源于污泥回流稀释、NH_3-N 参与了细胞合成，当 HRT 过大时水流运动减弱，降低了 NH_3-N 参与细胞合成的概率，进而降低了去除率，若流速过大则减少了 NH_3-N 参与细胞合成的时间；在缺氧池内，去除率随着 HRT 降低先上升而后下降，缺氧池是主要反应器，当 HRT 为 26.25 h 水流较为合适，可以强化 NH_3-N 参与反硝化反应的时间；好氧池作为 NH_3-N 主要反应器，在 DO 充足的前提下其 HRT 越大其去除率降低，进而影响了 TN 的去除率，在好氧池内停留时间长易于发生有机物被微生物降解，而有机氮被氨化之后发生硝化，尽管 NH_3-N 浓度存在一定的下降幅度，但 NO_3-N 浓度也有着较为一定程度的升高，故在好氧池内 TN 浓度变化较为明显。③ 36 个点出水的 TN 中，32 个点达到了一级 A 标准，3 个点达到了一级 B 标准，1 个点未达到排放标准。④ 进水 TN 与厌氧池 TN 去除率、缺氧池 TN 去除率、出水水质之间 Pearson 相关关系显著（$P<0.05$），可能与缺氧池作为去除率的主要反应器对后续的处理具有决定性效果有关；出水 TN 与四个反应器去除率以及进水 TN 之间 Pearson 相关关系显著（$P<0.05$）。

不同 HRT 工况下 TN 去除效果为 26.25 h>21.00 h>15.00 h>17.50 h；TN 的去除率随着 HRT 减小而降低，其主要和参与细胞合成、反硝化反应、硝化反应的概率与 HRT 直接相关，缺氧池是 TN 的主要反应器，其在缺氧池内去除率随着 HRT 变化显著。

2.4.2 COD 去除率

试验过程中分别对 A^2O 工艺中的进水和四个反应器 COD 开展检测，并计算三个反应器和二沉池的去除率，依次得到 COD 去除率的变化曲线如图 2-10 所示。

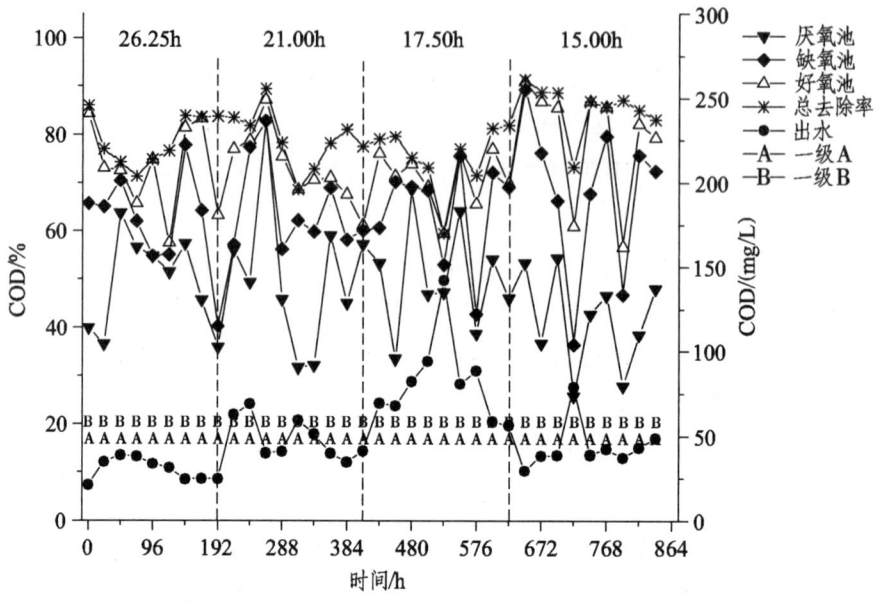

图 2-10　HRT 工况下 COD 去除率和出水 COD 浓度

HRT 控制下：① 四个反应器去除率之间存在显著性差异（$P<0.05$），在反应末期其 COD 去除效果 26.25 h>15.00 h>17.50 h>21.00 h。② 在厌氧池内，去除率随着 HRT 降低而下降（$P<0.05$），从图中可知较适宜的 HRT 为 21.00 h，此时停留时间即 COD 参与细胞合成的概率较大和时间较长；在缺氧池内，去除率出现较大波动，其 COD 停留时间较长时容易被异养菌所摄取，故 HRT 为 21.00 h 时更容易被利用，即其对应的 HRT 时去除率最高，COD 对应的主要反应器为缺氧池；好氧池去除率依然随着 HRT 的降低而上升（$P<0.05$），对比发现四个工况下终态时去除率差别不大，这也是当 HRT 在一定范围内时去除率较为稳定，即 HRT 对 COD 去除效果影响不大，硝化细菌生成大量的有机物使得反应器中的 COD 升高，故在好氧池内对应的 HRT 为 17.50 h。③ 36 个出水的 COD 中，22 个点达到一级 A 标准，4 个达到了一级 B 标准，10 个点的 COD 未能达标。④ 进水 COD 与出水 COD 之间 Pearson 相关关系显著（$P<0.05$），而出水 COD 则与好氧池去除率、二沉池去除率、进水 COD 之间 Pearson 相关关系显著（$P<0.05$），但出水 COD 除了受进水 COD 之外还受到了好氧池去除率、出水去除率的影响。

HRT 工况下 COD 去除率试验表明：COD 的去除率受 HRT 工况影响不显著，在 HRT 为 26.25 h 时 COD 的去除效果最优；厌氧池、缺氧池、好氧池都是去除 COD 的反应器，主要反应器为缺氧池。

2.4.3 TP 去除率

试验过程中分别对 A^{2}O 工艺中的进水和四个反应器的 TP 开展检测，并计算三个反应器和二沉池的去除率，依次得到 TP 去除率的变化曲线如图 2-11 所示。

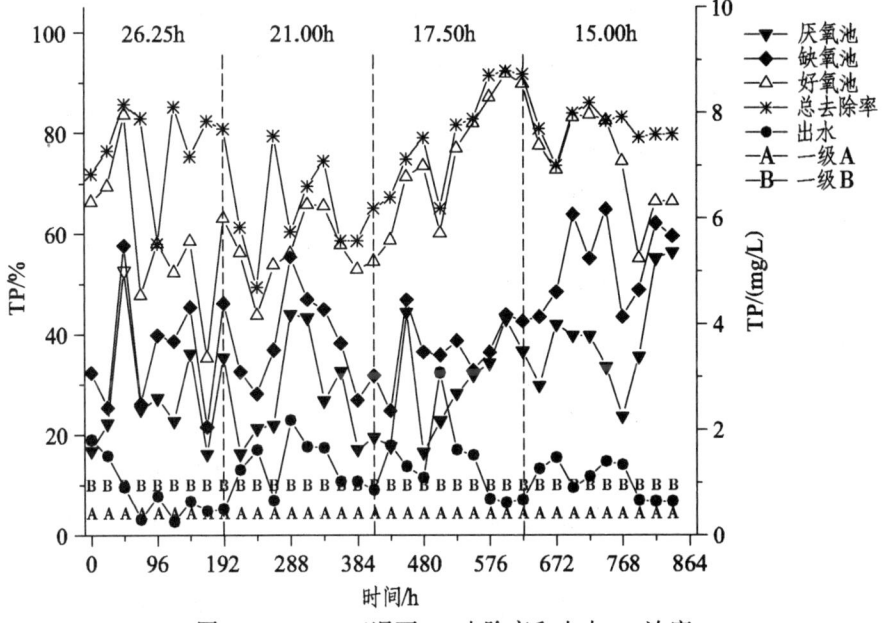

图 2-11 HRT 工况下 TP 去除率和出水 TP 浓度

HRT 控制下：① 四个反应器 TP 去除率之间存在显著性差异（$P<0.05$），反应末期其去除效果 17.50 h>26.25 h>15.00 h>21.00 h；缺氧池、好氧池和二沉池内在四个 HRT 下的 TP 去除率存在显著性差异（$P<0.05$）。② 厌氧池去除率曲线波动较大，但平均去除率不高，由于污泥回流而造成了 TP 浓度下降，当 HRT 过大时水流运动减弱，可以增加了 TP 释放时间长度但会减弱水力搅拌，进而影响了去除率，试验数据显示：对时间延

长和水流搅拌影响最好的 HRT 为 15.00 h；在缺氧池内，去除率曲线波动较大且具有一定程度地随着 HRT 的减少而上升的趋势，最好的 HRT 为 15.00 h，系统仍具有一定的除磷功能，但其效果并不显著，一般认为缺氧池内停留时间是否足够主要取决于水力搅拌强弱，若其水力搅拌较强则会加速 TP 去除，该现象也是厌氧释磷作用的顺延；好氧池内除 17.50 h 去除率具有随着 HRT 的减少而上升的趋势，好氧吸磷占据了主导作用，其依然存在吸磷时间和水力搅拌的矛盾，试验结果显示最佳去除率对应的 HRT 为 17.50 h。③ 36 个点出水的 TP 中，3 个点达到了一级 A 标准，14 个点 TP 达到了一级 B 标准，19 个点 TP 未能达标。④ 进水 TP 与好氧池去除率和二沉池去除率、出水 TP 之间 Pearson 相关关系显著（$P<0.05$），进水 TP 影响了好氧池去除率、二沉池去除率和进水 TP；而出水 TP 则与二沉池去除率、进水 TP 之间 Pearson 相关关系显著（$P<0.05$），出水 TP 取决于二沉池去除率、进水 TP。

HRT 工况下 TP 去除率试验表明：TP 去除效果最佳 HRT 为 17.50 h，其中厌氧池和好氧池去除效果较为明显；TP 去除率主要取决于厌氧释磷和好氧吸磷，大部分出水 TP 未能达标，好氧池是 TP 去除的主要反应器。

2.4.4 NH$_3$-N 去除率

试验过程中分别对 A^{2}O 工艺中的进水和四个反应器 NH$_3$-N 开展检测，并计算三个反应器和二沉池的去除率，依次得到 NH$_3$-N 去除率的变化曲线如图 2-12 所示。

HRT 控制下：① 四个反应器 NH$_3$-N 去除率之间存在显著性差异（$P<0.05$），其去除效果 17.50 h>15.00 h>21.0 h>26.25 h；在四个 HRT 下厌氧池、好氧池和二沉池内的 NH$_3$-N 去除率存在显著性差异（$P<0.05$）。② 在厌氧池内，去除率波动较大，去除率偏低，是由于作为 NH$_3$-N 的主要反应器其对应的最优 HRT 为 21.00 h，NH$_3$-N 参与了部分细胞的合成而有所降低，但是 HRT 对厌氧氨氧化菌作用并不显著，其作用依然体现在 HRT 对反应时间和水力搅拌上，试验结果显示水力搅拌的影响大于反应时间的影响；在缺氧池内，去除率波动不大，即其去除效果并不显著，可以认为缺氧池内停留时

间与水力搅拌的矛盾,该现象也是厌氧氨氧化菌作用的延续,其最优 HRT 依然为 21.00 h;在好氧池内,去除率波动不大,好氧池为 NH_3-N 的主要反应器,HRT 对去除效果具有一定的影响尤其是好氧池,好氧池是 NH_3-N 的主要反应器,此处显示 HRT 对亚硝酸菌和硝酸菌影响,这一影响依然体现在 HRT 对反应时间和水力搅拌上,试验结果显示水力搅拌的影响大于反应时间的影响,即较小的 HRT 对应的去除率较高,其最优 HRT 依然为 17.50 h。③ 36 个点出水的 NH_3-N 中,34 个点的出水 NH_3-N 达到一级 A 标准,2 个点的出水 NH_3-N 达到一级 B 标准。④ 进水 NH_3-N 与出水 NH_3-N 之间 Pearson 相关关系显著($P<0.05$),而出水 NH_3-N 与好氧池去除率、二沉池去除率、进水 NH_3-N 之间 Pearson 相关关系显著($P<0.05$),出水 NH_3-N 除了 NH_3-N 之外还取决于好氧池去除率、二沉池去除率。

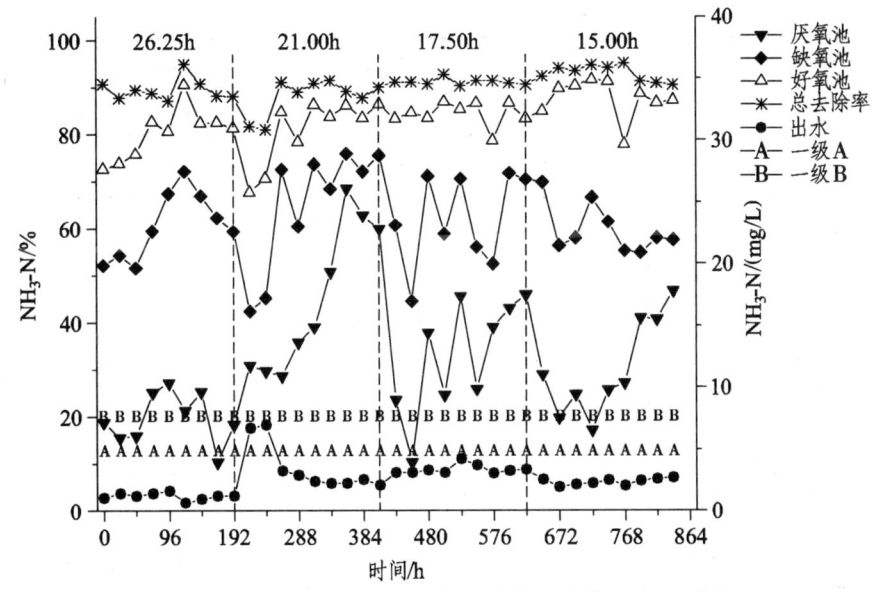

图 2-12 HRT 工况下 NH_3-N 去除率和出水 NH_3-N 浓度

HRT 工况下 NH_3-N 去除率试验表明:NH_3-N 的去除率与 HRT 有一定的关系,出水的 NH_3-N 均能达标,厌氧池和好氧池是 NH_3-N 去除的主要反应器;高原环境条件下,HRT 主要体现在反应时间和水力搅拌强度上,进而影响了 NH_3-N 的去除效果。

2.5 UV 工况下的运行

UV 的控制如下：设计进水温度为 20 ℃，厌氧池停留时间：缺氧池停留时间：好氧池停留时间 = 1 : 1 : 2，HRT 为 21.00 h，控制 DO 为 2.0 mg/L，混合液回流比为 R_i = 200%，污泥回流比为 R = 100%，混合液和污泥均采用连续回流，UV 采用两盏 40W 紫外线灯实现，照射时间分别为 0 min（对照组）、5 min、10 min、30 min、180 min，其中 180 min 为自然光照射 180 min，水质取样待 UV 改变 24 h 后进行，UV 照射时间控制为由短到长。

采用生活污水作为试验用水，其进水水质见表 2-10。相对于有关文献记载 SV_{30} 和 MLSS 两个指标，试验过程中测得上述指标均明显较低，UV 照射工况下的污泥指标和 BOD_5 测定值见表 2-11。

表 2-10 UV 工况下进水水质

TN/（mg/L）	TP/（mg/L）	NH$_3$-N/（mg/L）	COD/（mg/L）
23.17 ~ 64.59	1.25 ~ 8.86	32.77 ~ 46.46	181.67 ~ 509.62

表 2-11 UV 工况下的污泥指标和 BOD_5 测定值

UV /min	时间 /h	SV_{30} /%	MLSS /（mg/L）	进水 BOD_5 /（mg/L）	出水 BOD_5 /（mg/L）	BOD_5 /%
0	192	8	681.1	160	10	93.75
5	408	8	685.1	150	50	66.67
10	624	8	694	105	30	71.43
30	840	6	525.8	195	15	92.31
180	1050	6	462.2	195	30	84.62

2.5.1 TN 去除率

试验过程中分别对 A^2O 工艺中的进水和四个反应器 TN 开展检测，并计算三个反应器和二沉池的去除率，依次得到 TN 去除率的变化曲线如图 2-13 所示。

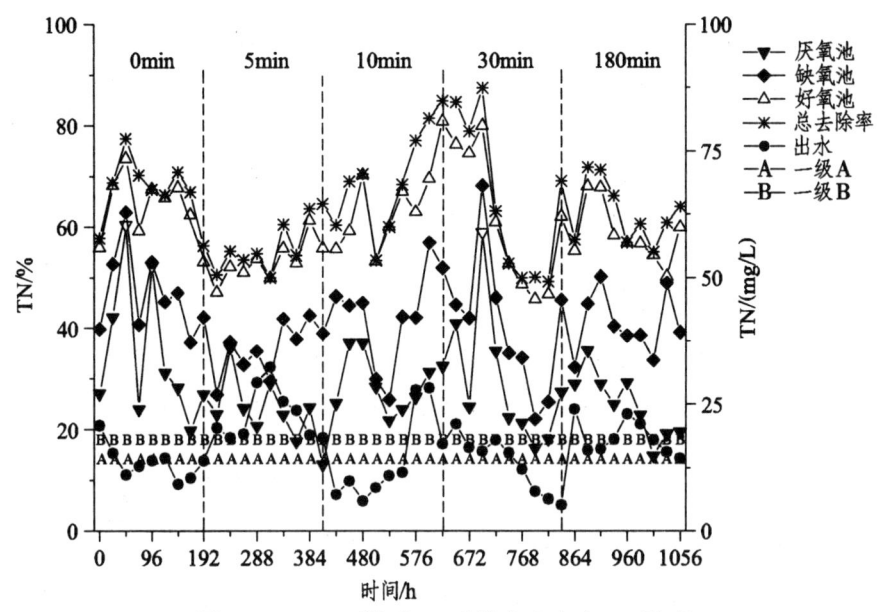

图 2-13 UV 工况下 TN 去除率和出水 TN 浓度

UV 控制下：① 四个反应器去除率之间存在显著性差异（$P<0.05$），反应末期其去除效果 10 min>30 min>5 min>180 min>0 min。② 在厌氧池内，10 min 对应的去除率明显高于其他 UV 照射状况，即 UV 对厌氧池内的去除效果有显著影响（$P<0.05$），其影响主要体现了随着照射时间延长去除率降低，其原因主要为 UV 均起到一定程度的杀微生物效果，所不同的是 UV 照射时间越长其微生物恢复越难，但是在厌氧池内恢复均不能达到原有水平；在缺氧池内，各 UV 照射状况均低于 10 min，UV 对缺氧池内的去除效果有显著影响（$P<0.05$），其影响主要体现了去除率降低，各 UV 照射时间下的微生物都在恢复中，其中依然可以发现 5 min 和 180 min 的工况难以恢复；在好氧池内，其他照射情况的去除率均高于 0 min 所对应的 TN 去除率，其他 UV 照射状况均低于 10 min，去除率呈现快速上升趋势，其可能存在硝化菌或亚硝化菌的某种变异或强化，其他 UV 照射在运行中生物也在不断恢复中。③ 45 个点的出水 TN 中，18 个点的 TN 达到了一级 A 指标，15 个点的 TN 达到了一级 B 指标，12 个点的 TN 未能达到标准。④ 进水 TN 与出水 TN 之间 Pearson 相关关系显著（$P<0.05$），而出水 TN 与四个反应器去除率、进水 TN

之间 Pearson 相关关系显著（$P<0.05$），而出水 TN 除了取决于进水 TN 之外还受到厌氧池去除率、缺氧池去除率、好氧池去除率、二沉池去除率的影响。

UV 工况下 TN 去除率试验表明：UV 照射对 TN 去除效果有较大的影响，UV 照射后去除率均出现不同程度的改变，其主要与杀菌及菌种强化存在一定的关联性；TN 的去除主要发生在缺氧池内。

2.5.2 COD 去除率

试验过程中分别对 A²O 工艺中的进水和四个反应器 COD 开展检测，并计算三个反应器和出水的去除率，依次得到 COD 去除率的变化趋势如图 2-14 所示。

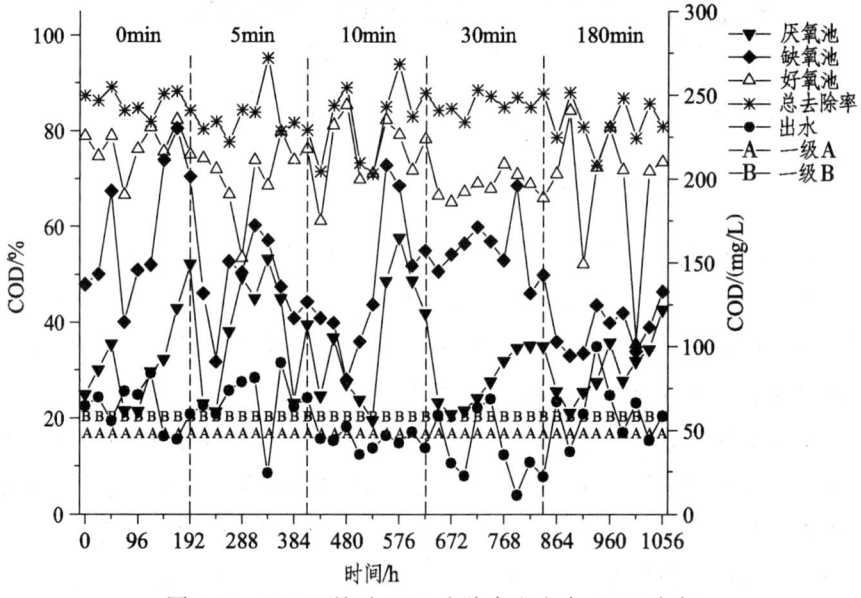

图 2-14 UV 工况下 COD 去除率和出水 COD 浓度

UV 控制下：① 四个反应器去除率之间存在显著性差异（$P<0.05$），末期其去除效果 10 min>30 min>0 min>180 min>5 min；缺氧池在五个 UV 下的 COD 去除率存在显著性差异（$P<0.05$）。② 在厌氧池内，0 min 对应的去除率明显高于 5 min、10 min、30 min 的 UV 照射状况，即 UV 对厌氧池的影响主要体现了去除率降低，四个 UV 照射时间下的去除率随着试验时间延长而有所降低，其可能原因为 UV 杀灭复合菌后一段时间菌种难以得到恢复；在缺氧池内，四个 UV

工况均低于 0 min 所对应的去除率，即 UV 对缺氧池内的去除效果体现了负影响；在好氧池内，5 min 和 10 min 的 UV 照射状况均高于 0 min，30 min 和 180 min 的 UV 照射状况均低于 0 min，去除率曲线显示其随着试验时间延长而有所降低。③ COD 的去除主要在缺氧池、好氧池内实现。④ 45 个点的出水 COD 中，18 个点的 COD 达到了一级 A 指标，9 个点达到了一级 B 指标，另外 18 个点未能达标。⑤ 进水 COD 与出水 COD 之间 Pearson 相关关系显著（$P<0.05$），出水 COD 与进水 COD 二沉池去除率之间 Pearson 相关关系显著（$P<0.05$），而出水 COD 主要取决于进水 COD、二沉池去除率。

UV 工况下 COD 去除率试验表明：COD 的去除率受 UV 照射时间工况影响较为显著，尤其是在缺氧池内，厌氧池、缺氧池是 COD 去除的主要反应器。

2.5.3 NH$_3$-N 去除率

试验过程中分别对 A^{2}O 工艺中的进水和四个反应器 NH$_3$-N 开展检测，并计算三个反应器和二沉池的去除率，依次得到 NH$_3$-N 去除率的变化趋势如图 2-15 所示。

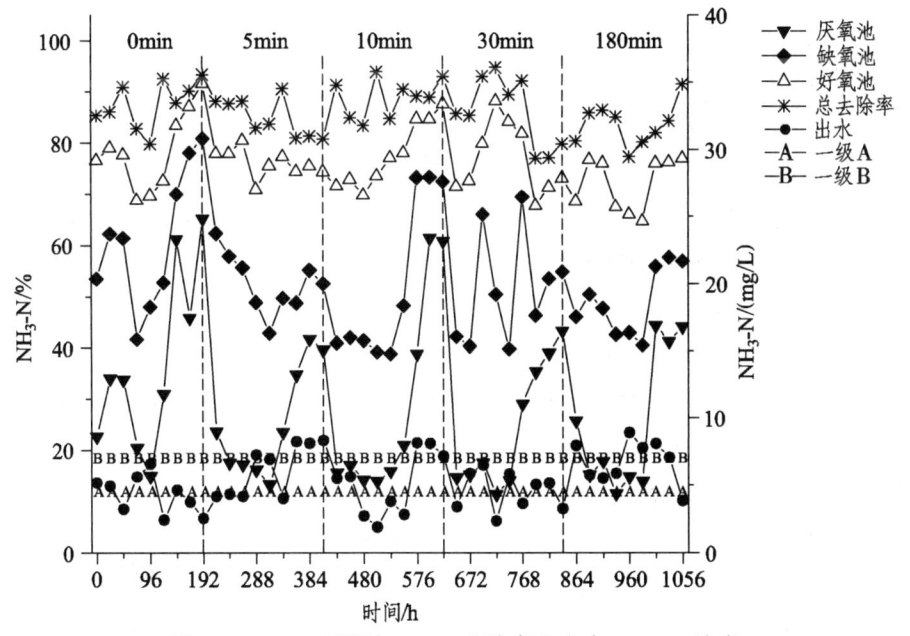

图 2-15 UV 工况下 NH$_3$-N 去除率和出水 NH$_3$-N 浓度

UV 控制下：① 四个反应器去除率之间存在显著性差异（$P<0.05$），其去除效果 0 min>10 min>180 min>30 min>5 min；在五个 UV 下厌氧池、缺氧池、好氧池及二沉池内的 NH_3-N 去除率均不存在显著性差异（$P>0.05$）。② 在厌氧池内，0 min 对应的去除率高于任何一种 UV 照射状况时，即 UV 照射主要体现的针对 NH_3-N 的微生物灭活作用；在缺氧池内，0 min 高于对应的去除率高于任何一种 UV 照射状况时；在好氧池内，四个 UV 照射状况均低于 0 min；二沉池仅有 10 min 照射状况接近于 0 min。③ 好氧池和缺氧池是 NH_3-N 去除的主要反应器。④ 45 个点的出水 NH_3-N 中，18 个点达到了一级 A 指标，20 个点达到了一级 B 指标，另外 7 个点的 NH_3-N 未能达标。⑤ 进水 NH_3-N 与厌氧池去除率二者之间 Pearson 相关关系显著（$P<0.05$），而出水 NH_3-N 与缺氧池、好氧池、二沉池去除率四者之间 Pearson 相关关系显著（$P<0.05$），进水 NH_3-N 对厌氧池去除率有影响，出水 NH_3-N 主要取决于缺氧池、好氧池、二沉池去除效果。

UV 工况下 NH_3-N 去除率试验表明：去除率随着 UV 照射时间不同而异，UV 照射对去除率影响较为显著，好氧池是 NH_3-N 去除的主要反应器。

2.5.4 TP 去除率

试验过程中分别对 A^2O 工艺中的进水和四个反应器 TP 开展检测，并计算三个反应器和二沉池的去除率，依次得到 TP 去除率的变化曲线见图 2-16。

UV 控制下：① 四个反应器 TP 去除率之间存在显著性差异（$P<0.05$），反应末期其去除效果 30 min>5 min>0 min>10 min>180 min；在 UV 下四个反应器去除率存在显著性差异（$P<0.05$）。② 在厌氧池内，0 min 对应的去除率明显高于除了 5 min 照射对应的去除率之外其他 UV 照射状况时，可能与微生物照射时发生了微生物变异或弱化有关；在缺氧池内，5 min 和 30 min 所对应的去除率高于 0 min 所对应的去除率，其他两个照射时间低于 0 min；好氧池内，高于 0 min 所对应的去除率的为 5 min 和 30 min，其他 UV 照射状况均低于 0 min，180 min 和 5 min 照射时间所对应的去除率较为稳定且好氧除磷能力恢复较好。③ 好氧池和缺氧池是 TP 去除的主要反应器。④ 45 个点的出水 TP 中，11 个点的 TP 达到了一级 A 指标，9 个点达到了一级 B

指标，另外25个点未能达标。⑤ 进水 TP 与好氧池、二沉池去除率之间 Pearson 相关关系显著（$P<0.05$），而出水 TP 与缺氧池去除率、好氧池去除率、二沉池去除率之间 Pearson 相关关系显著（$P<0.05$），而出水 TP 主要取决于缺氧池去除率、好氧池去除率、二沉池去除率。

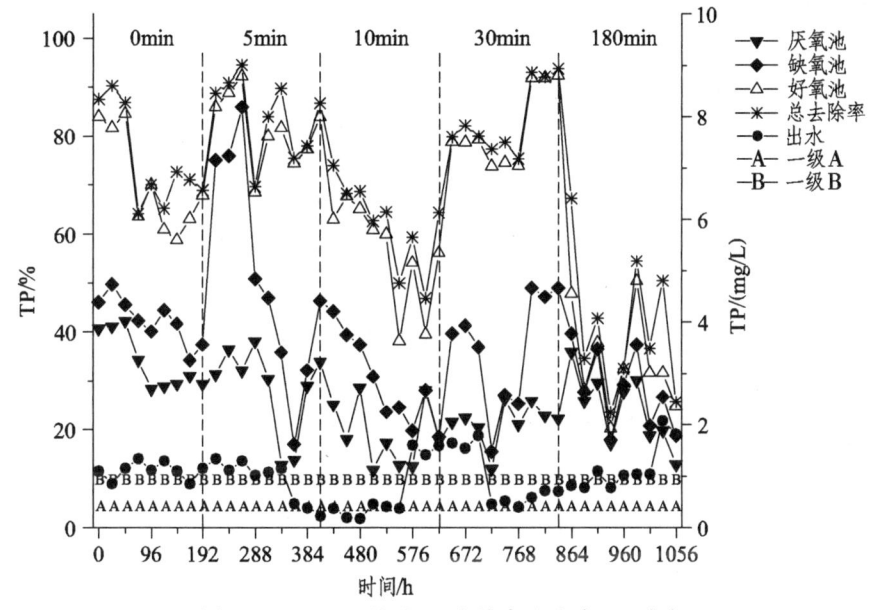

图 2-16　UV 工况下 TP 去除率和出水 TP 浓度

UV 工况下 TP 去除率试验表明：UV 照射下的去除率无论厌氧释磷还是好氧吸磷均受到一定的影响，UV 照射后好氧池是 TP 去除的主要反应器；考虑微生物因素，UV 照射时间对聚磷菌在厌氧条件下释磷和聚磷菌吸磷影响均有较大影响。

2.6　本章小结

采用试验手段探讨了水温、DO、HRT、UV 四个工况对实验室规模 A^2O 工艺运行影响，分析了不同工况等对四个反应器 TN、COD、TP、NH_3-N 等水质指标去除率的规律，探讨了西藏生境下 A^2O 工艺的运行特性。主要结论如下：

（1）在不同温度、DO、HRT、UV 工况下活性污泥的两项指标 SV_{30} 和 MLSS 均较低；各工况下四个反应器污染物去除率之间均存在显著性差异。

（2）在温度条件下，厌氧池和好氧池内的 TN 去除率存在显著性差异，15 °C 对应的 TN 去除效果最好，其出水 TN 浓度均达到一级 A 标准；15 °C 对应的 COD 去除效果最好，其出水 COD 浓度均达到一级 A 标准；20 °C 对应的 TP 去除效果最好，其出水 TP 浓度部分达到一级标准；20 °C 对应的 NH_3-N 去除效果最好，其出水 NH_3-N 浓度均达到一级 A 标准。

（3）在 DO 条件下，厌氧池的 TN 去除率存在显著性差异，2.0 mg/L 对应的 TN 去除效果最好，其出水 TN 浓度部分达到一级标准；1.0 mg/L 对应的 COD 去除效果最好，其出水 COD 浓度部分达到一级标准；1.0 mg/L 对应的 TP 去除效果最好，其出水 TP 浓度部分达到一级标准；2.0 mg/L 对应的 NH_3-N 去除效果最好，其出水 NH_3-N 浓度均达到一级 A 标准。

（4）在 HRT 条件下的 TN 去除率均存在显著性差异，26.25 h 对应的 TN 去除效果最好，其出水 TN 浓度均达到一级 A 标准；26.25 h 对应的 COD 去除效果最好，其出水 COD 浓度均达到一级 A 标准；17.50 h 对应的 TP 去除效果最好，其出水 TP 浓度部分达到一级标准；17.50 h 对应的 NH_3-N 去除效果最好，其出水 NH_3-N 浓度均达到一级 A 标准。

（5）在 UV 工况下，TN 去除率没有显著变化，10 min 对应的 TN 去除效果最好，其出水 TN 浓度部分达到一级标准；10 min 对应的 COD 去除效果最好，其出水 COD 浓度部分达到一级标准；30 min 对应的 TP 去除效果最好，其出水 TP 浓度部分达到一级标准；没有 UV 辐照时 NH_3-N 去除效果最好，其出水 NH_3-N 浓度均达到一级标准，即 UV 照射对 NH_3-N 去除具有抑制作用。

第3章
活性污泥微生物特征分析

活性污泥是由微生物及其所依附的有机物质和无机物质的总和，其中微生物主要包括细菌、原生动物和藻类等，是现阶段污水处理工艺曝气池内实现有机物降解吸附、氮磷污染物转化的主要实现者。活性污泥一般包括絮凝吸附、微生物代谢、泥水分离等阶段，各阶段均与微生物的丰度及群落结构密切相关，所以微生物群落丰度、多样性及结构与功能决定了污水净化效果。

丰度、多样性的微生物特征及其与环境因子之间的相互作用是影响污水处理系统生态系统功能的重要因素。以高原特有的环境影响因子水温、HRT、DO、UV 等四个工况对实验室规模 A^2O 工艺三个反应器微生物多样性影响为研究目的，探讨了反应器中微生物物种注释与评估、物种组成分析、样本比较分析、物种差异分析，进而为高原典型环境因素下的 A^2O 微生物响应机理提供可靠依据。

3.1 微生物物种注释与评估

设计工况包括 DO、HRT、UV 和温度（temp）。样本名称中 ana 代表厌氧池，ano 代表缺氧池，Oxic 代表好氧池。针对 51 组 16SrRNA 基因测序样本，分别开展基因分类学分析、Pan/Core 物种分析、Alpha 多样性分析。

3.1.1 OTU 分析

分类学分析的统计内容为各样本的域（Domain）、界（Kingdom）、门

（Phylum）、纲（Class）、目（Order）、科（Family）、属（Genus）、种（Species）、Operational Taxonomic Unit(OTU)，使用 silva 数据库。OTU 统计结果见表 3-1。

表 3-1 不同工况的样本信息统计

样本名称	Domain	Kingdom	Phylum	Class	Order	Family	Genus	Species	OTU
temp_ana_25	1	1	20	35	97	188	376	533	734
temp_ana_20	1	1	27	52	126	234	477	707	969
temp_ana_15	1	1	29	56	134	241	505	757	1067
temp_ana_10	1	1	30	54	131	239	453	664	898
temp_ano_25	1	1	24	41	103	198	413	607	849
temp_ano_20	1	1	27	47	123	235	491	712	970
temp_ano_15	1	1	29	53	131	242	493	745	1028
temp_ano_10	1	1	28	52	129	239	455	675	908
temp_Oxic_25	1	1	27	44	103	194	394	567	772
temp_Oxic_20	1	1	27	50	126	238	471	678	911
temp_Oxic_15	1	1	26	43	102	193	379	560	758
temp_Oxic_10	1	1	27	49	121	225	426	625	837
do_ana_20	1	1	21	34	80	152	308	440	580
do_ana_15	1	1	24	42	105	198	406	604	828
do_ana_10	1	1	23	42	106	205	415	613	833
do_ana_5	1	1	26	46	117	224	460	663	908
do_ano_20	1	1	20	38	97	181	374	546	748
do_ano_15	1	1	26	43	111	206	414	605	819
do_ano_10	1	1	24	43	114	225	437	644	868
do_ano_5	1	1	25	46	116	226	434	619	841
do_Oxic_20	1	1	21	42	108	199	378	551	748
do_Oxic_15	1	1	24	46	118	217	416	594	824
do_Oxic_10	1	1	24	49	122	237	462	683	957
do_Oxic_5	1	1	27	51	125	238	459	685	939

续表

样本名称	Domain	Kingdom	Phylum	Class	Order	Family	Genus	Species	OTU
hrt_Oxic_26	1	1	29	50	120	230	467	678	939
hrt_Oxic_21	1	1	24	44	114	215	403	595	821
hrt_Oxic_17	1	1	25	41	102	189	373	546	758
hrt_Oxic_15	1	1	23	41	112	210	386	553	752
hrt_ana_26	1	1	28	48	118	220	473	693	951
hrt_ana_21	1	1	28	49	124	231	468	678	909
hrt_ana_17	1	1	25	46	110	204	420	605	821
hrt_ana_15	1	1	24	48	118	221	445	644	857
hrt_ano_26	1	1	27	49	120	220	437	655	897
hrt_ano_21	1	1	24	46	118	218	427	603	806
hrt_ano_17	1	1	27	44	105	196	391	578	786
hrt_ano_15	1	1	27	44	108	200	391	572	772
uv_ana_0	1	1	23	36	91	176	383	548	741
uv_ana_5	1	1	29	53	131	234	467	701	1004
uv_ana_10	1	1	27	43	112	209	429	638	904
uv_ana_30	1	1	28	45	117	216	428	621	871
uv_ana_180	1	1	27	45	115	218	431	644	913
uv_ano_0	1	1	22	37	96	191	400	577	785
uv_ano_5	1	1	24	41	107	197	413	615	862
uv_ano_10	1	1	28	46	111	211	433	649	920
uv_ano_30	1	1	23	37	102	192	397	577	800
uv_ano_180	1	1	27	41	116	216	438	642	871
uv_Oxic_0	1	1	22	39	97	176	372	558	762
uv_Oxic_5	1	1	23	38	102	184	386	566	780
uv_Oxic_10	1	1	27	45	111	213	427	623	876
uv_Oxic_30	1	1	24	38	103	199	396	583	802
uv_Oxic_180	1	1	25	42	115	222	454	663	921

51 个测序样本中 Domain、Kingdom 均只有一个，而 Phylum ∈（20,30）、Class ∈（34,56）、Order ∈（80,134）、Family ∈（152,242）、Genus ∈（308,505）、Species ∈（440,757）、OTU ∈（580,1 067），其对应的谱系学数值明显低于已有文献表述的数量。这和田美等在 A^2O 工艺里测出 Phylum 为 51、Genus 为 800 多个相差甚远；而闻韵等则在 SBR 工艺中测出 OTU 数目为 924～1 363 个；而 Wang 测出 A^2O 工艺的厌氧池、缺氧池、好氧池 OTU 数目均超过 1 800 以上，有的甚至高达 2 000 以上；张晓红等研究人员对活性污泥种群结构研究发现，其 OTU 数目在 1 000～1 600；Fan 等研究发现 A^2O 工艺的 OUT 数目在 800～1 900；本研究所得数据与上述已有文献比较，高原特殊生境对微生物物种影响较大。在 DO 工况下，厌氧池内纲、目、科、属、种、OTU 等六个等级的微生物种类数随着 DO 的下降而增加，缺氧池内的纲、目、科等三个等级的微生物种类数随着 DO 的下降而增加，好氧池内门、纲、目、科、种等五个等级的微生物种类数随着 DO 的下降而增加；在温度工况下，厌氧池内门级别下的微生物种类随着温度下降而增加；在 HRT 工况下，厌氧池内纲、属、种、OTU 等四个等级微生物种类数随着 HRT 的下降而减少，好氧池内纲、种、OTU 等三个等级的微生物种类数随着 HRT 的下降而减少；UV 工况下，UV 照射会使得门、纲、目、科、属、种、OTU 等级的微生物种类增加。

3.1.2 Alpha 多样性

Alpha 多样性包括多样性指数和指数组间差异性检验，常用于研究一个系统内的生物多样性。群落均匀度指数为 shannoneven、simpsoneven；群落丰富度指数为 sobs、ace、chao；群落多样性指数为 shannon、simpson；群落覆盖度指数为 coverage；指数组间差异性检验运用 T 检验的方法，检测每两组之间的指数值是否具有显著性差异。多样性指数分析结果见表 3-2。

表 3-2　不同工况的样本多样性指数

样本名称	shannon	simpson	sobs	ace	chao	shannoneven	simpsoneven	coverage
temp_ana_25	3.930	0.064	533	678.636	672.000	0.626	0.030	0.996
temp_ana_20	4.596	0.028	707	867.345	904.167	0.701	0.050	0.996

续表

样本名称	shannon	simpson	sobs	ace	chao	shannoneven	simpsoneven	coverage
temp_ana_15	4.712	0.024	757	902.975	912.556	0.711	0.056	0.996
temp_ana_10	4.185	0.064	664	866.421	892.741	0.644	0.023	0.994
temp_ano_25	4.209	0.043	607	785.327	818.406	0.657	0.039	0.996
temp_ano_20	4.508	0.030	712	884.870	911.405	0.686	0.047	0.996
temp_ano_15	4.550	0.032	745	910.082	875.190	0.688	0.041	0.995
temp_ano_10	4.205	0.063	675	876.520	862.011	0.646	0.023	0.994
temp_Oxic_25	4.197	0.045	567	720.442	726.797	0.662	0.039	0.996
temp_Oxic_20	4.493	0.033	678	839.848	839.318	0.689	0.045	0.995
temp_Oxic_15	3.922	0.063	560	925.187	882.961	0.620	0.028	0.995
temp_Oxic_10	3.952	0.088	625	816.326	844.380	0.614	0.018	0.995
do_ana_20	3.127	0.194	440	700.986	633.717	0.514	0.012	0.997
do_ana_15	4.528	0.024	604	761.260	785.246	0.707	0.068	0.996
do_ana_10	4.335	0.042	613	752.634	758.266	0.675	0.039	0.996
do_ana_5	4.565	0.031	663	831.541	854.838	0.703	0.049	0.996
do_ano_20	3.889	0.079	546	654.108	669.051	0.617	0.023	0.997
do_ano_15	4.506	0.024	605	751.614	758.013	0.703	0.069	0.996
do_ano_10	3.877	0.103	644	809.890	833.568	0.599	0.015	0.996
do_ano_5	4.002	0.087	619	788.589	786.192	0.623	0.019	0.995
do_Oxic_20	4.107	0.042	551	686.509	688.015	0.651	0.043	0.997
do_Oxic_15	4.247	0.041	594	711.431	700.741	0.665	0.041	0.997
do_Oxic_10	4.295	0.054	683	837.490	834.337	0.658	0.027	0.997
do_Oxic_5	4.401	0.049	685	832.481	818.366	0.674	0.030	0.996
hrt_ana_26	4.276	0.046	693	906.317	930.538	0.654	0.031	0.995
hrt_ana_21	4.369	0.042	678	859.047	886.494	0.670	0.035	0.995
hrt_ana_17	4.396	0.034	605	782.083	820.581	0.686	0.048	0.995
hrt_ana_15	4.263	0.043	644	811.242	838.122	0.659	0.036	0.996

续表

样本名称	shannon	simpson	sobs	ace	chao	shannoneven	simpsoneven	coverage
hrt_ano_26	4.240	0.048	655	998.786	866.235	0.654	0.032	0.995
hrt_ano_21	4.353	0.037	603	884.224	780.705	0.680	0.045	0.995
hrt_ano_17	4.112	0.052	578	733.443	735.039	0.647	0.033	0.995
hrt_ano_15	3.906	0.100	572	756.551	755.375	0.615	0.018	0.995
hrt_Oxic_26	4.338	0.041	678	914.865	916.835	0.665	0.036	0.995
hrt_Oxic_21	4.150	0.060	595	761.237	776.408	0.650	0.028	0.995
hrt_Oxic_17	3.934	0.060	546	687.072	665.658	0.624	0.030	0.996
hrt_Oxic_15	3.954	0.076	553	702.254	713.379	0.626	0.024	0.996
uv_ana_0	3.942	0.055	548	709.939	720.281	0.625	0.033	0.997
uv_ana_5	4.413	0.038	701	842.737	845.071	0.673	0.038	0.997
uv_ana_10	4.303	0.033	638	804.334	818.622	0.666	0.047	0.997
uv_ana_30	4.117	0.059	621	803.934	776.329	0.640	0.027	0.996
uv_ana_180	4.365	0.040	644	794.055	791.346	0.675	0.038	0.996
uv_ano_0	4.230	0.032	577	713.604	739.846	0.665	0.055	0.997
uv_ano_5	4.420	0.026	615	764.325	774.203	0.688	0.063	0.996
uv_ano_10	4.336	0.039	649	845.937	836.963	0.670	0.039	0.996
uv_ano_30	3.812	0.089	577	853.763	775.154	0.600	0.020	0.996
uv_ano_180	4.073	0.062	641	876.064	918.479	0.630	0.025	0.994
uv_Oxic_0	4.084	0.040	558	714.794	736.850	0.646	0.045	0.997
uv_Oxic_5	4.070	0.040	566	700.820	703.042	0.642	0.044	0.997
uv_Oxic_10	4.148	0.055	623	792.554	803.448	0.645	0.029	0.997
uv_Oxic_30	3.867	0.083	583	728.330	724.197	0.607	0.021	0.996
uv_Oxic_180	4.178	0.057	663	830.250	805.739	0.643	0.027	0.996

由表 3-2 可知:样本中群落丰富度 ace 指数为 654.108~998.786,Zhang L 发现 ace 为 1 300~2 200,顾丽君发现 ace 系数为 2 700~3 400,研究所得 ace 指数较小,其在缺氧池内随着 UV 增加而呈现升高的趋势;群落丰富度 sobs 指数为 440~757,与李娜英研究得到的 sobs 指数为 963~2 481 相比略小,与邓敬轩研究得到的 sobs 指数为 563~1 428 几乎相当,DO 工况下的 sobs 指数在厌氧池和好氧池内随着 DO 降低而升高,厌氧池和好氧池内随着 DO 的降低物种数量有所增加;群落丰富度 chao 指数为 663.717~930.538,与马烨姝和李新慧的 chao 指数为 1 119~1 777 相比较小。群落均匀度 simpsoneven 指数为 0.012~0.069,未见文献报道;群落均匀度 shannoneven 指数为 0.514~0.711,比 Chen C 的 0.797~0.821 小。群落多样性 simpson 指数为 0.024~0.194,有文献研究得到 simpson 系数为 0.016~0.049,韩文杰发现其值为 0.835,相对后者其值较小;群落多样性 shannon 指数为 3.127~4.712,相较于小彦的 4.466~10.32 小。coverage 系数为 0.994~0.997,接近或超过 0.995,样本测序覆盖性较好,代表样本能很好地反映样本整体情况较好。

上述分析显示:不同工况下反应器之间的物种丰富度不存在显著性差异,这主要和 A^2O 工艺各反应单元之间存在污泥和混合液回流有关;不同工况下物种类别具有显著的差异性。

3.2 Beta 多样性

Beta 多样性是分析样本的微生物菌落间的物种多样性,以探索不同分组样本之间的菌落组成的差异性,结合样本分组情况开展样本层级聚类分析。

样本层级聚类分析是通过距离矩阵对样本按照远近开展分类的一种方法,鉴于样本较多,故分别按照温度、DO、HRT、UV 工况开展,微生物分类水平为 Genus,具体分析结果如图 3-1 所示。

温度工况下,由于高原生境下可能存在部分低温微生物在 15 ℃ 时丰度较高,样本被聚类结果并不完全和温度相一致,25 ℃ 和 15 ℃、10 ℃ 和 20 ℃ 分别被聚类为一类,其主要原因是在较低的温度时各种微生物新陈代谢变慢，其后果是世代时间变长，通过污泥回流或内循环等方式分布到不同反应池内，造成了各自温度下微生物的差异性不大。DO 工况聚类为三类，2.0 mg/L、1.5 mg/L 和 1.0 mg/L 与 0.5 mg/L 聚类为三类，即可以认为 DO 低于 1.5 mg/L（临界值），DO 对各池作用效果差别不明显，这一结果和 2.3.4 节结果相一致；观察发现样本 Oxic_10 和 ano_10、Oxic_5 和 ano_5 被分别聚类分析为一类，其主要原因是在较低的 DO 时缺氧池存在一定机械搅拌作用而好氧池 DO 起到相类似的作用，即水力搅拌，此时缺氧池和好氧池的 DO 几乎相当，造成了好氧池去除效果较差；而样本 Oxic_15 和 ana_10 被分为一类的主要原因是高原下氧压力不足。HRT 工况下，除了样本 hrt_ano_15，15.00 h 和 21.00 h、26.25 h 和 17.50 h 分别被聚类为两类，HRT 主要起到两个作用，分别为水力搅拌和参与反应的概率，一般认为停留时间越长参与反应的概率越高，而水力搅拌则是停留时间越短搅拌越均匀，而上述分类正是这两种效果的综合，26.25 h 和 17.50 h 的水力搅拌和参与反应概率综合较为接近。UV 工况下，0 min 和 5 min、10 min 及 30 min 和 180 min 分别被聚类为两类，可通过一定运行时间得到恢复，而大于 10 min 的照射时间则不能在短时间内得到有效恢复；UV 照射 5 min 的好氧池与对照组好氧池微生物组成相似，照射时间 5 min 的缺氧池和照射时间 10 min 的缺氧池微生物组成相似；UV 照射 30 min 和 180 min 微生物组成较为接近。

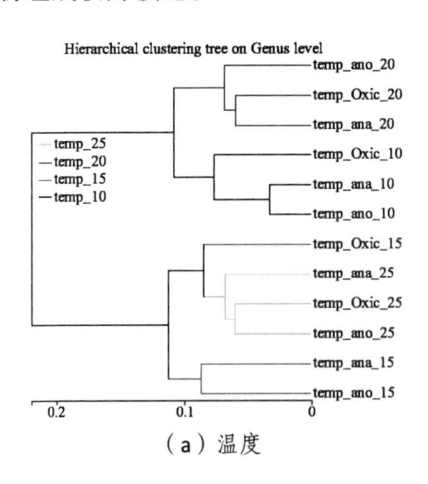

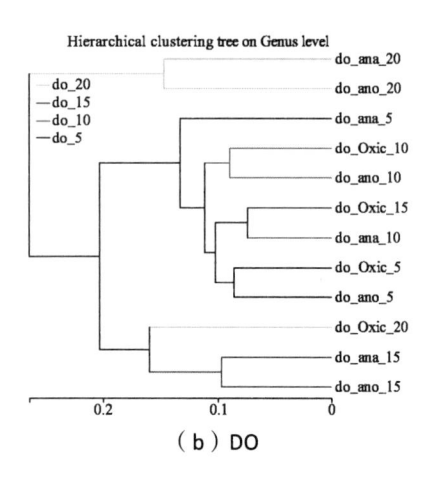

（a）温度

（b）DO

(c) HRT　　　　　　　　　　　　　　　(d) UV

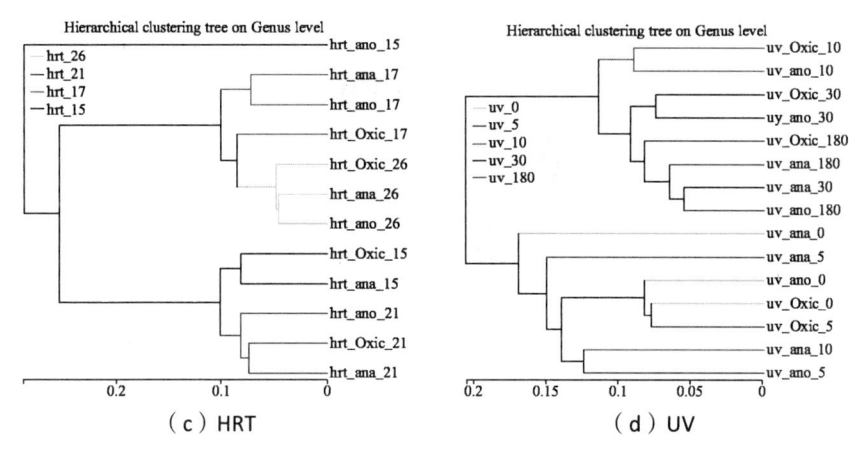

图 3-1　不同工况的层级聚类分析

3.3　微生物群落结构的共现性

为阐述高原生境下温度、DO、HRT 及 UV 4 个工况下厌氧池、缺氧池及好氧池 3 个反应器内共 51 个样本中门水平微生物的共存关系，通过分析 Networks 软件绘制门水平下的微生物群落（UV 为 0 min 的样本除外）共现性网络图，如图 3-2 所示。各工况下加权度排序靠前的菌门均处于网络图的中心，出现在 4 个工况下所有的活性污泥样品中，它们的度基本上为 12，其共现性和健壮性较好；4 个工况下的菌门均为 32 种，为便于分析筛选各工况下加权度前 10 的优势细菌门，汇总所有工况优势菌门及对应的度和加权度，见表 3-3。

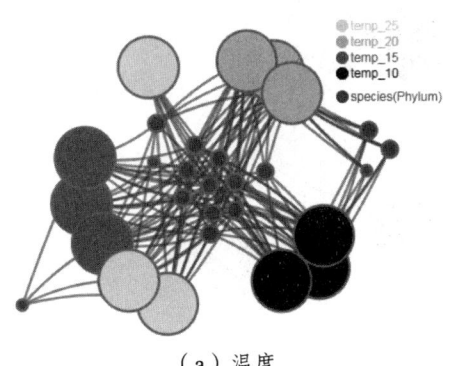

(a) 温度

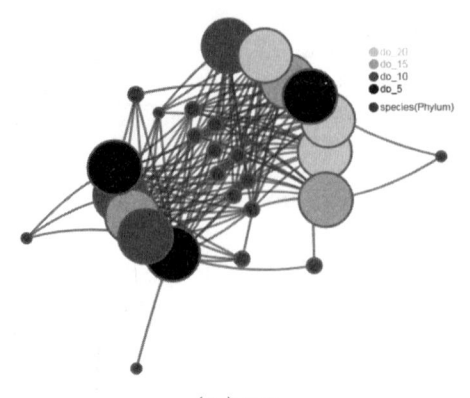

（b）DO

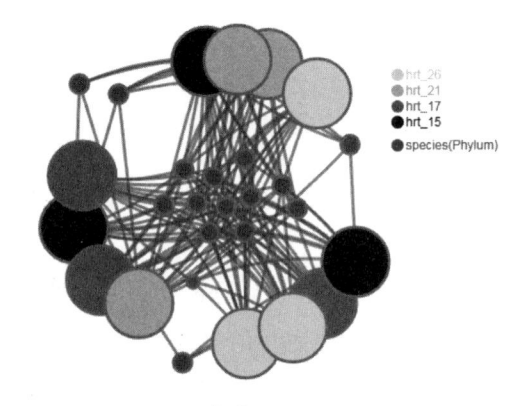

（c）HRT

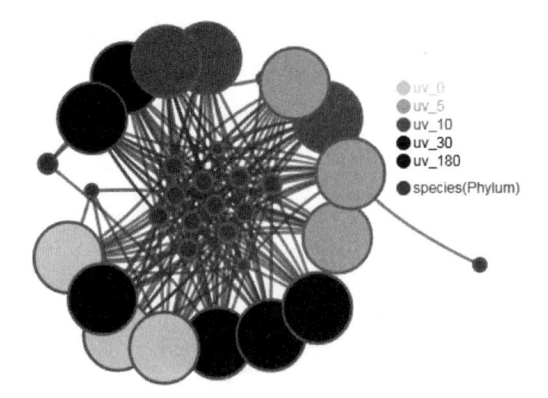

（d）UV

图 3-2　门水平下微生物种群共现性网络图

第 3 章 活性污泥微生物特征分析

4 个工况下优势细菌属加权度（前 10）占所有菌属加权度的百分比分别为 99.31%、98.92%、98.78%、99.09%，其代表性极强。属于 4 个工况下的优势细菌门为变形菌门（Proteobacteria）、拟杆菌门（Bacteroidetes）、绿弯菌门（Chloroflexi）、放线菌门（Actinobacteria）、厚壁菌门（Firmicutes）、酸杆菌门（Acidobacteria）、髌骨细菌门（Patescibacteria）及衣原体门（Chlamydiae）共计 8 个菌门。加权度说明：Proteobacteria 在 DO 下受到了强化作用，在 UV 下受到了抑制作用；Bacteroidetes 在 DO 下受到了抑制作用，在 UV 下受到了强化作用。Actinobacteria 和 Chlamydiae 在 UV 下受到了强化作用；Firmicutes 在 DO 和 UV 下均受到了强化作用；Chloroflexi 在 DO 下受到了强化作用；Acidobacteria 在 UV 下受到了抑制作用；Patescibacteria 在 HRT 下受到了强化作用，但在 UV 下受到了抑制作用；此次发现的 Chlamydiae 尚未在平原地区的活性污泥中被发现，其可能属于高原环境的活性污泥特殊菌门；不同工况对各细菌门具有不同程度的影响作用。

表 3-3 不同工况的门水平下物种节点表（TOP10）

门名称	温度 度	温度 加权度	DO 度	DO 加权度	HRT 度	HRT 加权度	UV 度	UV 加权度
Proteobacteria	12	154 435	12	18 9075	12	145 237	12	124 468
Bacteroidetes	12	127 972	12	94 924	12	119 631	12	156 917
Actinobacteria	12	76 686	12	84 377	12	75 227	12	121 459
Firmicutes	12	39 060	12	65 614	12	42 096	12	66 955
Chloroflexi	12	15 171	12	35 029	12	16 056	12	17 699
Acidobacteria	12	5 698	12	6 453	12	5 733	12	3 256
Patescibacteria	12	5 255	12	4 363	12	6 300	12	3 357
Chlamydiae	12	1 476	12	1 799	12	1 504	12	4 870
Nitrospirae	8	1 403			9	1 083		
Verrucomicrobia	12	1 257			12	1 604	12	16 57
Synergistetes							12	1 448
Planctomycetes			12	2 050				
Dependentiae			12	731				
加权度合计		428 413		484 415		414 471		502 086
百分比/%		98.78		99.31		98.92		99.09

硝化螺旋菌门（Nitrospirae）为 HRT 和温度下的优势菌门，在这两个工况下受到了强化作用；疣微菌门（Verrucomicrobia）为 HRT、温度及 UV 下的优势细菌门，在 DO 下受到了抑制作用；互养菌门（Synergistetes）仅为 UV 下的优势菌门，在 UV 下受到了强化作用；浮霉菌门（Planctomycetes）和 Dependentiae 仅为 DO 下的优势菌门，仅在 DO 下受到了强化作用；Verrucomicrobia 在非高原地区的活性污泥中丰度较小，而在高原环境下和 UV 工况下的丰度较高，说明其属于高原环境的优势菌门，同时受到 UV 的强化作用，这与学者方德新的研究发现较为相似。

按加权度排序后的菌门在 DO 下为嗜热丝菌门（Caldiserica）、FBP、Latescibacteria、WS4、迷踪菌门（Elusimicrobia）；在 HRT 下为阴沟单胞菌门（Cloacimonetes）、Latescibacteria、WS4、Elusimicrobia、FBP；在温度下为 Caldiserica、WS4、Latescibacteria、FBP、Elusimicrobia；在 UV 下为 Nitrospirae、Latescibacteria、螺旋体门（Spirochaetes）、Elusimicrobia、FBP。上述门均处于网络图的边缘，且在个别样品中出现，共现性和健壮性较差。

对属水平的 4 个工况下的微生物群落（UV 为 0 min 的样本除外）共现性进行分析，如图 3-3 所示。属水平的各工况下加权度排序靠前的微生物属及对应的度和加权度见表 3-4，它们均处于网络图的中心，度均为 12，在所有的活性污泥样品中共存，它们的共现性和健壮性较好。

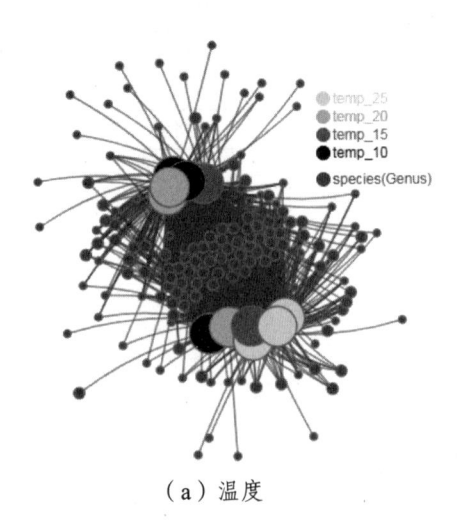

(a) 温度

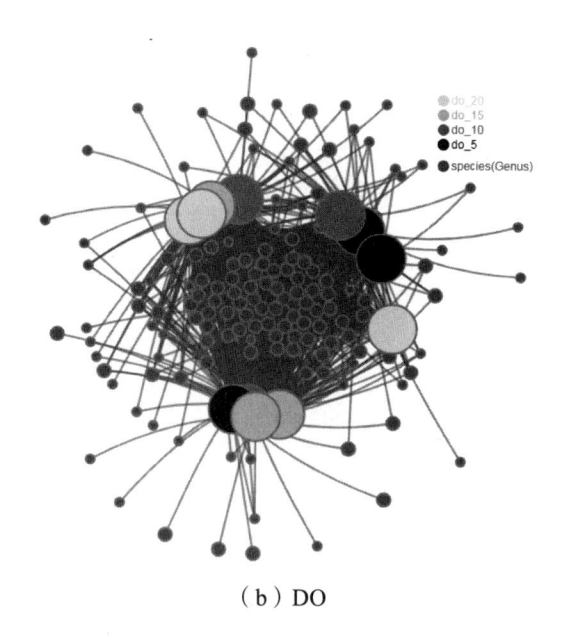

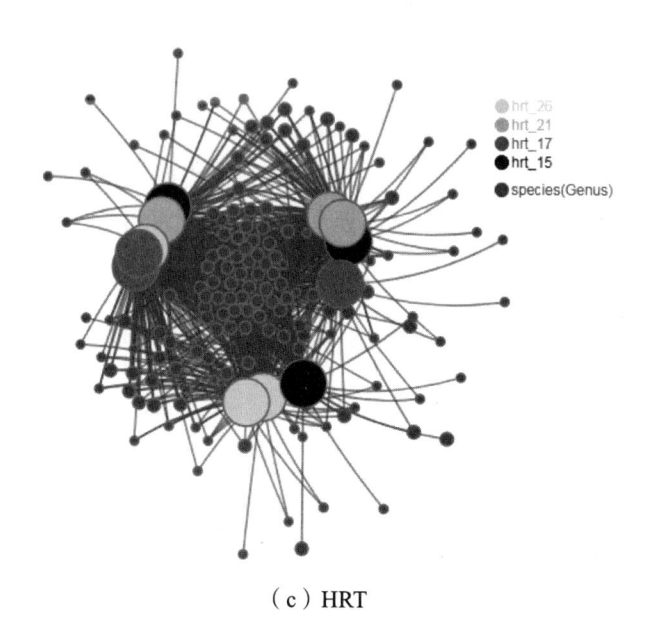

(b) DO

(c) HRT

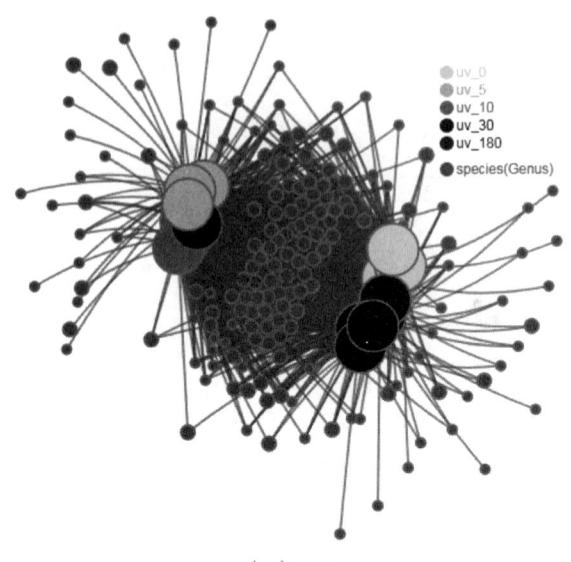

（d）UV

图 3-3　不同工况的属水平下微生物种群共现性网络图

表 3-4　不同工况的属水平下物种节点表（前 10）

属名称	温度 度	温度 加权度	DO 度	DO 加权度	HRT 度	HRT 加权度	UV 度	UV 加权度
norank_f__AKYH767	12	60 910	12	65 895	12	55 629	12	67 523
norank_f__Saprospiraceae	12	40 327			12	37 187	12	62 693
Ottowia	12	19 298	12	16 846	12	20 389	12	17 198
unclassified_f__Burkholderiaceae	12	17 931			12	10 454		
IMCC26207	12	14 368	12	16 573	12	17 292	12	22 623
Novosphingobium	12	10 901			12	10 198		
Simplicispira	12	9 721	12	10 431				
Thermomonas	12	9 438			12	8 260		
Gordonia	12	8 397					12	13 184

续表

属名称	温度 度	温度 加权度	DO 度	DO 加权度	HRT 度	HRT 加权度	UV 度	UV 加权度
Romboutsia	12	7 793	12	12 893			12	10 208
Acinetobacter			12	63 627			12	14 920
Candidatus_Microthrix							12	16 192
Trichococcus			12	8 692	12	13 122	12	10 975
Propioniciclava							12	11 310
norank_f__JG30-KF-CM45			12	21 410				
norank_f__67-14			12	13 627				
Mycobacterium			12	8 244				
Dokdonella					12	9 082		
Rhodanobacter					12	8 165		
加权度合计		199 084		238 238		189 778		246 826
百分比/%		45.90		48.84		45.29		48.71

对 4 个工况下前 10 名的菌种进行汇总，共得出 19 种菌，各工况下优势菌属加权度（前 10）占所有菌属加权度的百分比将近一半，其具有一定的代表性。

存在于 4 个工况下的优势菌属仅为 3 种，分别为 *norank_f__AKYH767*、奥托氏菌属（*Ottowia*）及 *IMCC26207*，其中 *IMCC26207* 在 UV 下的加权度大于其他工况，受 UV 的强化作用较大。

腐螺旋菌属（*norank_f__Saprospiraceae*）为 HRT、温度及 UV 下的优势菌属，且受到了 UV 的强化作用较强，受到了 DO 的抑制作用较强。罗姆布茨菌（*Romboutsia*）为 DO、温度及 UV 下的优势菌属，受到了 DO 的强化作用，受到了 HRT 的抑制作用。束毛球菌属（*Trichococcus*）为 DO、HRT 及 UV 下的优势菌属，受到了 HRT 的强化作用，受到了温度的抑制作用。

unclassified_f__Burkholderiaceae、鞘脂菌属（*Novosphingobium*）、热单胞菌属（*Thermomonas*）为 HRT、温度工况下的优势菌属，且不同程度地受到这两个工况强化作用。贪食菌属（*Simplicispira*）为 DO、温度下的优势菌属，而戈登氏菌属（*Gordonia*）为温度和 UV 下的优势菌属，且不动杆菌属（*Acinetobacter*）为 DO 和 UV 下的优势菌属，它们均在竞争优势工况下不同程度地受到了强化作用。

微丝菌属（*Candidatus_Microthrix*）和棒状丙酸菌属（*propioniciclava*）仅为 UV 下的优势菌属，它们不同程度地受到 UV 强化作用；*norank_f__JG30-KF-CM45*、*norank_f__67-14* 和分枝杆菌属（*Mycobacterium*）仅为 DO 下的优势菌属，它们不同程度地受到 DO 强化作用；孤岛杆菌属（*Dokdonella*）和产黄杆菌（*Rhodanobacter*）仅为 HRT 下的优势菌属，它们不同程度地受到 HRT 强化作用。不同工况对各菌属具有不同程度的强化和抑制作用，部分优势菌属受多个工况的共同影响。

加权度越小的菌属，其共现性和健壮性也越差，在样品中出现的次数也越少。DO 下度和加权度均为 0 的菌属共计 112 种，度和加权度均为 1 的菌属共计 140 种；HRT 下度和加权度均为 0 的菌属共计 77 种，度和加权度均为 1 的菌属共计 54 种；温度下度和加权度均为 0 的菌属共计 55 种，度和加权度均为 1 的菌属共计 60 种；UV 下度和加权度均为 0 的菌属共计 97 种，度和加权度均为 1 的菌属共计 51 种。这些菌属的加权度最小，共现性和健壮性最差。

4 个工况下所有细菌属加权度的总和分别为 487 784、419 007、433 703 及 506 684，优势菌属加权度的总和分别为 238 238、189 778、199 084 及 246 826，两者的变化规律基本一致。加权度的总和越大，表示其工况对菌属的强化作用越强，反之，表示抑制作用越强。这表明 UV 对菌属总体上呈现一定的强化作用。

3.4 活性污泥微生物群落结构及丰度差异

考虑到试验运行中存在工况间、工况内、反应器内的区别，因此结合上述样本分类分别对微生物群落结构和丰度开展分析。

3.4.1 活性污泥微生物群落结构及丰度工况间差异

针对温度、DO、HRT、UV之间开展优势菌门和优势菌属的群落结构及丰度分析，以研究在上述两个群落水平下群落结构及丰度的差异性。

1. 优势菌门群落结构及丰度差异

各工况间（UV为0 min的样本除外）的活性污泥的前5名优势菌门对比结果如图3-4（a）所示，ANOVA结果如图3-4（b）所示。4个工况下的优势菌门组成结构相似：排名前5的优势菌门总丰度超过95%，Proteobacteria和Bacteroidetes丰度最高，二者在样本中的丰度之和超过55%，但是在DO、HRT、温度下前者丰度明显高于后者，而UV工况下后者丰度高于前者，考虑到UV的抑制或强化作用，前者可能在UV工况下受到抑制，而后者在UV工况下受到强化作用，另外Actinobacteria也在UV工况丰度明显变大，即被强化，因此优势菌门的排序并不完全相同。ANOVA显示：4个工况下的7个优势菌门中Chloroflexi、Proteobacteria、Bacteroidetes、Planctomycetes的丰度存在显著性差异（$P<0.05$）。

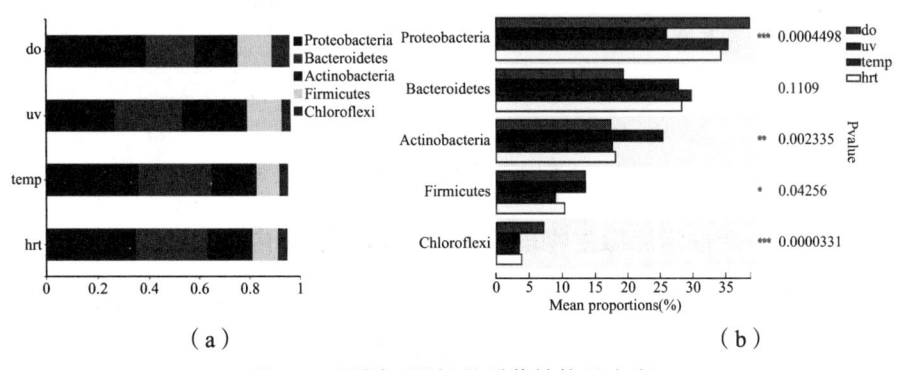

图3-4 不同工况门的群落结构及丰度

2. 优势菌属群落结构及丰度差异

各工况间（UV 工况的 0 min 除外）的活性污泥的优势菌属对比结果如图 3-5（a）所示，ANOVA 结果如图 3-5（b）所示。四个工况下的优势菌属组成结构较为相似：*norank_f__AKYH767* 丰度最高，其在样本中的丰度之和超过 13%，其在各工况下差别不大（$P>0.05$）；而 *norank_f__Saprospiraceae* 在 UV 工况下的丰度明显高于温度和 HRT，更高于 DO 工况下的丰度，此时，UV 强化效果和 DO 的抑制效果非常明显（$P<0.001$）；*Acinetobacter* 在 DO 工况下的丰度与其他工况之间存在显著性差异（$P<0.05$）；*Ottowia* 在 4 个工况下丰度差异性不显著（$P>0.05$）；*IMCC26207* 在 UV 和 HRT 工况下丰度大于其他两个工况；*norank_f__JG30-KF-CM45* 在 *Acinetobacter* 在 DO 工况下的丰度与其他工况之间存在显著性差异（$P<0.05$）；其他 4 个优势菌属在此不再一一分析，但是其丰度在 4 个工况之间存在显著性差异（$P<0.05$）。以上菌属中部分优势菌属在不同的工况下具显著性差异，部分优势菌属在不同的工况下具有一定的稳定性，随着工况的改变其丰度也发生了较大的变化。

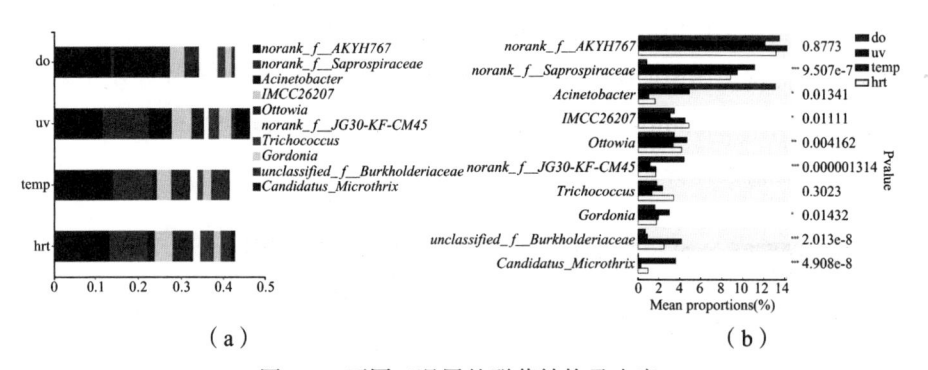

图 3-5　不同工况属的群落结构及丰度

3.4.2 活性污泥微生物群落结构及丰度工况内差异

针对温度、DO、HRT、UV 工况内分别开展优势菌门和优势菌属的群落结构及丰度分析，以讨论四个工况下门和属两个群落水平下群落结构及丰度的差异性。

1. 温度工况下活性污泥微生物群落结构及丰度差异

温度工况下的活性污泥的优势菌门对比结果如图 3-6（a）所示，ANOVA 结果如图 3-6（b）所示。Proteobacteria、Bacteroidetes、Firmicutes、Actinobacteria、Chloroflexi 的丰度之和大于 95%，其中前两者之和超过了 65%；Proteobacteria 在温度下差异性不显著，但 20 ℃ 时其丰度最高；Bacteroidetes 和 Actinobacteria 在温度下存在显著性差异（$P<0.05$）；Chloroflexi 和 Firmicutes 在温度下存在显著性差异（$P<0.05$），但变化却呈现相反的趋势。以上菌门中大部分优势菌门在温度工况下具有显著性差异，随着温度的改变丰度也发生了较大的变化。

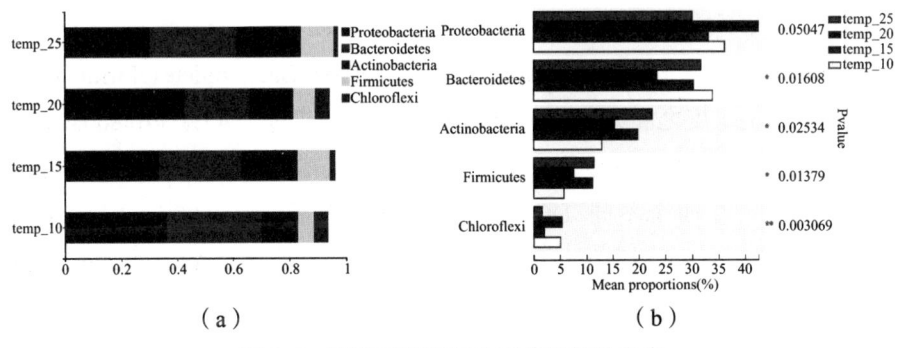

图 3-6 温度工况下门的群落结构及丰度

温度工况下的活性污泥的优势菌属对比结果如图 3-7（a）所示，ANOVA 结果如图 3-7（b）所示。温度工况下的优势菌属组成结构较为相似：10 个优势菌属的丰度最高可达 32%，具有一定的代表性；*norank_f__AKYH767* 平均丰度最高，但其在 10 ℃ 时丰度最高即强化效果明显，且在温度下丰度差异性显著（$P<0.05$）；*norank_f__Saprospiraceae* 在温度工况下的丰度存在显著性差异（$P<0.05$）；*Ottowia*、*unclassified_f__Burkholderiaceae*、*IMCC26207*、*Simplicispira* 在温度下差异性不显著（$P>0.05$），上述优势菌属较为稳定；*Novosphingobium*、*Thermomonas*、*Gordonia*、*Rhodanobacter* 在温度下存在显著性差异（$P<0.05$），并呈现不同的变化趋势。以上菌属中部分优势菌属在温度工况下具有显著性差异，随着温度的改变其丰度也发生了变化。

(a)

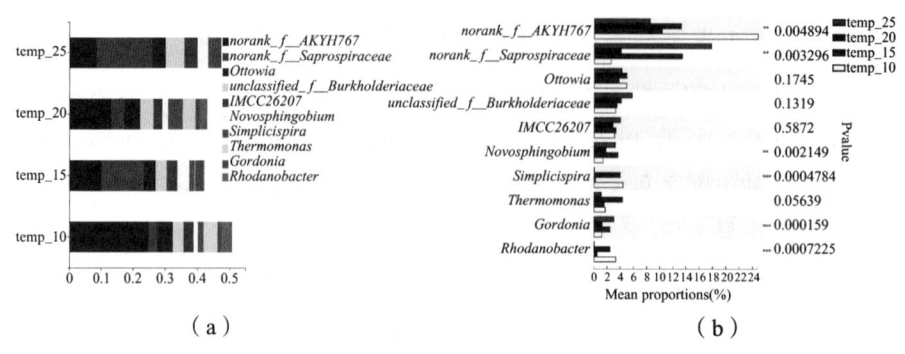

(b)

图 3-7　温度工况下属的群落结构及丰度

2. DO 工况下活性污泥微生物群落结构及丰度差异

DO 工况下的活性污泥的优势菌门对比结果如图 3-8（a）所示，ANOVA 结果如图 3-8(b)所示。Proteobacteria、Actinobacteria、Bacteroidetes、Firmicutes、Chloroflexi 的丰度之和大于 98%，其中前两者之和超过了 43%；Proteobacteria 在四个不同 DO 下存在显著性差异（$P<0.05$），其低 DO 呈现抑制作用；Bacteroidetes 在四个不同 DO 下存在显著性差异（$P<0.05$），但呈现与 Proteobacteria 完全相反的效果，即 DO 呈现抑制作用；Actinobacteria 和 Chloroflexi 在 DO 工况下较为稳定；Firmicutes 在 DO 为 1.5 mg/L 时的丰度最高。以上菌门中部分优势菌门在 DO 工况下具有显著性差异，部分优势菌门对 DO 工况较为敏感。

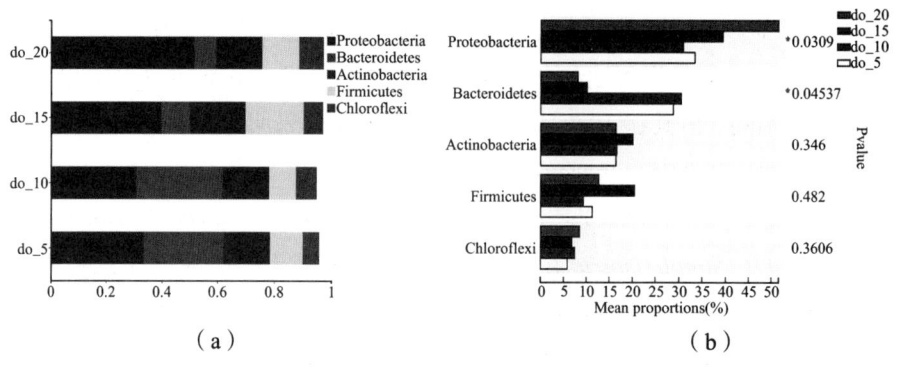

(a)

(b)

图 3-8　DO 工况下门的群落结构及丰度

DO 工况下的活性污泥的优势菌属对比结果如图 3-9（a）所示，ANOVA

结果如图 3-9（b）所示。四个 DO 工况下的优势菌属组成结构较为相似：*norank_f__AKYH767* 丰度最高，其在样本中的丰度之和超过 9%，并在各工况下差别不大（$P>0.05$），但是总体上呈现为低 DO 强化的效果；*Acinetobacter* 在 DO 工况下存在显著性差异（$P<0.05$），即 DO 对其强化作用较为明显；*norank_f__JG30-KF-CM45*、*norank_f__67-14*、*Romboutsia*、*Simplicispira*、*IMCC26207*、*Trichococcus* 在 DO 工况下差异性不显著（$P>0.05$），即上述优势菌属较为稳定；*Ottowia* 在 DO 工况下存在显著性差异（$P<0.05$），其呈现低 DO 强化的效果。以上菌属中部分优势菌属在不同工况下存在显著性差异（$P<0.05$），部分优势菌属对 DO 较为敏感；部分优势菌属在 DO 下具有一定的稳定性。

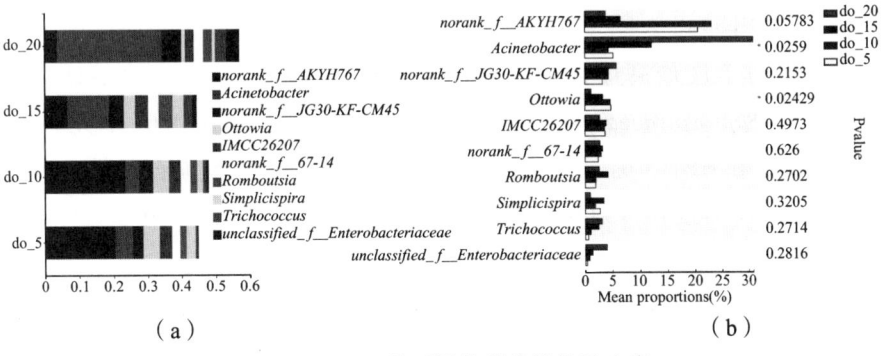

图 3-9 DO 工况下属的群落结构及丰度

3. HRT 工况下活性污泥微生物群落结构及丰度差异

HRT 工况下的活性污泥的优势菌门对比结果如图 3-10（a）所示，ANOVA 结果如图 3-10（b）所示。Proteobacteria、Bacteroidetes、Actinobacteria、Firmicutes、Chloroflexi 的丰度之和大于 93%，其中前两者之和超过了 62%；Proteobacteria 在四个 HRT 下存在显著性差异（$P<0.05$），在 21.00 h 时其丰度最高；Bacteroidetes 和 Actinobacteria 在 HRT 下差异性不显著（$P>0.05$）；Actinobacteria、Chloroflexi 和 Firmicutes 在 HRT 下存在显著性差异（$P<0.05$），但变化却不同。以上菌门大部分优势菌门在 HRT 工况下具有显著性差异，大部分优势菌门对 HRT 工况较为敏感，而 Bacteroidetes 在 HRT 工况下具有稳定性。

(a)

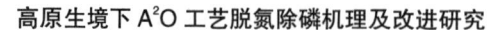

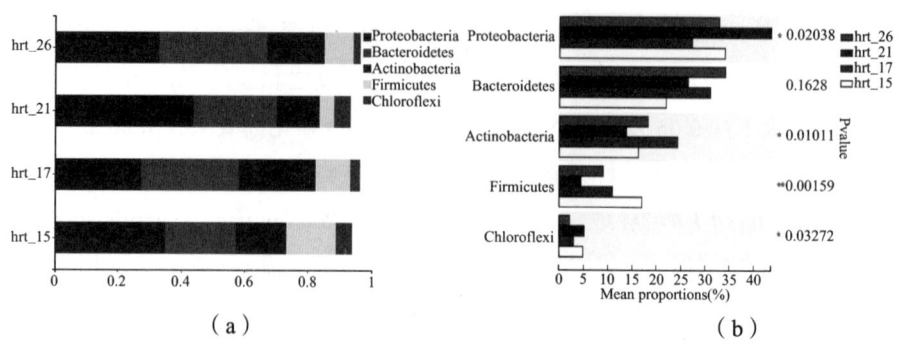

(b)

图 3-10　HRT 工况下门的群落结构及丰度

HRT 工况下的活性污泥的优势菌属对比结果如图 3-11（a）所示，ANOVA 结果如图 3-11（b）所示。HRT 工况下的优势菌属组成结构较为相似：10 个优势菌属的丰度可达到 44%；*norank_f__AKYH767* 平均丰度最高，但其在 21.00 h 时丰度最高即强化效果最为明显，但其丰度差异性不显著；*norank_f__Saprospiraceae* 在 HRT 工况下存在显著性差异（$P<0.05$）；*Ottowia*、*IMCC26207* 在 HRT 工况下差异性不显著（$P>0.05$），即上述优势菌属较为稳定；*Trichococcus* 丰度在 15.00 h 时最大，且其在 HRT 工况下存在显著性差异（$P<0.05$）；*Novosphingobium* 和 *unclassified_f__Burkholderiaceae* 具有相近的趋势，其在 HRT 工况下存在显著性差异（$P<0.05$）；孤岛杆菌（*Dokdonella*）在 HRT 工况下存在显著性差异（$P<0.05$），其对应的 17.50 h 丰度最高；*Thermomonas*、*Rhodanobacter* 丰度具有相近的趋势，且在 HRT 工况下存在显著性差异（$P<0.05$）。以上菌属中大部分优势菌属在 HRT 工况下具有显著性差异，部分优势菌属在 HRT 下具有显著性差异，随着 HRT 的改变其丰度也发生了变化。

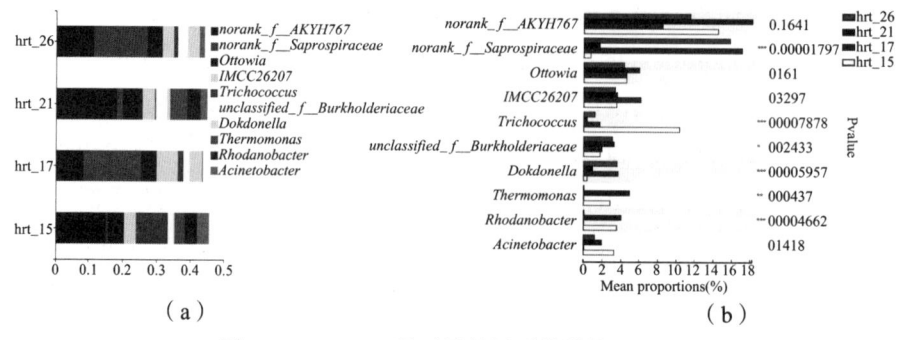

(a)

(b)

图 3-11　HRT 工况下属的属群落结构及丰度

4. UV 工况下活性污泥微生物群落结构及丰度差异

UV 工况下的活性污泥的优势菌门对比结果如图 3-12（a）所示，ANOVA 结果如图 3-12（b）所示。Bacteroidetes、Proteobacteria、Actinobacteria、Firmicutes、Chloroflexi 的丰度之和大于 94%，其中前两者之和超过了 32%；Proteobacteria 在 UV 下差异性不显著，但其丰度会受到 UV 照射的抑制作用；Bacteroidetes 在 UV 下存在显著性差异（$P<0.05$），其丰度会受到 UV 照射的强化作用；Actinobacteria 和 Firmicutes 在 UV 下存在显著性差异（$P<0.05$），其丰度会受到 UV 照射的抑制作用；Chloroflexi 在 UV 下差异性不显著（$P>0.05$）。以上菌门中大部分优势菌门在 UV 工况下具有显著性差异，大部分优势菌门对 UV 工况较为敏感，而 Proteobacteria 和 Chloroflexi 在 UV 工况下具有一定的稳定性。

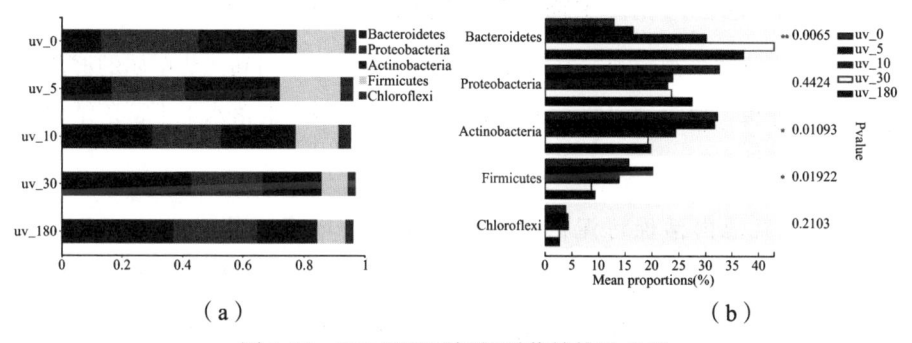

图 3-12 UV 工况下门的群落结构及丰度

UV 工况下的活性污泥的优势菌属对比结果如图 3-13（a）所示，ANOVA 结果如图 3-13（b）所示。HRT 工况下的优势菌属组成结构较为相似：10 个优势菌属的丰度可达到 43%；*norank_f__AKYH767* 和 *norank_f__Saprospiraceae* 在 30 min 时丰度最高即强化效果最为明显，且其丰度下存在显著性差异（$P<0.05$）；*Ottowia* 在 UV 下存在显著性差异（$P<0.05$）；*IMCC26207*、*Acinetobacter*、*Romboutsia* 的丰度在 UV 差异性不显著（$P>0.05$），即上述优势菌属较为稳定；*Candidatus_Microthrix*、丛毛平胞菌属（*Comamonas*）和 *Gordonia* 在 UV 下存在显著性差异（$P<0.05$），且其丰度受到 UV 的抑制作用；

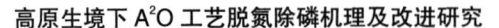

Trichococcus 在 UV 工况下的丰度差异性显著（$P<0.05$），UV 照射 5 min 内为强化作用，继续照射将会抑制该属的丰度。

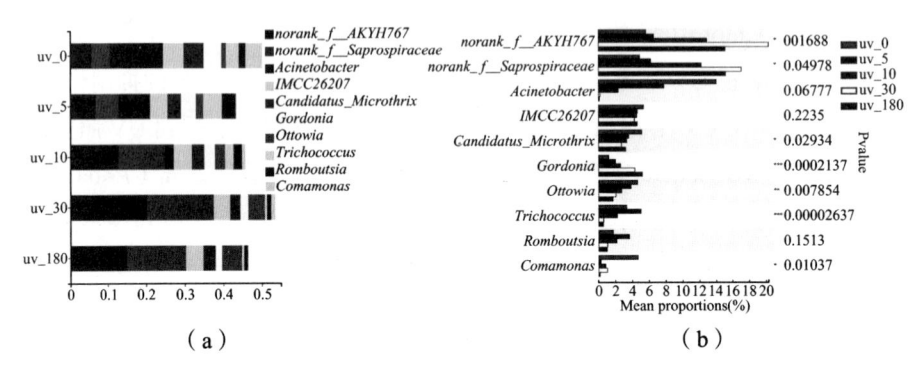

图 3-13 UV 工况下属的群落结构及丰度

3.4.3 活性污泥微生物群落结构及丰度反应器间差异

针对厌氧池、缺氧池、好氧池内分别开展优势菌门和优势菌属的群落结构及丰度分析，以分别研究三个反应器内门和属两个群落水平下群落结构及丰度的差异性。

1. 厌氧池内活性污泥微生物群落结构及丰度差异

厌氧池内的活性污泥（UV 工况的 0 min 除外）的优势菌门对比结果如图 3-14（a）所示，ANOVA 结果如图 3-14（b）所示。Proteobacteria、Actinobacteria、Bacteroidetes、Firmicutes、Chloroflexi 的丰度之和大于 95%，其中前两者之和超过了 53%；Proteobacteria 在四个工况的厌氧池内之间存在显著性差异（$P<0.05$），其 DO 工况下丰度最高，UV 工况下丰度最低即其抑制作用较为明显；Bacteroidetes 在四个工况下差异性不显著，温度和 UV 工况下丰度较高；Actinobacteria、Firmicutes 和 Chloroflexi 在厌氧池内较为稳定，前者在 UV 工况下丰度较大具有一定的强化效果，后两个菌门均在 DO 工况下丰度较高。以上菌门仅 Proteobacteria 在厌氧池下具有显著性差异，大部分优势菌门在厌氧池内具有一定的稳定性。

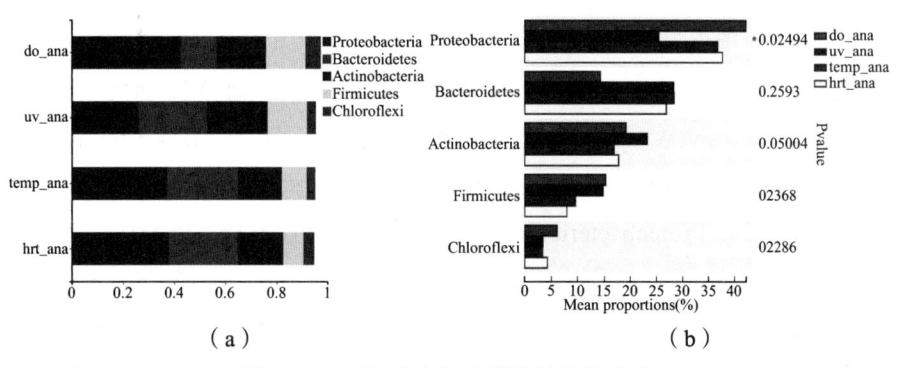

图 3-14 厌氧池内门的群落结构及丰度

厌氧池的活性污泥（UV 工况的 0 min 除外）的优势菌属对比结果如图 3-15（a）所示，ANOVA 结果如图 3-15（b）所示。优势菌属组成结构较为相似：前十名的优势菌丰度之和大于 38%；*norank_f__AKYH767* 丰度最高，在样本中的丰度超过 8%，其在厌氧池内差别不大；*Acinetobacter* 在厌氧池内的丰度差异不显著，但在 DO 工况下的厌氧池内丰度非常高，即其对 DO 变化较为敏感；*norank_f__Saprospiraceae* 在厌氧池内的丰度差异不显著，但在 DO 工况下的厌氧池内丰度非常低，即其对 DO 变化较为敏感；*Ottowia*、*IMCC26207*、*Romboutsia*、*norank_f__JG30-KF-CM45*、*Simplicispira* 在厌氧池内的丰度差异不显著；*norank_f__67-14* 和 *unclassified_f__Burkholderiaceae* 在厌氧池内的丰度差异性显著（$P<0.05$），前者受温度强化作用，而后者则是受 DO 强化作用。以上菌属中部分菌属在不同的工况下具有显著性差异，部分优势菌属在厌氧池下具有一定的稳定性。

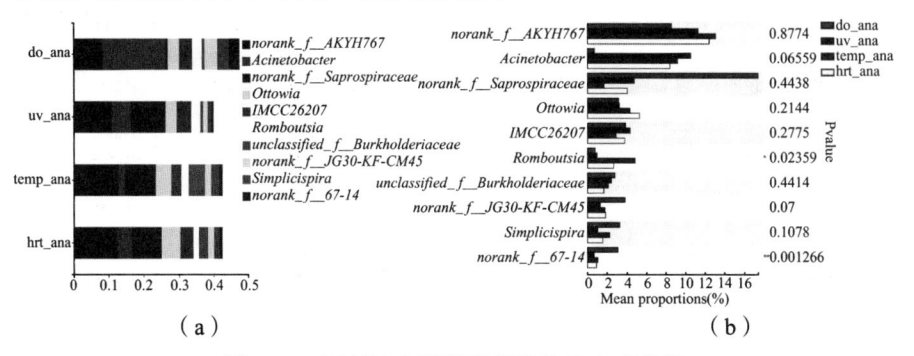

图 3-15 厌氧池内属的群落结构及丰度差异

2. 缺氧池内活性污泥微生物群落结构及丰度差异

缺氧池内的活性污泥（UV 工况的 0 min 除外）的优势菌门对比结果如图 3-16（a）所示，ANOVA 结果如图 3-16（b）所示。Proteobacteria、Bacteroidetes、Actinobacteria、Firmicutes、Chloroflexi 的丰度之和大于 95%，其中前两者之和超过了 51%；Proteobacteria 在缺氧池内存在显著性差异（$P<0.05$），其 DO 工况下丰度最高，UV 工况下丰度最低，即其抑制作用较为明显；Bacteroidetes 在缺氧池内差异性不显著，UV 工况下丰度较高；Actinobacteria、Firmicutes 在缺氧池内较为稳定，前者在 UV 工况下丰度较大，UV 对其具有一定的强化效果，后者在 HRT 工况下丰度较高；Chloroflexi 在缺氧池内存在显著性差异（$P<0.05$），在 DO 工况下丰度最高，属于 DO 强化菌属。以上菌门当中仅部分菌门在缺氧池具有显著性差异，大部分优势菌门在缺氧池内具有一定的稳定性。

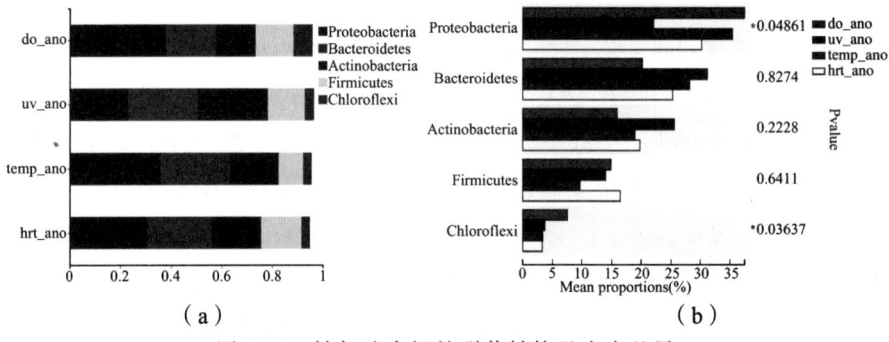

图 3-16 缺氧池内门的群落结构及丰度差异

缺氧池的活性污泥（UV 工况的 0 min 除外）的优势菌属对比结果如图 3-17（a）所示，ANOVA 结果如图 3-17（b）所示。优势菌属组成结构较为

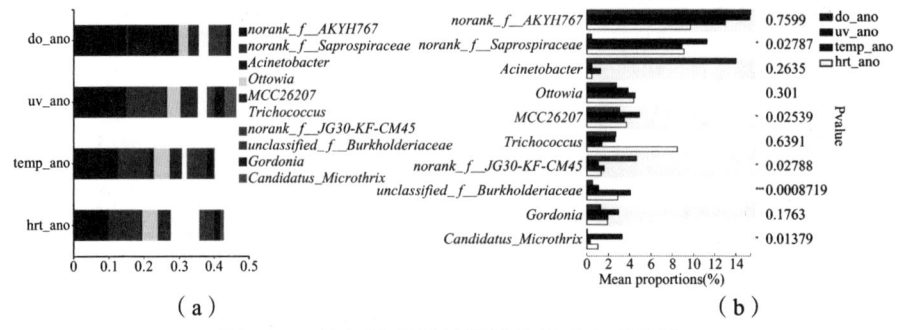

图 3-17 缺氧池内属的群落结构及丰度差异

相似：前 10 名的优势菌丰度之和大于 40%；*norank_f__AKYH767* 丰度最高，其丰度超过 10%，其在缺氧池内差别不大；*Acinetobacter* 在缺氧池内的丰度差异不显著，但在 DO 工况下的缺氧池内丰度非常高，其对 DO 变化较为敏感；*norank_f__Saprospiraceae* 在缺氧池内存在显著性差异（$P<0.05$），且在 DO 工况下的缺氧池内丰度非常低，即其对 DO 变化较为敏感；*Ottowia*、*Trichococcus*、*Gordonia* 在缺氧池内的丰度差异不显著；*norank_f__JG30-KF-CM45*、*Candidatus_Microthrix*、*IMCC26207* 缺氧池内存在显著性差异（$P<0.05$），前者受 UV 的强化作用，而后两者分别受到 DO 和 UV 的强化作用；缺氧池内 *unclassified_f__Burkholderiaceae* 的丰度差异性显著（$P<0.05$），受温度和 HRT 的强化作用。以上菌属中部分优势菌属在不同的工况下具有显著性差异，部分优势菌属在缺氧池下具有一定的稳定性。

3. 好氧池内活性污泥微生物群落结构及丰度差异

好氧池内活性污泥（UV 工况的 0 min 除外）的优势菌门对比结果如图 3-18（a）所示，ANOVA 结果如图 3-18（b）所示。Proteobacteria、Bacteroidetes、Actinobacteria、Firmicutes、Chloroflexi 的丰度之和大于 95%，其中前两者之和超过了 57%；Proteobacteria 在好氧池内差异性不显著，UV 工况下丰度最低，即其抑制作用较为明显；Bacteroidetes 在好氧池内差异性不显著，UV 工况下丰度较高；Actinobacteria、Firmicutes 在好氧池内较为稳定，前者在 UV 工况下丰度较大，即 UV 对其具有一定的强化效果，后者在 DO 和 UV 工况下丰度较高；Chloroflexi 在好氧池内存在显著性差异（$P<0.05$），在 DO 工况

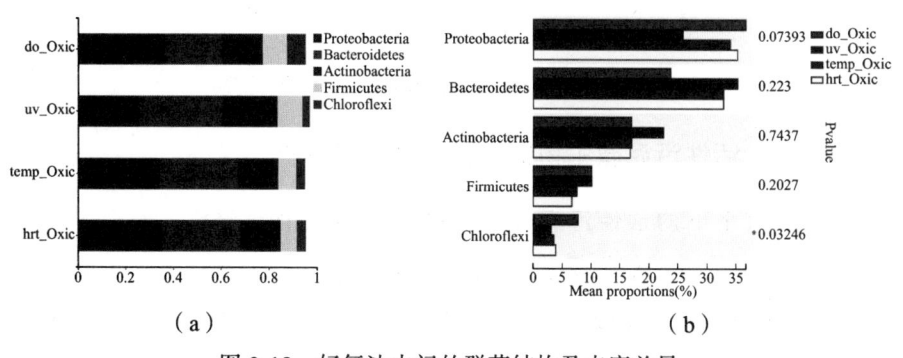

(a)

(b)

图 3-18 好氧池内门的群落结构及丰度差异

下丰度最高，属于 DO 强化菌属。以上菌门中仅部分菌门在好氧池内具有显著性差异，而大部分优势菌门在好氧池内具有一定的稳定性。

好氧池的活性污泥（UV 的 0 min 除外）优势菌属对比结果如图 3-19（a）所示，ANOVA 结果如图 3-19（b）所示。优势菌属组成结构较为相似：前 10 名的优势菌丰度之和大于 38%；norank_f__AKYH767 丰度最高，在样本中的丰度超过 14%，其在好氧池内差别不大；norank_f__Saprospiraceae 在好氧池之间存在显著性差异（$P<0.05$），且在 DO 工况下的好氧池内丰度非常低，即其对 DO 变化较为敏感；Ottowia、IMCC26207、unclassified_f__Enterobacteriaceae、Acinetobacter 在好氧池内丰度差异不显著；Candidatus_Microthrix、norank_f__JG30-KF-CM45、norank_f__67-14、unclassified_f__Burkholderiaceae 在好氧池内存在显著性差异（$P<0.05$），其中 norank_f__JG30-KF-CM45、norank_f__67-14 受到 DO 强化作用，unclassified_f__Burkholderiaceae 受到温度强化作用，Candidatus_Microthrix 受到 UV 强化作用。以上菌属中部分优势菌属在不同的工况下具有显著性差异，部分优势菌属在好氧池下具有一定的稳定性。

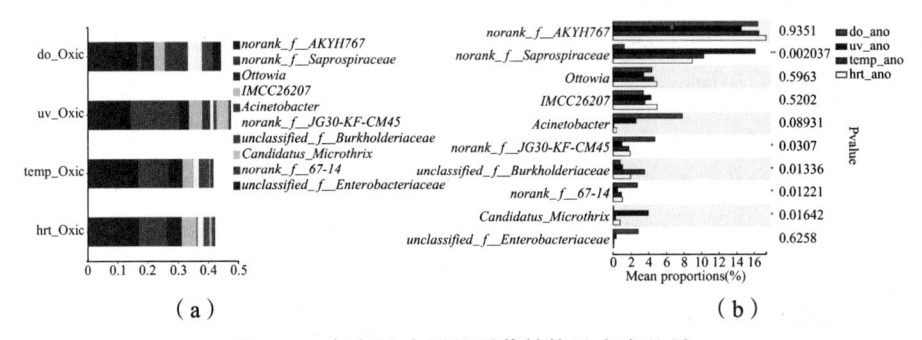

图 3-19　好氧池内属的群落结构及丰度差异

3.4.4　活性污泥微生物结构及丰度差异分析

1. 门水平下的活性污泥微生物结构及丰度差异分析

针对门水平的活性污泥微生物结构及丰度开展了差异性分析，所有工况之间、各工况内、各反应器的分析都显示：优势菌门均为 Proteobacteria、Bacteroidetes、Actinobacteria、Firmicutes、Chloroflexi 五个菌门，其丰度针对研究对象体现出一定的差异性；Proteobacteria 受到 UV 的抑制作用，其抑制最大对应 UV 为 10 min；Bacteroidetes 受到温度的抑制作用，其抑制最大对应为 20 ℃；Actinobacteria 受到 UV 的强化作用，其最大强化所对应为 5 min；Firmicutes 和 Chloroflexi 丰度相对稳定，前者在 DO 为 1.5 mg/L 和温度为 25 ℃ 工况下丰度较高，后者在 DO 为 2.0 mg/L 工况下丰度较高；厌氧池、缺氧池、好氧池内微生物结构及丰度差别不大，主要与污泥回流造成污泥流动密切相关，污泥的回流也保证了微生物结构及丰度的稳定，这也是工况保持稳定的主要原因。

2. 属水平下的活性污泥微生物结构及丰度差异分析

针对属水平的活性污泥微生物结构及丰度开展差异性分析，工况间、工况内、反应器的分析结果汇总见表 3-5，优势菌属共计 19 个属：所有研究工况或反应器中共有优势菌 3 个属，分别为 *Ottowia*、*norank_f__AKYH767*、*IMCC26207*。*norank_f__AKYH767* 是研究中属水平下平均丰度最高的一类微生物，温度为 10 ℃ 时丰度最高，UV 为 5 min 时丰度最低，其在厌氧池、缺氧池、好氧池内的丰度最高分别为温度工况、DO 工况、HRT 工况，总体显示 UV 工况依然最低；*IMCC26207* 为 UV 工况下丰度较大菌属，但是其受 UV 照射时间影响不大，在厌氧池、缺氧池、好氧池内丰度较为稳定；*Ottowia* 是优势菌属中丰度不大的一类微生物，在 UV 工况下丰度最低且 UV 照射时间越长其丰度越高，但其在厌氧池、缺氧池、好氧池内丰度较为稳定。

表 3-5 不同工况属水平的群落结构分析表（前 10）

属 名	所有工况下	温度	DO	HRT	UV	厌氧池	缺氧池	好氧池
unclassified_f__Enterobacteriaceae								√
unclassified_f__Burkholderiaceae	√	√	√	√		√	√	√
Trichococcus	√	√	√	√	√		√	
Thermomonas		√		√				

续表

属 名	所有工况下	温度	DO	HRT	UV	厌氧池	缺氧池	好氧池
Simplicispira			√			√		
Romboutsia			√		√	√		
Rhodanobacter		√		√				
Ottowia	√	√	√	√	√	√	√	√
Novosphingobium				√				
norank_f__Saprospiraceae	√	√		√	√	√	√	√
norank_f__JG30-KF-CM45	√		√			√	√	√
norank_f__AKYH767	√	√	√	√	√	√	√	√
norank_f__67-14			√			√		
IMCC26207	√	√	√	√	√	√	√	√
Gordonia	√			√	√		√	
Dokdonella		√						
Candidatus_Microthrix	√			√		√	√	
Acinetobacter	√	√	√		√	√	√	√
Comamonas					√			

3.5 活性污泥性能

采用光学显微镜对活性污泥进行观测，发现各样本均存在一定数量的指示微生物，证明了实验污泥具有较高净化效果。试验中观测到的指示微生物如图 3-20 所示。

(a) 钟虫　　　　　　　(b) 纤毛虫　　　　　　(c) 线虫

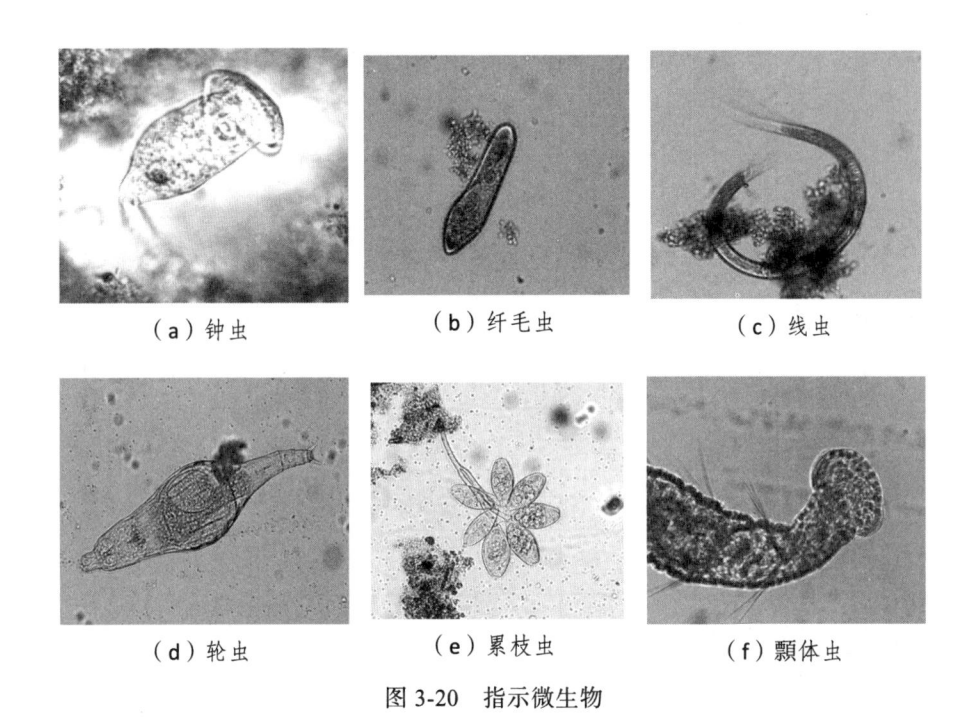

(d) 轮虫　　　　　　　(e) 累枝虫　　　　　　(f) 颚体虫

图 3-20　指示微生物

对污泥的检测发现：高原环境下每个工况末期的活性污泥浓度较低，一般仅为其他地区污泥浓度的 30% 左右，污泥沉降比不及其他地区的 1/2；活性污泥构成中 OTU 水平的丰度较常规低，约为常规 OTU 的 60%，这可能直接影响活性污泥的 SV_{30} 和 MLSS。活性污泥的 SV_{30} 和 MLSS 测定中发现其具有较为典型的性能，下面将结合微生物特性、扫描电镜等开展活性污泥性能分析。

3.5.1　活性污泥微生物特性

借助于 OTU 表对好氧池的活性污泥常见菌进行统计，放大 2 500 倍后的结果见表 3-6。丝状菌中占比最高的依次为腐螺旋菌科（Saprospiraceae）、绿弯菌纲（Chloroflexia）、*Candidatus_Microthrix*、*Trichococcus*、厌氧绳菌纲（Anaerolineae）六类，总体显示丝状菌占比并不高。对比韩岳桐研究污泥浓度较低，这与 *Candidatus_Microthrix*、Anaerolineae 占比不高有关。

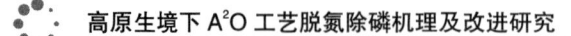

表 3-6 不同工况下活性污泥微生物

微生物名称	temp_10	temp_15	temp_20	temp_25	do_5	do_10	do_15	do_20	hrt_15	hrt_17	hrt_21	hrt_26	uv_0	uv_5	uv_10	uv_30	uv_180	合计
Candidatus_Microthrix	5	214	157	3	65	1	7	10	0	629	4	466	441	2 626	1 965	973	1 443	9 009
Chryseolinea	32	2	1	30	26	24	3	3	7	0	18	5	0	1	9	7	7	175
Ferruginibacter	738	99	104	615	672	974	712	380	550	169	841	148	121	116	177	112	129	6 657
Flavobacterium	2	16	14	14	127	39	5	29	7	16	5	47	7	3	35	20	34	420
Thiothrix	1	0	0	0	0	0	0	1	0	0	0	2	0	1	0	1	3	10
Tetrasphaera	5	10	19	14	12	14	6	15	12	16	7	12	32	29	20	21	11	255
Mycobacterium	309	75	130	329	534	869	807	854	350	114	395	110	230	263	185	149	103	5 806
Bacillus	53	2	2	15	3	5	7	76	79	1	70	3	1	0	0	0	2	319
Chloroflexi	1 478	267	332	1 341	1 595	2 204	2 630	3 320	1 484	389	1 332	419	981	792	987	511	555	20 617
Saprospiraceae	846	6 155	5 446	1 607	836	975	338	101	233	6 196	627	5 769	4 070	5 247	7 604	7 414	7 783	61 247
Anaerolineae	422	258	293	440	528	754	572	672	311	311	349	326	627	579	838	370	633	8 283
Trichococcus	215	265	565	303	104	242	472	1 168	110	412	148	419	1 479	1 487	694	158	169	8 410
Zoogloea	0	0	0	3	1	0	0	0	0	0	0	1	0	0	0	0	3	8
Pseudomonas	4	0	3	5	129	18	198	420	3	3	2	3	1 210	194	24	5	3	2 224
Alphaproteobacteria	4 205	3 294	3 046	4 661	3 860	5 441	5 459	4 578	5 000	3 580	4 046	3 679	2 253	2 617	3 806	3 323	4 280	67 128
合计	8 315	10 657	10 112	9 380	8 492	11 560	11 216	11 627	8 146	11 836	7 844	11 409	13 952	13 955	16 345	13 064	15 158	
百分比/%	7.71	21.28	20.43	10.41	8.08	8.51	9.59	12.96	6.09	23.16	7.34	19.74	22.05	23.44	26.58	24.01	23.86	

DO 工况下百分比最高的为 2.0 mg/L，且 DO 与活性污泥微生物占比呈现显著正相关性（$P<0.05$），其中 *Mycobacterium* 和 Chloroflexi 属于 DO 下的竞争优势菌；HRT 工况下的百分比最高的为 17.50 h，次之为 26.25 h；温度工况下百分比最高的为 15 ℃，次之为 20 ℃，但是二者相差不大；UV 工况下百分比最高的为 10 min，30 min、180 min、5 min 三个工况下相差不大，且 UV 照射下的百分比均大于对照组 0 min，UV 照射下可以强化促进 *Candidatus_Microthrix*、Saprospiraceae、Anaerolineae 、*Trichococcus*、假单胞菌科（Pseudomonas）的生长繁殖并同时减弱铁锈菌属（*Ferruginibacter*）的生长繁殖，进而较大程度地改变了活性污泥微生物结构。

3.5.2 基于扫描电镜的活性污泥性状

扫描电镜作为活性污泥微生物群落结构分析的重要手段，其成像可以详细而真实地反映微生物的群落结构，为研究微生物的作用、机理、处理效果提供了较为直观的证据。下面分别结合温度、DO、HRT、UV 工况下的扫描电镜图像，分析活性污泥的形态特征。

如图 3-21 所示，温度工况下的四张扫描电镜图（5 000×）均可以观测到菌胶团的存在。其中，25 ℃、20 ℃、15 ℃ 和 10 ℃ 中均存在大量的菌胶团进行交联并聚集在一起，是由于菌胶团中含有较多的丝状菌连接而形成较好的整体性；20 ℃ 和 15 ℃ 可以直接观测到杆菌和球菌，其活性污泥结构较为松散，便于氧气和营养物质的进入，为物质和能量交换提供了更多的通道和更大的接触面积；20 ℃ 显示菌胶团分布较为均匀，其污泥的整体性较为均匀。上述图像显示温度工况下污泥整体性较好，形成较为明显的菌胶团，

（a）25 ℃　　　　　　　　　（b）20 ℃

(c) 15 ℃　　　　　　　　　　(d) 10 ℃

图 3-21　温度工况下的扫描电镜图

而 20 ℃ 时活性污泥内部松散且较为均匀更有利于物质和能量的交换，这也和表 3-5 的统计及分析完全一致。

如图 3-22 所示，DO 工况下的四张扫描电镜图（2 000×）均可以观测到菌胶团的存在。其中，1.5 mg/L 的菌胶团较为离散而不聚集；2.0 mg/L、1.0 mg/L 和 0.5 mg/L 均存在大量的菌胶团进行交联并聚集在一起，是由于菌胶团中含有较多的丝状菌连接而形成较好的整体性；2.0 mg/L 和 1.0 mg/L 可以直接观测到杆菌和球菌，另外显示其活性污泥较为松散，便于氧气和营养

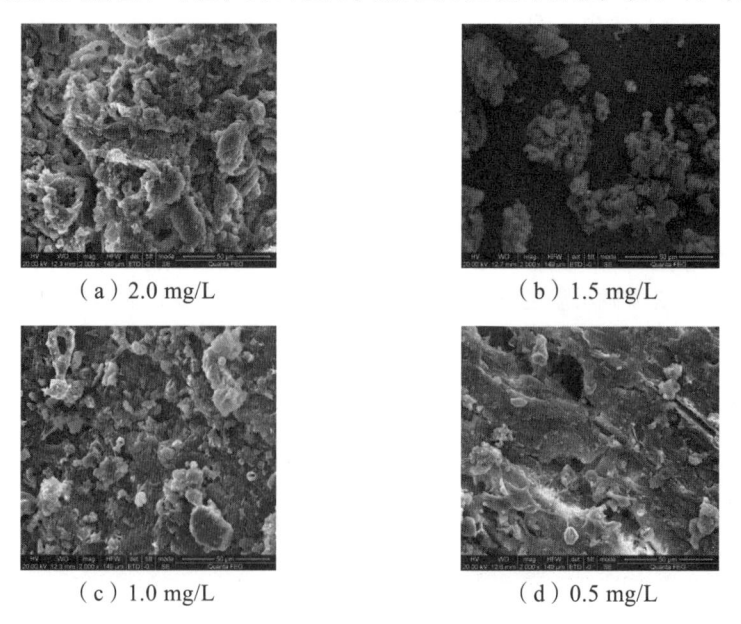

(a) 2.0 mg/L　　　　　　　　(b) 1.5 mg/L

(c) 1.0 mg/L　　　　　　　　(d) 0.5 mg/L

图 3-22　DO 工况下的扫描电镜图

第 3 章 活性污泥微生物特征分析

物质的进入，为物质和能量交换提供了更多的通道和更大的接触面积；2.0 mg/L 显示菌胶团分布较为均匀，其污泥的整体性较为均匀。上述图像显示 DO 为 2.0 mg/L 时菌胶团整体性较好，内部结构松散且较为均匀，其活性污泥形态特征最好，分析结果与表 3-5 统计及分析结论完全一致。

如图 3-23 所示，HRT 工况下的四张扫描电镜图（2 000×）均可以观测到菌胶团的存在。26.25 h 的菌胶团离散而不聚集，其工况对应的 SV_{30} 最大，即沉降性能最差；21.00 h、17.50 h 和 15.00 h 大量的菌胶团进行交联并聚集在一起，是由于菌胶团中含有较多的丝状菌连接而形成较好的整体性；17.50 h 可以直接观测到杆菌和球菌，其活性污泥结构较为松散，便于氧气和营养物质的进入，为物质和能量交换提供了更多的通道和更大的接触面积。上述图像显示 HRT 越小，其污泥整体性较好，形成较为明显的菌胶团，且内部松散越有利于物质和能量的交换，HRT 为 17.50 h，其活性污泥形态特征最好，对应的 SVI 值是四个工况中最大的，即较为活性的污泥较为松散，这一结果与表 3-5 统计及分析完全吻合。

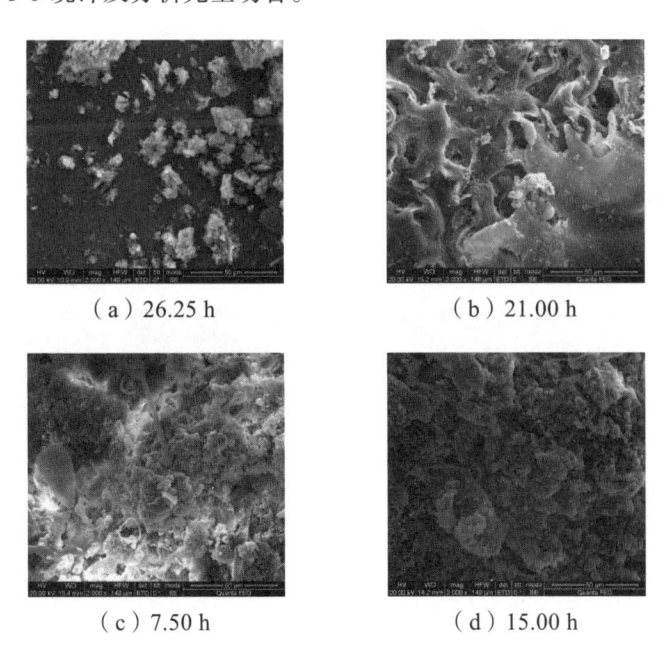

（a）26.25 h

（b）21.00 h

（c）7.50 h

（d）15.00 h

图 3-23 HRT 工况下的扫描电镜图

如图 3-24 所示，UV 工况下的五张扫描电镜图（10 000×）均可以观测到菌胶团的存在。0 min 的菌胶团较为离散而不聚集；0 min、10 min、30 min 均存在大量的菌胶团进行交联并聚集在一起，是由于菌胶团中含有较多的丝状菌连接而形成较好的整体性，且可以直接观测到杆菌和球菌；0 min、10 min 活性污泥较为松散，便于氧气和营养物质的进入，为物质和能量交换提供了更多的通道和更大的接触面积；10 min 显示菌胶团中丝状菌或杆菌更加丰富，且活性污泥结构更加松散。上述图像显示 UV 为 10 min 时整体性较好，内部结构松散且较为均匀，其活性污泥形态特征最好，这和活性污泥微生物表及分析结果具有一定的偏差，可能与 UV 照射微生物发生变异有关，尤其是 UV 照射下可以强化 *Candidatus_Microthrix* 和 Saprospiraceae 等丝状菌的繁殖。

（a）0 min

（b）5 min

（c）10 min

（d）30 min

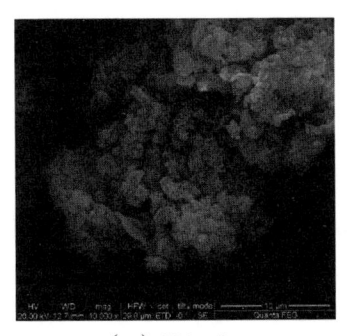

(e) 180 min

图 3-24　UV 工况下的扫描电镜图

扫描电镜显示的结果与活性污泥微生物特性分析结果完全一致，活性污泥最优工况是 DO 为 2.0 mg/L，HRT 为 17.50 h，温度为 20 ℃，UV 为 10 min。

3.6　本章小结

结合水温、DO、HRT、UV 四个工况对实验室规模 A^2O 工艺高原典型环境下的活性污泥微生物特征开展了分析，主要研究了 51 个样本的 OTU 分类学与 Alpha 多样性、微生物群落共现性、Beta 多样性等内容，研究结论如下：

（1）高原环境下 A^2O 工艺系统微生物群落丰富度、群落多样性、群落均匀度均低于已有研究；同一工况下不同参数的样本之间微生物的 OTU 数以及门和属水平下的物种种类均显著低于其他地区，不同反应器内微生物群落差异性不显著。

（2）在样本层级聚类分析下，不同工况分别进行聚类，除了 UV 工况外，其他工况并不完全按照环境因子聚类，其主要原因可能与独特的高原环境有关，如低温微生物在 15 ℃ 可以大量繁殖进而弥补了其他微生物数量的缺陷。

（3）不同工况下 A^2O 工艺系统门和属的水平加权度排序靠前的微生物均处于网络图的中心，其共现性和健壮性较好；UV 辐照对排序靠前的微生物影响最为显著，主要表现为的抑制或强化作用。

（4）门水平下工况间、工况内、反应器间的 5 个优势菌门一致，均为 Proteobacteria、Bacteroidetes、Actinobacteria、Firmicutes、Chloroflexi，其丰

度体现出一定的差异性;属水平下所有工况下、各工况内、反应器间的前 10 个优势菌属差别较大,共有优势菌仅有 3 个,分别为 *norank_f__AKYH767*、*IMCC26207*、*Ottowia*。

(5)高原典型环境下 A^{2}O 工艺系统活性污泥浓度低主要与其中 *Anaerolineae*、*Candidatus_Microthrix* 等丝状菌占比不高有关。

Chapter 4

第 4 章
活性污泥微生物优势种群的影响因素分析

工艺参数、工况因子或进水状态都对活性污泥的微生物丰度有较大的影响，其影响主要通过微生物群落结构和多样性来体现。为了解析 A^2O 工艺系统中微生物对高原环境及运行工艺的响应，开展进水水质（TP、TN、COD、NH_3-N、BOD_5）、工况因子（温度、DO、HRT、UV）、工艺参数（TP 去除率、TN 去除率、COD 去除率、NH_3-N 去除率、BOD_5 去除率、SV_{30}、MLSS、SVI）与微生物优势种群的相关性研究，同时进行优势菌之间的相关性分析。

4.1 微生物优势群落与进水水质的关系

TP、TN、COD、NH_3-N、BOD_5 作为进水水质的重要指标，反映了进水中的磷、氮及有机物等含量。生活污水进水水质与 A^2O 工艺系统中优势菌在门和属水平的相关性如图 4-1 所示。

在 Heatmap 图中，与 COD 相关性显著的门分别为 Actinobacteria、BRC1、unclassified_k__norank_d__Bacteria、RsaHF231、Firmicutes、ε-变形菌门（Epsilonbacteraeota），其中排序为前 5 的菌门仅有 Actinobacteria 和 Firmicutes；与 TP 相关性显著的门分别为 BRC1、Chloroflexi、Dependentiae、RsaHF231、硝化螺旋菌门（Nitrospira）、Planctomycetes 和 Synergistetes，其中仅有 Chloroflexi 属于排名前 5 的优势菌门，TP 与 Nitrospira 相关，可能与在脱氮除磷过程中争夺营养有关；与 TN 相关性显著的门分别为 Chloroflexi、蓝细菌（Cyanobacteria），前者为排名前 5 的优势菌门；与 NH_3-N 相关性显

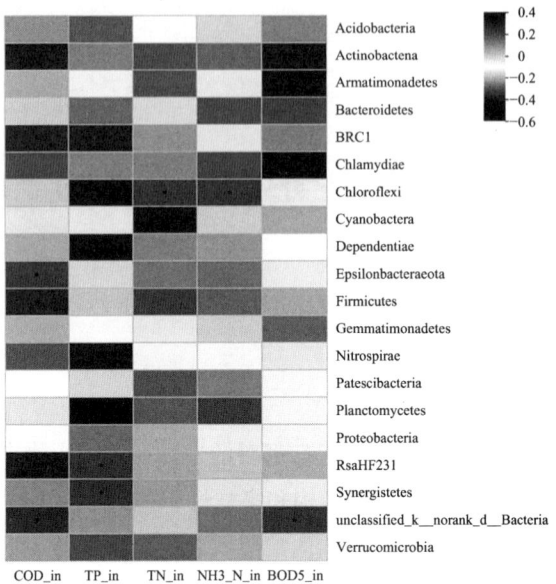

（a）门水平

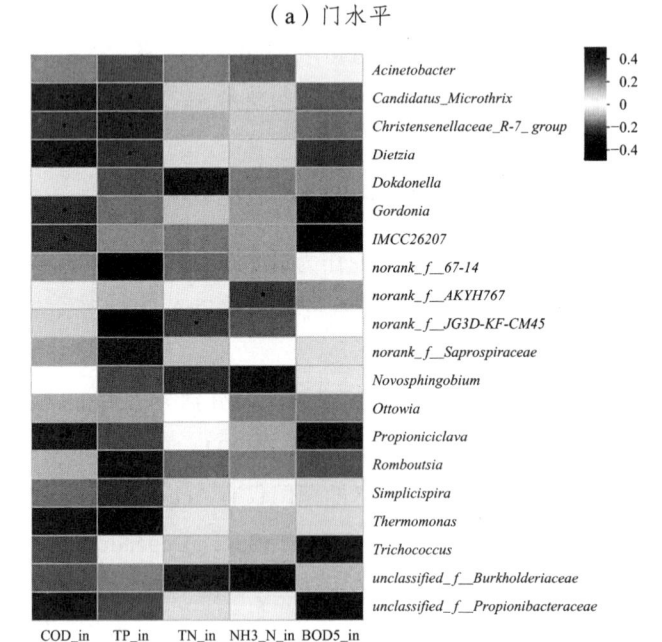

（b）属水平

（注：* 表示 $0.01 < P \leq 0.05$，** 表示 $0.001 < P \leq 0.01$，*** 表示 $P \leq 0.001$，下同）

图 4-1　进水水质与优势菌丰度相关性 Heatmap 图

著的门为 Chloroflexi，其为排名前 5 的门；与 BOD$_5$ 相关性显著的门分别为 Actinobacteria、Chlamydiae、unclassified_k__norank_d__Bacteria 和装甲菌门（Armatimonadetes），其中 Actinobacteria 为排名前 5 的门。

在上述分析中排序前 5 名的优势菌门，仅有 Chloroflexi、Actinobacteria 和 Firmicutes，优势菌门最多的两类 Proteobacteria、Bacteroidetes 相关性不显著，这可能与上述两类菌门所含菌种功能多而对单一进水指标不显著有关。Chloroflexi 属于兼性除磷菌。Actinobacteria 属于革兰氏阳性细菌，主要降解有机物，故与 COD 和 BOD$_5$ 显著相关。Firmicutes 为革兰氏阳性菌，主要降解有机物，而与 COD 相关性显著，与 BOD$_5$ 的关系尚待属水平的进一步揭示。分析显示与 TP 和 COD 相关的微生物门较多，即二者更容易影响微生物结构。

属水平下的 Heatmap 图中，与 COD 相关性显著的属分别为海迪茨氏菌属（*Dietzia*）、*Candidatus_Microthrix*、*Gordonia*、克里斯滕森菌科 R-7 群（*Christensenellaceae_R-7_group*）、IMCC26207、*propioniciclava*、*unclassified_f__Propionibacteriaceae*、*Thermomonas*；与 TN 相关性显著的属分别为 *Dokdonella*、*norank_f__JG30-KF-CM45*、*unclassified_f__Burkholderiaceae*；与 TP 相关性显著的属分别为 *Candidatus_Microthrix*、*Dietzia*、*Christensenellaceae_R-7_group*、*norank_f__67-14*、*Romboutsia*、*norank_f__JG30-KF-CM45*、*Thermomonas*、*norank_f__Saprospiraceae*；与 NH$_3$-N 显著相关的属分别为 *unclassified_f__Burkholderiaceae*、*norank_f__AKYH767*、*Novosphingobium*；与 BOD$_5$ 相关性显著的属分别为 *Gordonia*、IMCC26207、*unclassified_f__Propionibacteriaceae*、*Trichococcus*、*propioniciclava*。

上述属丰度较高为 *Ottowia*、*Acinetobacter*、*Simplicispira*，相关性不显著，其余菌属均相关性显著。其中 *Candidatus_Microthrix*、*norank_f__Saprospiraceae* 具有除磷的作用，故与 TP 相关性显著；*Dokdonella* 和 *unclassified_f__Burkholderiaceae* 均为硝化细菌；*Novosphingobium* 和 *unclassified_f__Burkholderiaceae* 为异养反硝化菌，与 NH$_3$-N 存在竞争关系。上述分析显示与 TP 和 COD 显著相关的优势属较多，即二者更容易影响微生物结构。

4.2 微生物优势群落与工艺参数的关系

4.2.1 微生物优势群落与工艺参数的趋势对应分析

对工艺参数与微生物群落结构进行了趋势对应分析，得到的梯度长度均<3，因此选择 RDA 分析。为避免冗余变量的影响，使用生态数据处理软件（CANOCO）进行前向选择，筛选条件为 $P<0.05$，门和属水平下均可筛选出工艺参数 TP 去除率、TN 去除率、COD 去除率、NH_3-N 去除率、BOD_5 去除率、SV_{30}、MLSS、SVI，上述指标分别作为主要参数进一步分析，如图 4-2 所示。

（a）门水平

（b）属水平

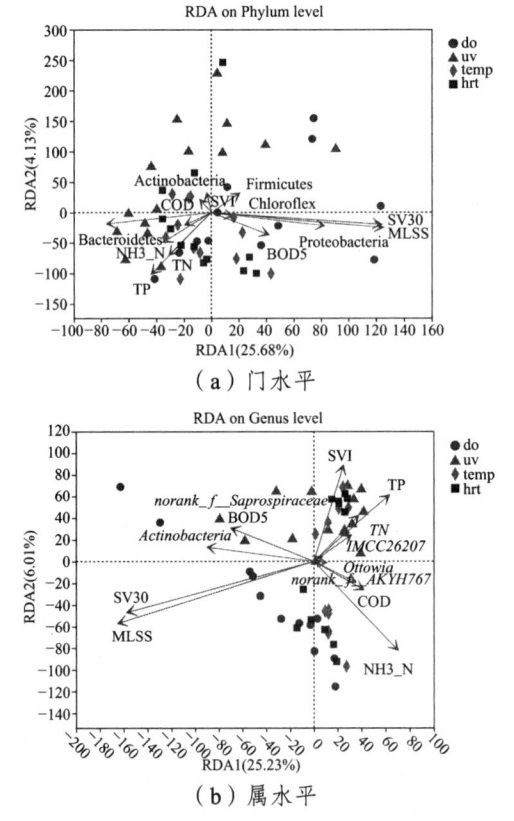

图 4-2　工艺参数与微生物优势群落组成结构 RDA 分析图

门水平下第一排序轴和第二排序轴分别占总解释变量的 25.68%和 4.13%，累计仅为 29.81%；在属水平下第一排序轴和第二排序轴分别占总解释变量的 25.23%和 6.01%，累计仅为 31.24%。因此，门和属水平下第一排序轴和第二排序轴均不能很好地解释工况因子与微生物群落结构的关系，这也从另外一方面说明了工艺参数能影响部分微生物优势群落，即活性污泥表现了一定的稳定性。

门水平下影响程度由强及弱依次为 MLSS、SV_{30}、TP 去除率、TN 去除率、NH_3-N 去除率、BOD_5 去除率、COD 去除率、SVI；主要的优势菌门中与 MLSS、SV_{30}、BOD_5 去除率正相关的为 Proteobacteria、Firmicutes、Chloroflexi，与 TP 去除率、TN 去除率、COD 去除率、NH_3-N 去除率正相关的为 Bacteroidetes，与 SVI 正相关的为 Actinobacteria、Firmicutes。

属水平下影响程度由强及弱依次为 MLSS、SV_{30}、NH_3-N 去除率、SVI、TP 去除率、BOD_5 去除率、COD 去除率、TN 去除率；优势菌属为 Ottowia、norank_f_Saprospiraceae、norank_f_AKYH767、IMCC26207、Acinetobacter，与 MLSS、SV_{30}、BOD_5 去除率正相关的为 Acinetobacter，与 SVI 去除率、TP 去除率、TN 去除率正相关的为 IMCC26207、norank_f_Saprospiraceae，与 NH_3-N、COD 正相关的为 Ottowia、norank_f_AKYH767。Saprospiraceae 具有除磷功能且是活性污泥中的主要丝状菌，故 TP 去除率及 SVI 有较好的正相关性；norank_f_AKYH767 具有脱氮和降解有机物的功能，与 NH_3-N 去除率、COD 去除率有较好的正相关性；Ottowia 是一类具有固氮作用的菌属，和 NH_3-N 去除率有较好的正相关性；IMCC26207 作为放线菌的一个属，具有除磷的效果且是活性污泥的主要成分，故与 SVI、TP 去除率有较好的正相关性；Acinetobacter 具有一定的除磷和硝化作用，同时该菌属还是活性污泥的主要成分，故与 MLSS、SV_{30}、BOD_5 去除率具有较好的正相关性。属水平下工艺参数与主要细菌属物种的关系是复杂的，这同样有利于保持高原典型环境下污水处理生态系统的多样性、稳定性和抗扰动性。

4.2.2 微生物结构与 pH、污泥浓度的相关性

鉴于 pH 代表了系统的外在条件，而 SV_{30} 和 MLSS 则是代表活性污泥条件，且 4.2.1 节中显示两种工艺参数对微生物优势种群影响程度较大，故此处单独分析上述三个工艺参数与微生物优势群落的相关性，分析结果如图 4-3 所示。

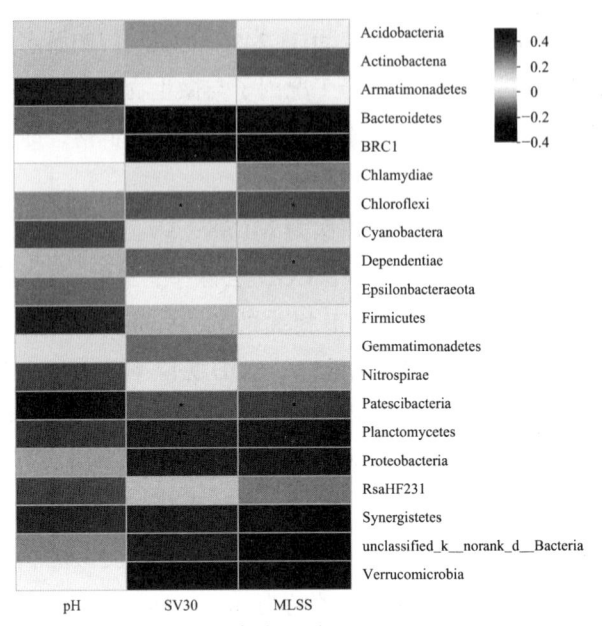

(a) 门水平

(b) 属水平

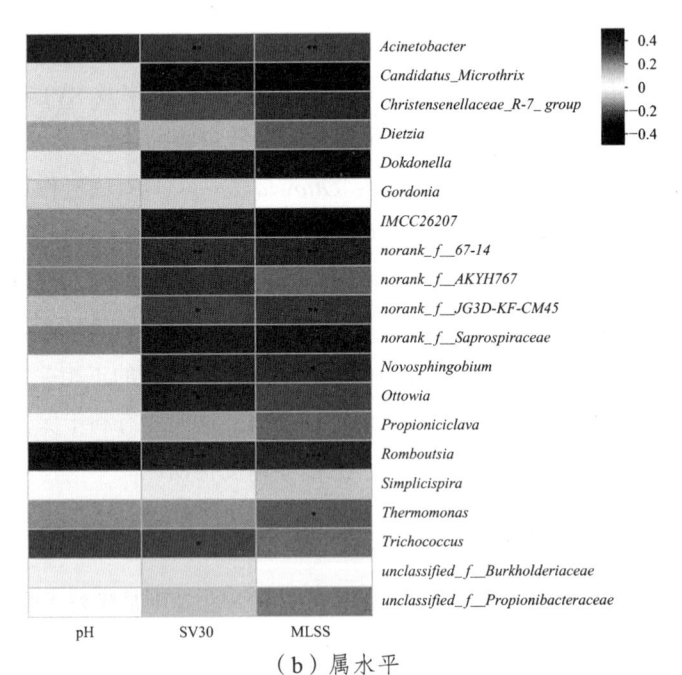

图 4-3 pH、污泥浓度与优势菌物种丰度相关性 Heatmap 图

第 4 章　活性污泥微生物优势种群的影响因素分析

门水平下的 Heatmap 图中，与 pH 相关性显著的门不存在。与 SV_{30} 相关性显著的门分别为 Chloroflexi、Planctomycetes、Proteobacteria、Bacteroidetes、BRC1、Patescibacteria、Verrucomicrobia，排名前 5 的门为 Proteobacteria、Bacteroidetes、Chloroflexi；Proteobacteria 属于丝状菌较多的菌门，属于活性污泥的主要组成成分，故与 SV_{30} 相关性显著；Bacteroidetes 与 Proteobacteria 具有营养竞争关系，分析结果也显示出与 SV_{30} 负相关性显著；Chloroflexi 属于丝状菌，也是活性污泥的主要成分，相关分析结果显示与 SV_{30} 正相关性显著。与 MLSS 相关性显著的门分别为 Chloroflexi、Planctomycetes、Dependentiae、Proteobacteria、BRC1、unclassified_k__norank_d__Bacteria、Patescibacteria、Verrucomicrobia，其中 Proteobacteria、Chloroflexi 属于排名前 5 的门；Proteobacteria 属于丝状菌较多的菌门，也是活性污泥的主要成分，与 MLSS 正相关性显著；Chloroflexi 和 Planctomycetes 属于丝状菌，也是活性污泥的主要成分，与 MLSS 正相关性显著。

在属水平下的 Heatmap 图中，与 pH 正相关性显著的属分别为 *Acinetobacter*、*Romboutsia*；*Acinetobacter* 属于革兰氏阴性杆菌，对强酸较为敏感但耐碱性，与 pH 负相关性显著；*Romboutsia* 属于弱酸菌，与 pH 负相关。与 SV_{30} 相关的菌属分别为 *Acinetobacter*、*Candidatus_Microthrix*、*IMCC26207*、*Dokdonella*、*norank_f__67-14*、*Novosphingobium*、*Ottowia*、*norank_f__Saprospiraceae*、*norank_f__JG30-KF-CM45*、*Romboutsia*、*Trichococcus*；其中，*Candidatus_Microthrix*、*Novosphingobium*、*Acinetobacter*、*norank_f__JG30-KF-CM45*、*norank_f__Saprospiraceae* 是活性污泥主要组成成分。与 MLSS 显著相关的菌属分别为 *Acinetobacter*、*Novosphingobium*、*Candidatus_Microthrix*、*IMCC26207*、*Dokdonella*、*Thermomonas*、*norank_f__Saprospiraceae*、*norank_f__JG30-KF-CM45*、*Romboutsia*、*norank_f__67-14*；与 MLSS 相关性显著的菌属大部分与 SV_{30} 相关。

与 SV_{30} 和 MLSS 相关性显著的门和属几乎一样，这是因为 SV_{30} 和 MLSS 都是衡量活性污泥生物量的指标；与 SV_{30} 和 MLSS 相关性显著的微生物门类较多，即二者更易受微生物结构和丰度的影响；鉴于 SV_{30} 和 MLSS 均较低，可以依据相关性分析认为高原环境下微生物结构和丰度具有一定意义的特殊性。

4.3 微生物优势群落与工况因子的关系

不同工况反映了高海拔下不同的环境参数和系统运行参数，对微生物群落结构影响极其重要，将分别对微生物群落结构、物种的组成、反应器内微生物结构对不同工况的响应开展分析。

4.3.1 工况因子与微生物群落结构的关系

对工况要素与微生物群落结构进行去趋势对应分析，得到的梯度长度均<3，因此选择 RDA 分析。为避免冗余变量的影响，使用 CANOCO 进行前向选择，筛选条件为 $P<0.05$，门和属水平下均可筛选出 UV、温度、HRT、DO，上述因子分别作为主要工况因素进一步分析，如图 4-4 所示。

（a）门水平

（b）属水平

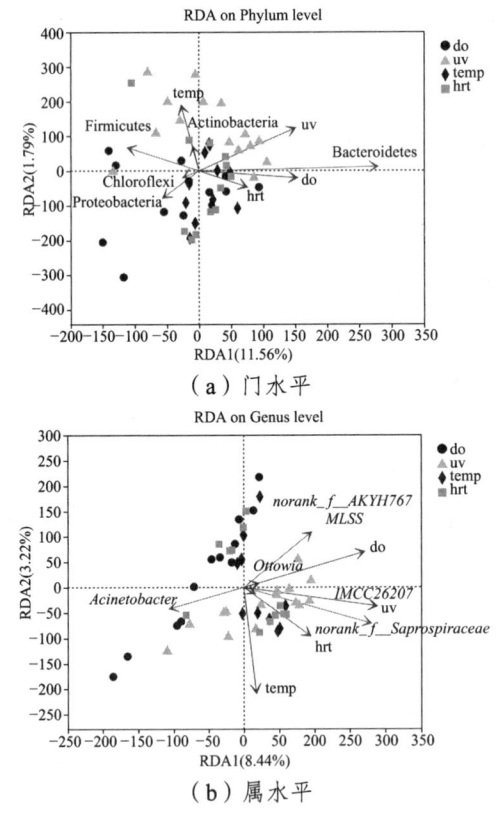

图 4-4 工况因子与微生物群落物种组成结构 RDA 分析图

门水平下 DO、温度、HRT、UV 四个工况因子之间呈现一定夹角，夹角为钝角的相关性为负值，锐角的相关性为正值；四个因子的影响程度由强及弱依次为 UV、DO、温度、HRT；优势菌门中与温度呈现正相关的为 Actinobacteria、Firmicutes，与 UV、DO 和 HRT 呈现正相关的为 Bacteroidetes；温度影响的优势菌门较多，但是影响程度较大的却是 UV。

属水平下四个工况因子影响程度依次为温度、UV、HRT、DO；优势菌属为 *norank_f__Saprospiraceae*、*norank_f__AKYH767*、*Ottowia*、*Acinetobacter*、*IMCC26207*，与温度呈现正相关的为 *norank_f__Saprospiraceae*、*Ottowia*，与 UV、DO 和 HRT 呈现正相关的为 *IMCC26207*、*norank_f__Saprospiraceae*、*norank_f__AKYH767*、*Ottowia*；UV、DO 和 HRT 影响的优势菌属较多，但是影响程度较大的却是温度。

在门水平下第一排序轴和第二排序轴分别占总解释变量的 11.56%和 1.79%，累计仅为 13.35%；在属水平下第一排序轴和第二排序轴分别占总解释变量的 8.44%和 3.22%，累计仅为 11.66%。因此，门和属水平下第一排序轴和第二排序轴均不能很好地解释工况因子与微生物群落结构的关系，其原因是样本数量大且微生物种类多进而造成工况因子与微生物群落结构的相关性不强，这也从另外一方面说明工况因子的变化仅能影响部分微生物优势群落。

4.3.2 工况因子对反应器内微生物群落结构的影响

鉴于 4.3.1 节中工况因子与微生物优势菌的相关性较差，进一步按照反应器来分析对工况因子与微生物群落结构进行去趋势对应分析，得到的梯度长度均<3，因此选择 RDA 分析。为避免冗余变量的影响，使用 CANOCO 进行前向选择，筛选条件为 $P<0.05$，门和属水平下均可筛选出 UV、温度、HRT、DO，上述因子分别作为主要工况因素进一步分析，如图 4-5 所示。

门水平下 DO、温度、HRT、UV 四个工况因子之间呈现一定夹角，其中夹角为钝角的相关性为负值，锐角的相关性为正值；厌氧池内影响程度由强及弱依次为 UV、DO、温度、HRT，缺氧池内影响程度由强及弱依次为 HRT、UV、温度、DO，好氧池内影响程度由强及弱依次为 HRT、UV、温度、DO。

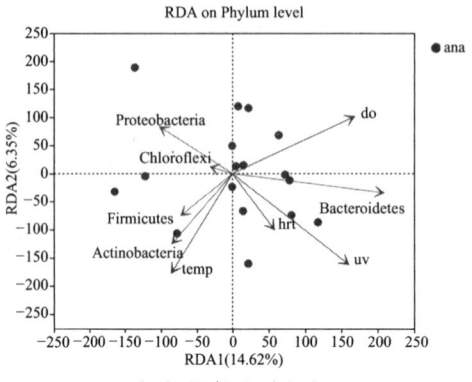

（a）厌氧池（门）

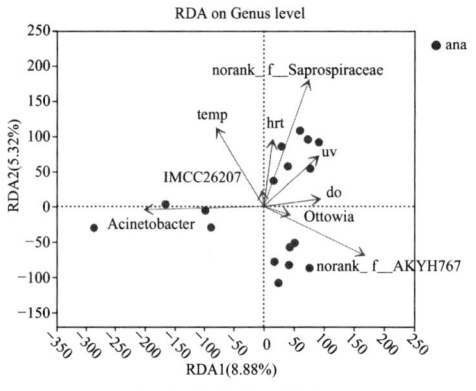

（b）厌氧池（门）

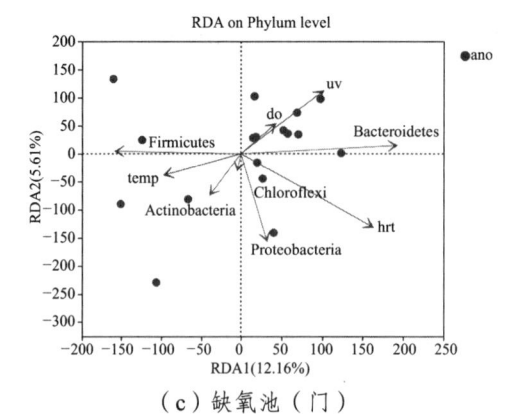

（c）缺氧池（门）

第 4 章　活性污泥微生物优势种群的影响因素分析

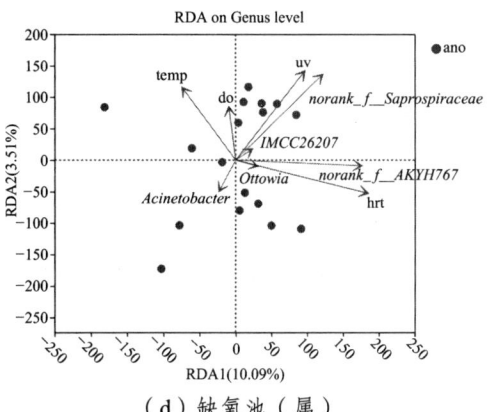

（d）缺氧池（属）

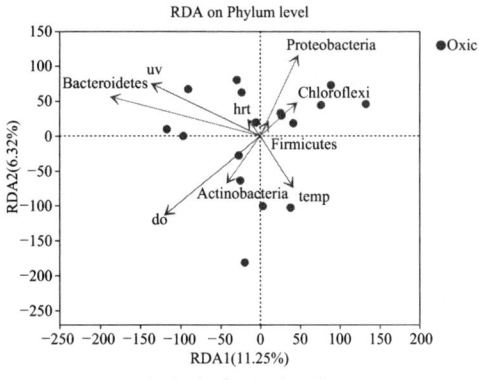

（e）好氧池（门）

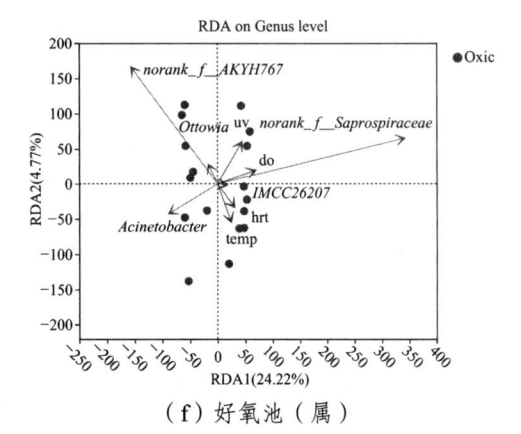

（f）好氧池（属）

图 4-5　工况因子与微生物群落物种组成结构 RDA 分析图

厌氧池内与温度正相关的为 Actinobacteria、Firmicutes，与 UV、DO 和 HRT 正相关的为 Bacteroidetes；缺氧池内优势菌门中与温度正相关的为 Actinobacteria、Firmicutes、Chloroflexi，与 UV、DO 正相关的为 Bacteroidetes，与 HRT 正相关的为 Bacteroidetes、Chloroflexi、Proteobacteria；好氧池内与温度正相关的为 Actinobacteria，与 UV、DO 正相关的为 Bacteroidetes、Actinobacteria，与 HRT 正相关的为 Bacteroidetes、Chloroflexi、Proteobacteria、Firmicutes。

属水平下厌氧池内四个工况因子影响程度由强及弱依次为温度、UV、HRT、DO，缺氧池内四个工况因子影响程度由强及弱依次为 HRT、UV、温度、DO，好氧池内四个工况因子影响程度由强及弱依次为 UV、DO、温度、HRT。优势菌属为 *norank_f__Saprospiraceae*、*Ottowia*、*norank_f__AKYH767*、*IMCC26207*、*Acinetobacter*；在厌氧池内，与温度正相关的为 *norank_f__Saprospiraceae*、*IMCC26207*、*Acinetobacter*，与 UV 和 DO 正相关的为 *norank_f__Saprospiraceae*、*IMCC26207*、*Acinetobacter*、*Ottowia*，与 HRT 正相关的为 *IMCC26207* 和 *norank_f__Saprospiraceae*；在缺氧池内，与温度正相关的优势属不存在，与 UV 正相关的优势属为 *norank_f__AKYH767*、*norank_f__Saprospiraceae*、*Ottowia*、*IMCC26207*，与 DO 正相关的优势属为 *norank_f__Saprospiraceae*、*IMCC26207*，与 HRT 正相关的优势属为 *norank_f__Saprospiraceae*、*Ottowia*、*norank_f__AKYH767*、*IMCC26207*；好氧池内，与温度正相关的优势属为 *norank_f__Saprospiraceae*，与 UV、HRT 和 DO 正相关的优势属为 *IMCC26207*、*norank_f__Saprospiraceae*。

门水平下三个反应器的第一排序轴和第二排序轴分别占总解释变量的 14.62%和 6.35%（厌氧池）、12.16%和 5.61%（缺氧池）、11.25%和 6.32%（好氧池），累计分别为 20.97%（厌氧池）、17.77%（缺氧池）、17.57%（缺氧池）；在属水平下三个反应器的第一排序轴和第二排序轴分别占总解释变量的 8.88%和 5.32%（厌氧池）、10.09%和 3.51%（缺氧池）、24.22%和 4.77%（好氧池），累计分别为 14.20%（厌氧池）、13.60%（缺氧池）、28.99%（缺氧池）。因此，门和属水平下三个反应器的第一排序轴和第二排序轴也不能很好地解释工况因子与微生物群落结构的关系，其原因是样本数量大且微生物种类多，进而造成工况因子与微生物群落结构的相关性不强，同样也说明了工况因子的变化仅能影响部分微生物优势群落。同时显示，不同反应器内工况要素的影响程度不同，且不同反应器内正相关的优势菌也不相同，这是因为各反应器的功能不同造成的。

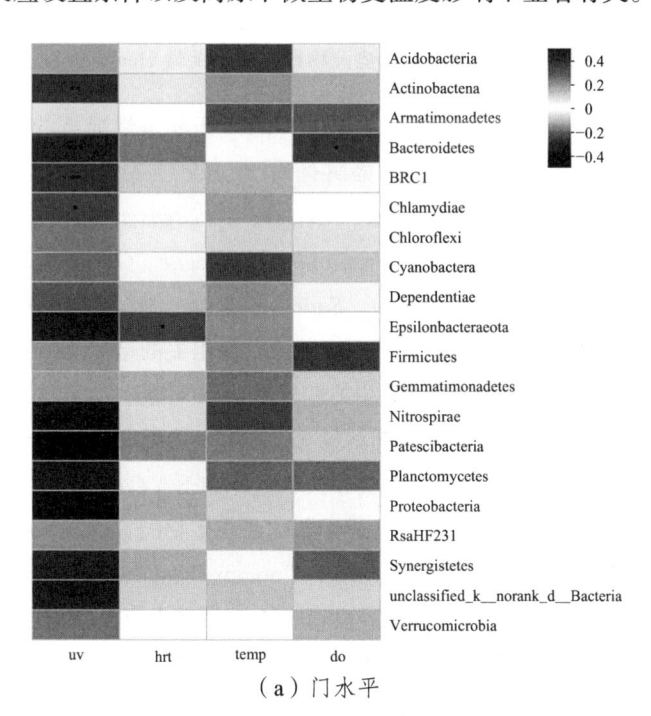

4.3.3 工况因子与微生物群落物种的相关性

在门水平下的 Heatmap 图中，与温度相关性显著的门不存在，如图 4-6 所示。与 UV 相关性显著的门为 Actinobacteria、Bacteroidetes、BRC1 门、Chlamydiae、Epsilonbacteraeota、Nitrospirae、Patescibacteria、Planctomycetes、Proteobacteria、unclassified_k__norank_d__Bacteria、Synergistetes，其中 Proteobacteria、Bacteroidetes、Actinobacteria、Chloroflexi 为丰度排序前五中的四个，UV 对上述菌门均有显著的影响，Bacteroidetes 与图 4-4 相一致；与 HRT 相关性显著的门仅有 Epsilonbacteraeota，且为正相关；与 DO 相关性显著的门仅有 Bacteroidetes。门水平下，仅温度与优势菌门之间相关性不显著，这可能和反应设置条件以及高原下微生物受温度影响不显著有关。

（a）门水平

(b) 属水平

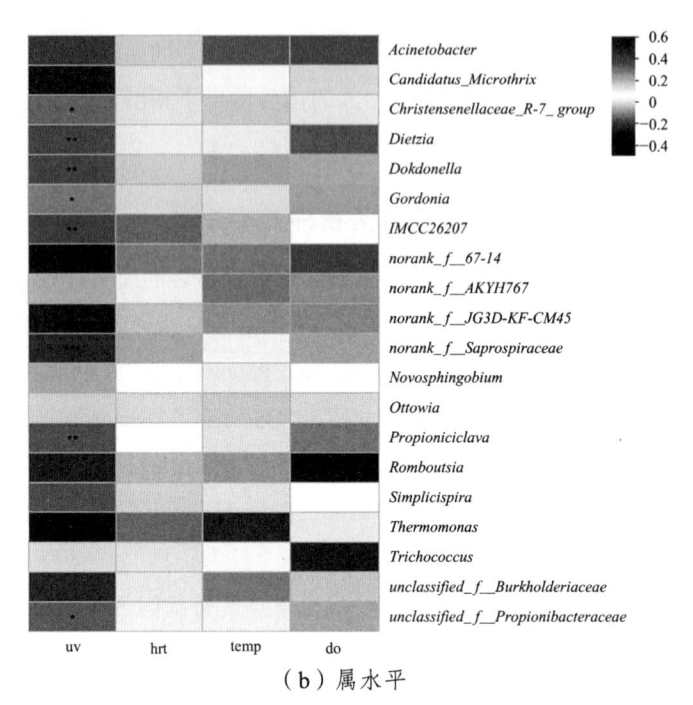

图 4-6　工况因子与优势菌物种丰度相关性 Heatmap 图

在属水平下的 Heatmap 图中，与温度、HRT 正相关性显著的属并不存在，这可能与分析时仅采用前 20 个优势属有关。与 UV 相关性显著的菌属分别为 *Dokdonella*、*Candidatus_Microthrix*、*Dietzia*、*Christensenellaceae_R-7_group*、*Propioniciclava*、*unclassified_f__Propionibacteriaceae*、*Gordonia*、*norank_f__AKYH767*、*Thermomonas*、*norank_f__Saprospiraceae*、*IMCC26207*、*norank_f__67-14*、*norank_f__JG30-KF-CM45*；与 DO 显著相关的菌属为 *Romboutsia*。

门和属水平下的微生物群落的相关性显示，UV 对微生物的群落影响最为显著，而 HRT 和温度对微生物的影响不显著，产生上述现象的原因与高原典型环境下活性污泥浓度不高且微生物种类相关，具体如下：*Candidatus_Microthrix*、*Anaerolineae* 等丝状菌丰度非常低，进而影响了微生物的丰度及结构，这也可以从 OTU 数值偏小得到证明；微生物中带有 norank、unclassified、uncultred 三类前缀字符的菌种比例过高，其占比最高可达 60%，平均值也可达到 45.89%，尤其 unclassified_k__norank_d__Bacteria 在菌门水平下未见具体分类；在高原独特的环境条件下，试验中出现了嗜冷杆菌属（*Psychrobacter*）。

· 094 ·

4.4 微生物优势群落之间的相关性

微生物群落物种之间存在功能差异，环境因子和影响条件也不同，在特定生境下存在相互关系。微生物群落之间的相互关系可分为互生、共生、寄生、拮抗、捕食等。按照物种之间的相关性，互生、寄生和共生在数学上呈现正相关性，而拮抗和捕食则在数学上呈现负相关性。下面对微生物群落物种之间的相关性分别进行分析，采用 Networks 网络分析单因素相关性网络 Heatmap 图，运用 Spearman 法计算相关系数。

4.4.1 门水平下微生物优势群落之间的关系

在门水平下，51 个样本丰度排名前 10 的优势门分别为 Chlamydiae、Proteobacteria、Chloroflexi、Planctomycetes、Acidobacteria、Patescibacteria、Firmicutes、Actinobacteria、Bacteroidetes、Verrucomicrobia，对上述门开展优势菌之间的相关性分析，如图 4-7 所示。

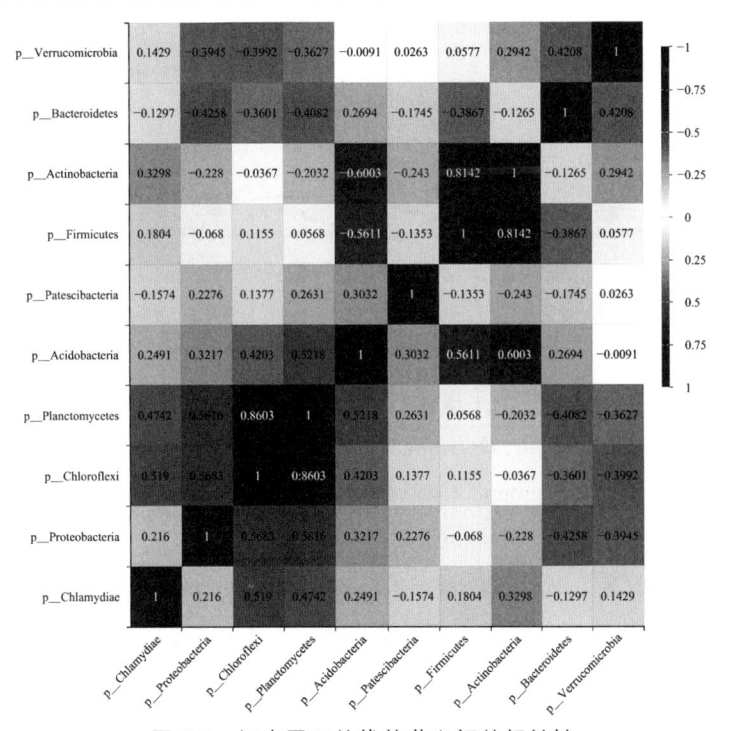

图 4-7 门水平下的优势菌之间的相关性

图 4-7 仅对满足相关系数 $R>0.50$ 且显著性系数 $P\leqslant 0.05$ 的门开展相关性分析，分析显示：满足相关性和显著性的门共计 6 对，相关系数大于 0.8（含负相关）为 1 个，Chloroflexi 与 Planctomycetes 的相关系数为 0.860，前者新陈代谢提供有机物能量满足后者的有机物需求，故二者之间呈现较为良好的正相关性，即共生关系；不存在相关性为 Verrucomicrobia、Patescibacteria、Bacteroidetes 3 个门，各菌门之间的相关性如图 4-8 所示。门水平下的微生物功能往往是多样性，其主要功能不同对应的共存关系也会存在较大的差异。

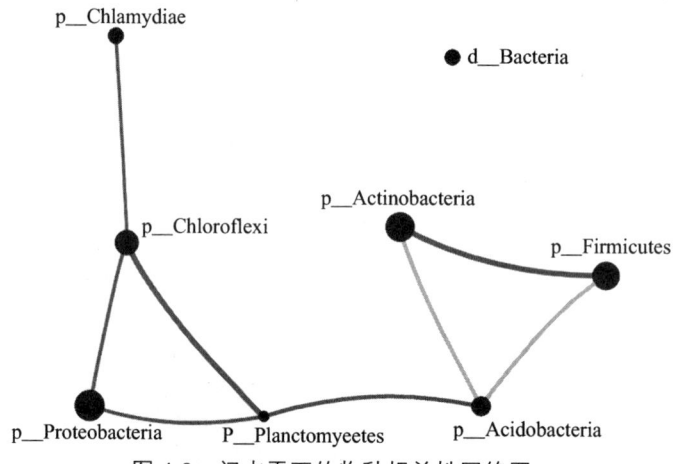

图 4-8 门水平下的物种相关性网络图

4.4.2 属水平下微生物优势群落之间的相关性

在属水平下，51 个样本丰度排名前 20 的优势属分别为 *Novosphingobium*、*norank_f__Saprospiraceae*、*Dokdonella*、*Trichococcus*、*IMCC26207*、*Gordonia*、*Christensenellaceae_R-7_group*、*Candidatus_Microthrix*、*Dietzia*、*propioniciclava*、*Ottowia*、*unclassified_f__Propionibacteriaceae*、*unclassified_f__Burkholderiaceae*、*norank_f__AKYH767*、*Romboutsia*、*Acinetobacter*、*norank_f__JG30-KF-CM45*、*norank_f__67-14*、*Simplicispira*、*Thermomonas*，对上述属开展相关性分析，如图 4-9 所示。

第4章 活性污泥微生物优势种群的影响因素分析

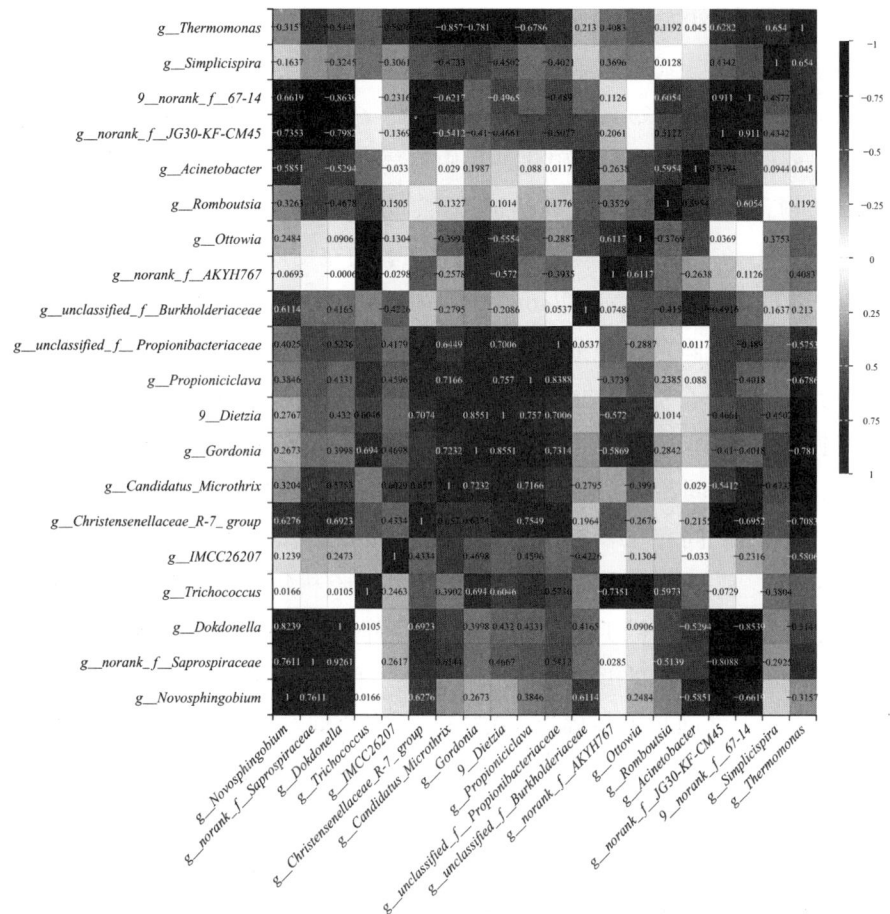

图4-9 属水平下优势菌之间的相关性

图4-9仅对满足相关系数 $R>0.50$ 且显著性系数 $P \leqslant 0.05$ 的属开展相关性分析，分析显示：满足相关性和显著性的属共计74对，由于数量众多此处不再一一列出。其中呈现正相关的为41个，负相关的为33个，相关系数大于0.8（含负相关）为11个，针对这11组开展分析：Novosphingobium 与 Dokdonella 相关系数为0.824，二者分别为反硝化菌和氨氧化菌，前者进行反硝化降低了硝酸和亚硝酸的浓度，促进了后者的氨氧化，持续进行；norank_f__Saprospiraceae 与 Dokdonella 相关系数为0.926，前者作为除磷菌携带的磷，促进了氨氧化的微生物细胞合成；norank_f__Saprospiraceae 与 norank_f__JG30-KF-CM45

相关系数为-0.807，硝化细菌（*norank_f__JG30-KF-CM45*）在硝化过程中需要消耗氧气，氧气的降低会抑制除磷的进行，相互之间存在氧拮抗关系；*norank_f__Saprospiraceae* 与 *norank_f__67-14* 相关系数为-0.854，硝化细菌 *norank_f__67-14* 在硝化过程中需要消耗氧气，氧气的降低会抑制除磷的进行，相互之间存在氧拮抗关系；*Dokdonella* 与 *norank_f__67-14* 相关系数为-0.854，前者为氨氧化菌，二者均在反应中争夺氧气，相互之间存在氧拮抗关系；*Candidatus_Microthrix* 与 *Dietzia* 之间相关系数为0.832，前者作为除磷优势菌，后者作为有机物降解细菌，在有机物降解过程中为后者提供了大量的能量，进而促进了前者的反应速度，而前者同样会促进后者的反应速度，二者之间为共生关系；*Candidatus_Microthrix* 与 *Thermomonas* 之间相关系数为-0.857，前者为好氧除磷菌，后者为厌氧反硝化菌，两者之间存在着 DO 拮抗关系；*Gordonia* 与 *Dietzia* 之间相关系数为0.855，前者作为除磷优势菌，后者作为有机物降解细菌，在有机物降解过程中为前者提供了大量的能量，进而促进了前者的反应速度，而前者同样会促进后者的反应速度，二者之间为共生关系；*Dietzia* 与 *Thermomonas* 之间相关系数为-0.801，两者之间存在着 DO 拮抗关系；*unclassified_f__Propionibacteriaceae* 与 *Propioniciclava* 之间相关系数为0.839，后者作为有机物降解细菌，可以为前者这类硝化细菌提供物质和能量，故二者之间呈现共生关系；*Propioniciclava* 与 *norank_f__67-14* 之间相关系数为0.911，前者作为有机物降解细菌，可以为后者这类硝化细菌提供物质和能量，故二者之间呈现共生关系。各菌属之间的相关性如图 4-10 所示。

基于优势属功能开展的相关性分析显示，20 个优势菌之间均具有一定的显著相关性，存在 74 对相关系数 $R>0.50$ 且显著性系数 $P \leqslant 0.05$ 的属，其中相关系数大于 0.8（含负相关）为 11 对，这些属之间存在氧气、能量、磷源等方面的共生和拮抗关系，这也说明主要属物种的关系是复杂的，也是多种多样的，这对保持高原典型环境下污水处理生态系统的多样性、稳定性、抗扰动性都是有一定意义的。

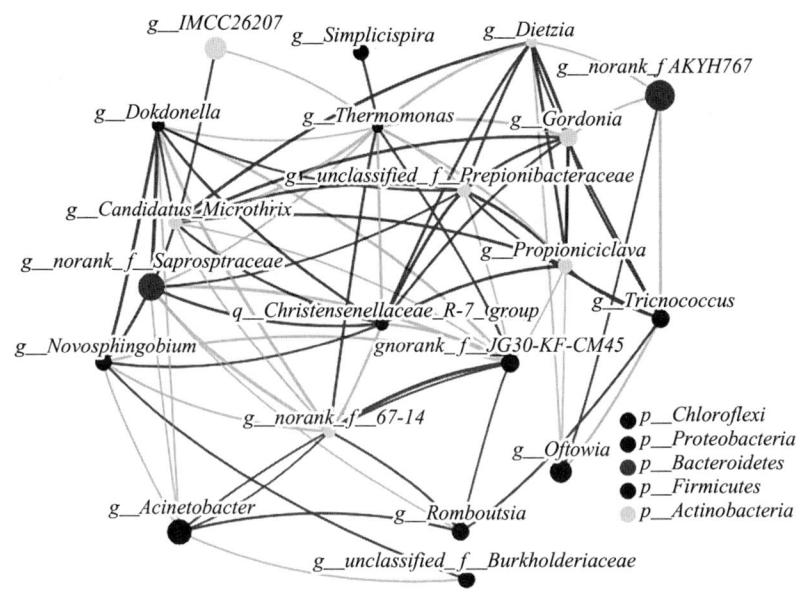

第 4 章 活性污泥微生物优势种群的影响因素分析

图 4-10 属水平下的物种相关性网络图

4.5 本章小结

结合进水水质、工艺参数和工况因子对实验室规模 A^2O 工艺高原典型环境下污泥微生物优势菌群和微生物优势群落之间开展了影响分析，研究了进水水质、工艺参数和工况因子、微生物优势群落之间的相关性，主要研究结论如下：

（1）在门和属的水平上，进水水质中 TP 和 COD 浓度是影响微生物群落的重要因子。

（2）工艺参数与微生物群落结构的相关性分析表明，门水平下影响微生物群落结构和丰度的工艺参数程度由大到小依次为 MLSS、SV_{30}、TP、TN、NH_3-N、BOD_5、COD、SVI；属水平下影响微生物群落结构和丰度的工艺参数程度由大到小依次为 MLSS、SV_{30}、NH_3-N、SVI、TP、BOD_5、COD、TN；SV_{30} 和 MLSS 是影响微生物优势群落的重要工艺参数。通过污泥浓度与微生物群落的相关性分析，发现与 SV_{30}、MLSS 相关的微生物群落较多且种群组成趋同，表明活性污泥生物量更容易受微生物群落结构和丰度的影响。

（3）门水平下影响微生物群落结构和丰度的工况排序依次为 UV>DO>温度>HRT，属水平下排序依次为温度>UV>HRT>DO。UV 对微生物群落的影响最为显著，而 HRT 和温度对微生物的影响不显著，这可能与高原典型环境下活性污泥浓度不高且微生物种类组成密切相关。

（4）门水平下排序前 10 的菌门满足相关系数 R>0.50 且显著性系数 P≤0.05 的门共计 6 对，正相关的为 5 对，负相关的为 1 对；在属水平下，排序前 20 的属满足相关系数 R>0.50 且显著性系数 P≤0.05 的门共有 74 对，其中相关系数大于 0.8（含负相关）为 11 对；上述微生物菌群之间存在氧气、能量、磷源等方面的共生和拮抗关系。

Chapter 5

第 5 章
A²O 系统脱氮除磷机理分析

活性污泥作为 A²O 系统中核心环节，与微生物丰度、群落结构、生长繁殖等因素密切相关。前述研究表明，高原环境因素下的活性污泥具有独特的性质，将进一步分析不同工况下活性污泥中主要微生物群落功能蛋白、酶、功能基因丰度、代谢途径（KEGG Orthology，KO）及参与碳、氮、磷代谢途径，进而探讨高原环境因素下 A²O 系统脱氮除磷机理。

5.1 微生物群落功能蛋白及其变化

不同的环境因素会造成对应时期和环境下代谢或者生理偏向，即环境因素的改变会形成不同的直系同源蛋白质簇（COG）组成。对 COG 进行标准化，得到与 OTU 对应的 COG 信息，计算四个工况下 COG 相对丰度，如图 5-1 所示。

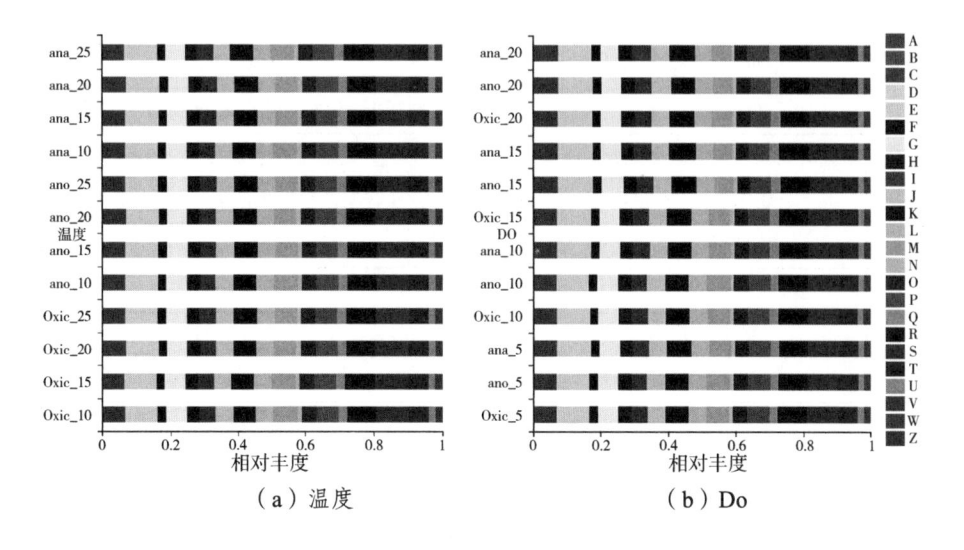

（a）温度

（b）Do

（c）HRT　　　　　　　　　　　　（d）UV

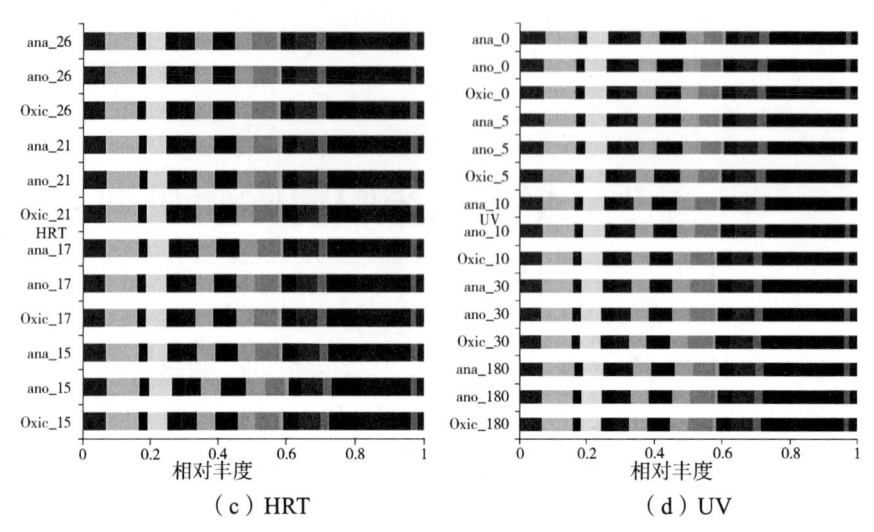

图 5-1　不同活性污泥样品 COG 功能分类及相对丰度

四个工况下的活性污泥样品中 COG 功能共分为 24 小类，对应的预测功能主要分为细胞生长与传导、信息储存与加工、分解及合成代谢及贫乏特征 4 大类。图 5-1 中 A～Z 所表示 COG 的功能分类见表 5-1。

表 5-1　COG 功能蛋白类别

序号	COG 功能分类	序号	COG 功能分类
A	RNA 合成和修饰	M	细胞壁/膜/质膜形成
B	染色质结构和动力学	N	细胞运动
C	能量产生和转化	O	翻译后修饰，蛋白质折叠与分子伴侣
D	细胞周期调控、细胞分裂、染色体分区	P	无机离子运输和代谢
E	氨基酸运输和代谢	Q	次生代谢产物生物合成、转运和分解代谢
F	核苷酸运输和代谢	R	一般功能预测
G	碳水化合物运输和代谢	S	功能未知
H	辅酶运输和代谢	T	信号转导机制
I	脂质运输和代谢	U	胞内合成、分泌和运输
J	蛋白质翻译、核糖体结构和形成	V	免疫机制
K	基因转录	W	胞外结构
L	DNA 复制、重组和修复	Z	细胞骨架

第5章 A²O系统脱氮除磷机理分析

由图5-1和表5-1发现：温度工况下，S的平均相对丰度最高为9.66%，20 ℃时缺氧池的COG中相对丰度最高为9.91%。R的平均相对丰度次之为8.64%，25 ℃时厌氧池的COG中相对丰度最高为8.93%；E的平均相对丰度较高为8.62%，20 ℃时厌氧池的COG中相对丰度最高为8.88%；K的平均相对丰度为第4位，百分比为6.99%，25 ℃时缺氧池的COG中相对丰度最高为7.15%；M的平均相对丰度为6.79%，排名第5，10 ℃时好氧池的COG中相对丰度最高为7.16%；COG中平均相对丰度最低的5类为D、B、A、Z及W，它们的平均相对丰度均达不到1%，分别为0.96%、0.05%、0.04%、0.01%及0.00%；平均相对丰度较高时的温度为20 ℃和25 ℃，对应的反应器为厌氧池和缺氧池。

DO工况下，S的平均相对丰度最高为9.56%，2.0 mg/L时厌氧池的COG中相对丰度最高为9.99%；E的平均相对丰度次之为9.00%，1.5 mg/L时缺氧池的COG中相对丰度最高为9.38%；R的平均相对丰度较高为8.67%，2.0 mg/L时厌氧池的COG中相对丰度最高为9.03%；K（7.25%）的平均相对丰度为第4位，1.5 mg/L时厌氧池的COG中相对丰度最高为7.86%；C（7.04%）的平均相对丰度为第5位，2.0 mg/L时缺氧池的COG中相对丰度最高为7.34%；COG中平均相对丰度最低的5类为D、A、B、Z及W，它们的平均相对丰度分别为0.97%、0.05%、0.05%、0.01%及0.00%；平均相对丰度较高时DO为1.5 mg/L和2.0 mg/L，对应的反应器为厌氧池和缺氧池。

HRT工况下，S的平均相对丰度最高为9.55%，21.00 h时缺氧池的COG中相对丰度最高为9.68%；R的平均相对丰度次之为8.65%，17.50 h时缺氧池的COG中相对丰度最高为8.94%；E的平均相对丰度较高为8.59%，15.00 h时厌氧池的COG中相对丰度最高为8.77%；K（6.95%）的平均相对丰度为第4位，15.00 h时缺氧池的COG中相对丰度最高为7.44%。M（6.77%）的平均相对丰度为第5位，26.25 h时厌氧池和缺氧池的COG中相对丰度最高均为7.01%；COG中平均相对丰度最低的5类为D、B、A、Z及W，平均相对丰度分别为0.98%、0.04%、0.04%、0.01%及0.00%；平均相对丰度较高时HRT下相对差别不大，对应的反应器为缺氧池和厌氧池。

UV工况下，S的平均相对丰度最高为9.37%，30 min和180 min时好氧池的 COG 中相对丰度最高为 9.68%；R 的平均相对丰度次之为 8.86%，0 min 时好氧池的 COG 分类的相对丰度最高为 8.99%；E 的平均相对丰度较高为 8.60%，0 min 厌氧池的 COG 分类的相对丰度最高为 9.01%；K 的平均相对丰度为 7.17%，排名第 4，0 min 厌氧池的 COG 中相对丰度最高为 7.13%；M 的平均相对丰度为第 5 位，百分比为 6.84%，0 min 时厌氧池的 COG 中相对丰度最高均为 7.46%；COG 中平均相对丰度最低的 5 类为 N、A、B、Z 及 W，分别为 0.90%、0.05%、0.04%、0.01% 及 0.00%；平均相对丰度较高时的照射时间为 0 min，对应的反应器为厌氧池和好氧池；这说明了 UV 的照射对 COG 分类的相对丰度具有一定程度的抑制作用。

总体而言，DO 工况前 5 位的 COG 平均相对丰度均高于 HRT 的工况，这表明它们在 DO 工况下作用较大。前 5 位平均相对丰度不同的 DO 工况为能量产生和转化（C），而其他三个工况为细胞壁/膜/质膜形成（M）；COG 中平均相对丰度较好时 DO 为 1.5 mg/L 和 2.0 mg/L，温度为 20 ℃ 和 25 ℃，UV 的照射时间为 0 min，较好的反应器为厌氧池和缺氧池。

在 4 个运行工况中 COG 分类的平均相对丰度排在前 7 位的除（S）功能未知外，其余的是氨基酸运输和代谢（E）、基因转录（K）、能量产生和转化（C）、细胞壁/膜/质膜形成（M）、无机离子运输和代谢（P）、碳水化合物运输和代谢（G），这些功能蛋白与微生物生长繁殖等生命活动密切相关，即细胞水平以基因转录合成大分子功能蛋白为主，其为细胞进行高效的生命活动提供有利的前提条件。其次是以信号转导机制（T）、蛋白质翻译、核糖体结构和形成（J）、DNA 复制、重组和修复（L）、脂质运输和代谢（I）、翻译后修饰，蛋白质折叠与分子伴侣（O）、辅酶运输和代谢（H）等参与细胞小分子蛋白合成、能源消耗以及信号传递的功能蛋白为主。COG 功能分类的平均相对丰度越高，表明其在细胞的生长、繁殖中发挥的作用越大。

上述 COG 功能分类的平均相对丰度越高，表明在高原地区 A²O 工艺中，它们对微生物细胞的生长和繁殖起着越重要的作用。优势的 COG 功能分类与亚高原地区的相关研究较为相似，但高原地区抑制了细胞运动（N）、RNA 合成和修饰（A）、染色质结构和动力学（B）、细胞骨架（Z）及细胞周期调控、细胞分裂、染色体分区（D）这些与微生物生长和信号传导有关的 COG

功能分类。与平原地区相比较，氨基酸运输和代谢（E）、基因转录（K）、碳水化合物运输和代谢（G）在高原地区发挥的作用较大，而信号转导机制（T）、DNA复制、重组和修复（L）在高原地区发挥的作用相对较小。

根据COG家族信息，对四个工况（UV为0 min除外）下各丰度前20的COG进行汇总，得到了不同工况下COG功能蛋白信息描述，见表5-2。

表5-2 COG功能蛋白信息（前20）

COG	功能蛋白/酶	温度	DO	HRT	UV
COG1028	脱氢酶/还原酶	√	√	√	√
COG0583	转录调节因子	√	√	√	√
COG2814	膜转运蛋白	√	√	√	√
COG1309	转录调节因子	√	√	√	√
COG0642	组氨酸激酶	√	√	√	√
COG1595	RNA聚合酶	√	√	√	√
COG1629	受体	√	√	√	√
COG0745	生长调节因子	√	√	√	√
COG1960	酰基辅酶A脱氢酶	√	√	√	√
COG0596	α/β水解酶	√	√	√	√
COG0438	糖基转移酶（第1组）	√	√	√	√
COG2207	转录调节因子AraC系列	√	√	√	√
COG2197	两组分转录调节子，LuxR家族	√	√	√	√
COG1012	脱氢酶	√	√	√	√
COG0318	Amp依赖的合成酶和连接酶	√	√	√	√
COG1024	烯酰辅酶A水合酶	√	√	√	√
COG2226	脱甲基甲萘醌（DMKH2）转化为甲萘醌（MKH2）所需的甲基转移酶	√	√	√	√
COG1846	转录调节剂	√	√	√	√
COG1131	ABC转运蛋白		√	√	√
COG0451	Nad依赖性差向异构酶脱水酶	√		√	
COG3181	胞质溶质受体家族蛋白	√			
COG0673	氧化还原酶				√
COG2141	单加氧酶		√		

对丰度前 20 的 COG 进行汇总，共得到 23 种 COG 功能蛋白，有 18 种功能蛋白在所有的工况中为优势功能蛋白，说明这些 COG 功能蛋白对微生物细胞活动是极其重要的，是所有细胞活动和反应的重要功能；COG1131 的功能蛋白为 ABC 转运蛋白，在 DO、HRT 及 UV 下为优势蛋白，说明了温度对其产生了一定程度的抑制作用；COG0451 的功能蛋白为 Nad 依赖性差向异构酶脱水酶，在 HRT 和温度两个工况下为优势蛋白，说明对应的工况对其具有强化作用。COG3181 的功能蛋白为胞质溶质受体家族蛋白，仅在温度工况下为优势蛋白，即温度对其具有明显的强化作用；COG0673 的功能蛋白为氧化还原酶，仅在 UV 工况下为优势蛋白，即 UV 对其具有明显的强化作用；COG2141 的功能蛋白为单加氧酶，仅在 DO 下为优势蛋白，即 DO 对其强化作用较明显。

对四个工况下各反应器的 COG 丰度进行求和并排序，根据 COG 丰度前 20 的 COG，得出四个工况下优势 COG 相对丰度，见表 5-3。

表 5-3 四个工况下 COG 功能蛋白信息（前 20）

工况		厌氧池/%	缺氧池/%	好氧池/%	平均丰度/%
温度/°C	25	10.303	10.107	10.077	10.162
	20	9.998	10.422	10.105	10.175
	15	10.190	9.942	10.142	10.091
	10	10.026	9.960	9.939	9.975
	平均丰度/%	10.129	10.108	10.066	10.101
DO/（mg/L）	2.0	10.799	9.913	10.161	10.291
	1.5	10.508	10.047	10.386	10.314
	1.0	10.397	10.097	10.113	10.202
	0.5	10.177	10.143	10.078	10.133
	平均丰度/%	10.470	10.050	10.184	10.235
HRT/h	26.25	9.859	9.866	9.869	9.865
	21.00	9.966	10.095	10.025	10.029
	17.50	9.938	10.064	10.150	10.051
	15.00	9.935	9.296	10.128	9.786
	平均丰度/%	9.925	9.830	10.043	9.933

续表

工况		厌氧池/%	缺氧池/%	好氧池/%	平均丰度/%
UV/min	0	10.915	10.819	10.488	10.741
	5	10.441	10.368	10.503	10.437
	10	10.196	10.073	9.979	10.083
	30	9.680	10.016	9.928	9.875
	180	9.824	9.804	9.662	9.763
平均丰度/%		10.035	10.065	10.018	10.180

温度工况下共有 4 512 种功能蛋白,种类少于 DO 和 HRT 工况下的种类,前 20 种 COG 功能蛋白占比为 10%左右;不同温度时,优势 COG 功能蛋白相对丰度由高到低对应的温度为 20 ℃>25 ℃>15 ℃>10 ℃,这与亚高原地区温度更低时 COG 蛋白相对丰度更高的变化规律不一致,说明温度为 20 ℃时细胞利用 COG 功能蛋白活动和反应最活跃;对不同反应器进行分析,优势 COG 功能蛋白相对丰度由高到低对应的反应器为厌氧池>缺氧池>好氧池,说明细胞利用 COG 功能蛋白的活性厌氧池>缺氧池>好氧池,这可能与污水营养从厌氧池到缺氧池再到好氧池逐渐降低的过程有关;根据各参数和各反应器下优势 COG 功能蛋白相对丰度分析可知,温度为 20 ℃时厌氧池中活性污泥样品 COG 功能蛋白丰度最高,与温度工况和反应器的分析相印证。

DO 工况下共有 4 559 种功能蛋白,前 20 种 COG 功能蛋白相对丰度占所有 COG 功能蛋白总丰度的 10%左右,占比不大是因为 COG 功能蛋白的种类太多所导致。不同 DO 时,优势 COG 功能蛋白相对丰度由高到低对应的 DO 为 1.5 mg/L>2.0 mg/L>1.0 mg/L>0.5 mg/L,DO 为 1.5 mg/L 时细胞利用 COG 功能蛋白活动和反应最活跃。对不同反应器进行分析,优势 COG 功能蛋白相对丰度由高到低对应的反应器为厌氧池>好氧池>缺氧池,说明细胞利用 COG 功能蛋白的活性厌氧池>好氧池>缺氧池,即优势 COG 功能蛋白在缺氧池的活性较其他两个反应器变差。根据各参数和各反应器下优势 COG 功能蛋白相对丰度分析可知,DO 为 1.5 mg/L 时厌氧池中活性污泥样品 COG 功能蛋白丰度最高,与 DO 工况和反应器的分析相印证。

HRT 工况下共有 4 546 种功能蛋白，其种类少于 DO 工况下的种类，前 20 种 COG 功能蛋白占比也为 10%左右。不同 HRT 时，优势 COG 功能蛋白相对丰度由高到低对应的 HRT 为 17.50 h>21.00 h>26.25 h>15.00 h，说明 HRT 为 17.50 h 时细胞利用 COG 功能蛋白活动和反应最活跃，其停留时间越长，功能蛋白活性越差。对不同反应器进行分析，优势 COG 功能蛋白相对丰度和由高到低对应的反应器为好氧池>厌氧池>缺氧池。说明细胞利用 COG 功能蛋白的活性好氧池>厌氧池>缺氧池，即污水从好氧池由污泥回流到厌氧池再到缺氧池的反应过程使得 COG 功能蛋白的活性越来越差。根据各参数和各反应器下优势 COG 功能蛋白相对丰度分析可知，HRT 为 17.50 h 时厌氧池中活性污泥样品 COG 功能蛋白丰度最高，这与 HRT 工况和反应器的分析相印证。COG0583 的功能蛋白为转录调节因子，其为高原环境下的优势功能蛋白。

UV 工况下共有 4 576 种功能蛋白，其种类大于其余三个工况下的种类，前 20 种 COG 功能蛋白占比依然为 10%左右。不同 UV 时，优势 COG 功能蛋白相对丰度由高到低对应的 UV 为 0 min>5 min>10 min>30 min>180 min，说明 UV 为 0 min 时细胞利用 COG 功能蛋白活动和反应最活跃，即紫外线照射时间越长，其 COG 功能蛋白活性越差。对不同反应器进行分析，优势 COG 功能蛋白相对丰度由高到低对应的反应器为缺氧池>厌氧池>好氧池。细胞利用 COG 功能蛋白的活性缺氧池>厌氧池>好氧池，即污水从缺氧池到厌氧池再到好氧池的反应过程使得 COG 功能蛋白的活性越来越差。根据各参数和各反应器下所有 COG 功能蛋白总丰度分析可知，UV 为 0 min 时好氧池中活性污泥样品 COG 功能蛋白丰度最高。

UV 工况下的功能蛋白种类最多，DO 工况下的功能蛋白种类次之，HRT 工况下的功能蛋白种类排第 3 位，温度工况下的功能蛋白种类排第 4 位。UV 对 COG 功能蛋白的种类均有较大的强化作用，而 HRT 和温度对 COG 功能蛋白的种类具有不同程度的抑制作用。

5.2 活性污泥微生物群落代谢途径

为进一步探讨高原生境下 A²O 工艺中群落微生物进行污染物代谢的途

径，筛选出各工况下丰度前 20 的代谢途径，见表 5-4。

表 5-4 活性污泥优势代谢途径（前 20）

代谢途径	代谢功能	温度	DO	HRT	UV
ko02010	ABC 转运蛋白	√	√	√	√
ko02020	细菌双组分调节系统	√	√	√	√
ko00230	嘌呤代谢	√	√	√	√
ko03010	核糖体	√	√	√	√
ko00190	氧化磷酸化	√	√	√	√
ko00240	嘧啶代谢	√	√	√	√
ko00650	丁酸代谢	√	√	√	√
ko00330	精氨酸和脯氨酸代谢	√	√	√	√
ko00280	缬氨酸、亮氨酸和异亮氨酸降解	√	√	√	√
ko00620	丙酮酸代谢	√	√	√	√
ko00640	丙酸酯代谢	√	√	√	√
ko00720	原核生物中的碳固定途径	√	√	√	√
ko00010	糖酵解/糖异生	√	√	√	√
ko00071	脂肪酸代谢	√	√	√	√
ko00680	甲烷代谢	√	√	√	√
ko00260	甘氨酸、丝氨酸和苏氨酸代谢	√	√	√	√
ko00970	氨酰-tRNA 生物合成	√	√	√	√
ko00250	丙氨酸、天门冬氨酸和谷氨酸代谢	√	√	√	√
ko00520	氨基糖和核苷酸糖代谢	√	√	√	√
ko00860	卟啉与叶绿素代谢	√	√	√	√

由表 5-4 可知：四个工况中的优势代谢途径相同，其中 ABC 转运蛋白属于蛋白质家族，可通过水解 ATP 产生的能量进行主动运输，为蛋白质合成和离子运输提供了前提条件。细菌双组分调节系统广泛存在于细菌中，主要功

能为应对外界环境的变化,及时作出适宜自身生长的作用,即对环境变化有较强的适应能力,故推测因高原特殊生境条件导致该代谢途径为优势代谢途径之一。另外,嘌呤代谢、核糖体、氧化磷酸化、嘧啶代谢、丁酸代谢途径与精氨酸和脯氨酸代谢属于氮代谢和磷代谢途径,这些代谢途径为污水中氮和磷的去除密切相关,且与污水中常含蛋白质、脂质等污染物相一致。其余代谢途径中,以碳代谢途径最多。如缬氨酸、亮氨酸和异亮氨酸降解、丙酮酸代谢、丙酸酯代谢、原核生物中的碳固定途径等途径均属于碳代谢,这些代谢途径与污水中有机污染物的去除密切相关。由分析可知:在代谢途径水平上 A^{2}O 工艺以碳、氮和磷代谢途径为主要的污染物代谢途径。

由表 5-5 可知:温度工况下样本中优势代谢途径丰度占该样本总代谢途径丰度值为 25.929% ~ 26.276%,表明优势代谢途径可以代表该样本的总代谢途径变化;代谢途径相对丰度排序为 25 ℃>15 ℃>20 ℃>10 ℃,25 ℃ 时各污染物代谢最快,污水处理效能最高;样本中 ko02010 代谢途径均为各样本中丰度最大值;10 ℃ 时优势代谢途径丰度在缺氧池中最大,其原因为低温条件下缺氧池代谢活动受到抑制作用较小,尚能满足细胞的生命代谢;15 ℃ 和 25 ℃ 时优势代谢途径丰度在缺氧池中最大,其原因为随着温度有一定程度的提升,缺氧池中微生物活性有较为明显的恢复,且缺氧池中营养物质充足,导致其代谢途径丰度的增加;20 ℃ 时优势代谢途径丰度在缺氧池中最大,其原因为随着温度的提升,缺氧池内兼性厌氧型微生物活性恢复较快,厌氧池和好氧池微生物活性恢复较为缓慢,导致缺氧池代谢途径丰度最大。

表 5-5 四个工况下活性污泥细菌群落优势代谢途径(前 20)

工况		厌氧池/%	缺氧池/%	好氧池/%	平均丰度/%
温度/℃	25	26.037	26.428	26.322	26.276
	20	26.318	26.096	26.065	26.160
	15	26.289	26.300	25.965	26.194
	10	25.945	25.994	25.862	25.929
	平均丰度/%	26.165	26.210	26.046	26.142

续表

工况		厌氧池/%	缺氧池/%	好氧池/%	平均丰度/%
DO/(mg/L)	2.0	26.300	26.544	26.630	26.503
	1.5	26.916	26.931	26.496	26.769
	1.0	26.556	26.156	26.349	26.341
	0.5	26.620	26.231	26.237	26.368
	平均丰度/%	26.610	26.457	26.426	26.493
HRT/h	26.25	25.954	26.035	25.934	25.973
	21.00	25.924	26.176	25.971	26.027
	17.50	26.565	26.271	26.173	26.341
	15.00	26.034	26.885	26.126	26.288
	平均丰度/%	26.115	26.302	26.050	26.150
UV/min	0	27.294	27.200	26.960	27.146
	5	26.850	27.179	26.987	26.994
	10	26.559	26.761	26.178	26.498
	30	26.248	26.117	25.886	26.083
	180	26.440	26.211	25.957	26.194
	平均丰度/%	26.682	26.726	26.410	26.583

DO 工况下样本中优势代谢途径总丰度占该样本总代谢途径丰度值为 26.341%~26.769%，表明优势代谢途径可以代表该样本的总代谢途径变化；代谢途径相对丰度排序为 1.5 mg/L>2.0 mg/L>0.5 mg/L>1.0 mg/L，即 1.5 mg/L 时各污染物代谢最快，污水处理效能最高，即高 DO 时优势代谢途径丰度高；样本中 ko02010 代谢途径均为各样本中丰度最大值；0.5 mg/L 和 1.0 mg/L 时，厌氧池优势代谢途径相对丰度最高，其原因为低 DO 对厌氧微生物影响不大，但兼性和好氧微生物影响较为显著，即厌氧池代谢途径不受影响；2.0 mg/L 时，好氧池优势代谢途径相对丰度较高，其原因为好氧池中曝气量较为适中，

适宜更多好氧微生物的生长，导致好氧池中代谢途径明显高于其他两个反应池，缺氧池内部为缺氧环境微生物细胞依靠水中的 DO 进行代谢活动，但因其水表面与空气直接接触，加上搅拌器的搅拌作用可以为缺氧池提供更多的 DO，更适宜微生物细胞进行生命代谢活动，厌氧池中因环境单一，导致其仅存在单一的厌氧微生物，故其代谢途径丰度最小；1.5 mg/L 时各反应池中优势代谢途径丰度排序为缺氧池>好氧池>厌氧池，因此时曝气量过小，水中 DO 含量偏低，抑制厌氧和好氧微生物的正常代谢活动，导致缺氧池中代谢途径丰度较高。

HRT 工况下样本中优势代谢途径总丰度占该样本总代谢途径丰度值为 25.973%～26.431%，表明优势代谢途径可以代表该样本的总代谢途径变化；代谢途径相对丰度排序为 17.50 h>15.00 h>21.00 h>26.25 h，17.50 h 时各污染物代谢最快，污水处理效能最高；样本中 ko02010 代谢途径均为各样本中丰度最大值；同一工况下各反应池中优势代谢途径丰度波动较小，其原因为 HRT 工况下各反应池除进水流量有变化外，其余参数条件均无变化，进水流量改变只增加了污水中营养物的含量，但各反应池微生物细胞均为正常的代谢活动，故各反应池中代谢途径丰度并无明显变化。

UV 工况下样本中优势代谢途径总丰度占该样本总代谢途径丰度值为 26.083%～27.146%，表明优势代谢途径可以代表该样本的总代谢途径变化；代谢途径相对丰度排序为 0 min>5 min>10 min>30 min>180 min，0 min 时代谢途径丰度最大，此时各污染物代谢最快，污水处理效能最高，即 UV 照射会降低优势代谢途径丰度；样本中 ko02010 代谢途径均为各样本中丰度最大值；0 min 时优势代谢途径丰度在缺氧池中最大，此时为 UV 工况的空白对照组；30 min 和 180 min 时优势代谢途径丰度在厌氧池中最大，其原因为 UV 在好氧池照射后抑制了微生物细胞的活性，污泥回流后进入厌氧池，此时微生物活性有一定程度的恢复，导致此时厌氧池中代谢丰度最大；5 min 和 10 min 时优势代谢途径丰度均在缺氧池中最大，其原因为过量的 UV 照射使得微生物发生活性减弱并消耗大量的营养物质，使其在缺氧池中的代谢途径丰度有明显的恢复。

5.3 活性污泥微生物群落中的酶系及其丰度

根据 OTU 对应的酶信息，对四个工况（UV 为 0 min 除外）下丰度前 20 的酶进行汇总，得出不同工况下优势酶及其信息描述，见表 5-6。

表 5-6 优势酶信息统计（前 20）

酶	酶功能	温度	DO	HRT	UV
4.2.1.17	烯酰辅酶 A 水合酶	√	√	√	√
2.7.7.7	易错 DNA 聚合酶	√	√	√	√
2.3.1.9	乙酰辅酶 A C-乙酰转移酶	√	√	√	√
1.2.1.3	醛脱氢酶（NAD$^+$）	√	√	√	√
3.6.3.14	ATP 依赖性 RNA 解旋酶 DHX58	√	√	√	√
2.7.13.3	拟南芥组氨酸激酶 2/3/4（细胞分裂素受体）	√	√	√	√
2.7.7.6	DNA 指导的 RNA 聚合酶亚基 B	√	√	√	√
1.1.1.100	β-酮酰基 ACP 还原酶	√	√	√	√
1.1.1.284	S-（羟甲基）谷胱甘肽脱氢酶	√	√	√	√
1.1.1.1	醇脱氢酶	√	√	√	√
1.1.1.35 4.2.1.17 5.1.2.3	3-羟酰基辅酶 A 脱氢酶 烯酰辅酶 A 水合酶 3-羟基丁酰辅酶 A 差向异构酶	√	√	√	√
3.6.4.12	ATP 依赖性 DNA 解旋酶 PIF1	√	√	√	√
1.2.4.1	丙酮酸脱氢酶 E1 成分	√	√	√	√
6.2.1.3	长链脂肪酸--CoA 连接酶 ACSBG	√	√	√	√
1.3.99.3	酰基辅酶 A 脱氢酶	√	√	√	√
2.6.1.1	谷草转氨酶（线粒体）	√	√	√	√
1.6.5.3	NADH 脱氢酶 I 亚基 B/C/D	√	√	√	√
2.6.1.9	组氨醇磷酸氨基转移酶	√	√	√	√
2.2.1.6	乙酰乳酸合酶 II 小亚基	√	√	√	√
6.3.1.2	谷氨酰胺合成酶		√	√	√
1.1.1.267	1-脱氧-D-木酮糖-5-磷酸还原异构酶		√		√
2.1.1.-	7SK snRNA 甲基磷酸加帽酶	√			

对酶丰度前 20（优势酶）的 COG 进行汇总，共得到 24 种酶功能，共有 19 种酶在所有的工况中为优势酶，说明这些酶功能在微生物细胞生长和繁殖中是必不可少的，是所有细胞活动和反应的重要催化剂。

烯酰辅酶 A 水合酶（4.2.1.17）属于水解酶，主要的作用是进行碳代谢和氨基酸的降解。易错 DNA 聚合酶（2.7.7.7），主要作用是进行 DNA 的复制。乙酰辅酶 A C-乙酰转移酶（2.3.1.9）属于转移酶，主要作用是进行碳代谢和氮代谢。醛脱氢酶（NAD^+）（1.2.1.3）属于氧化还原酶，可发生醛 + NAD^+ + H_2O══羧酸盐 + NADH + H^+的反应，主要作用是进行氨基酸的降解和为细胞储存能量。ATP 依赖性 RNA 解旋酶 DHX58（3.6.3.14）属于水解酶，主要作用是参与磷代谢。拟南芥组氨酸激酶 2/3/4（细胞分裂素受体）（2.7.13.3）属于转移酶，主要参与细菌双组分系统的代谢。DNA 指导的 RNA 聚合酶亚基 B(2.7.7.6)，主要参与 RNA 的聚合反应。β-酮酰基 ACP 还原酶(1.1.1.100)，属于转移酶，主要参与碳代谢和氨基酸降解。

S-（羟甲基）谷胱甘肽脱氢酶（1.1.1.284）和醇脱氢酶（1.1.1.1），均属于氧化还原酶，前者主要参与甲烷代谢，后者主要参与脂肪酸降解和甘氨酸、丝氨酸、苏氨酸的代谢。另有三种酶的丰度完全相同，它们的名称及功能分别是：3-羟酰基辅酶 A 脱氢酶（1.1.1.35）属于氧化还原酶，主要进行碳代谢；烯酰辅酶 A 水合酶（4.2.1.17）属于水解酶，主要进行碳代谢；3-羟基丁酰辅酶 A 差向异构酶（5.1.2.3）属于异构酶，主要参与脂肪酸降解与丁酸酯代谢。

ATP 依赖性 DNA 解旋酶 PIF1（3.6.4.12）属于裂解酶，发生 ATP + H_2O══ADP + 磷酸盐的反应，主要作用为消耗能量，主要参与 DNA 的复制、重组及分解。丙酮酸脱氢酶 E1 成分（1.2.4.1）属于氧化还原酶，发生丙酮酸 + [二氢脂酰赖氨酸残基乙酰转移酶]脂酰赖氨酸══[二氢脂酰赖氨酸残基乙酰转移酶] S-乙酰基二氢脂酰赖氨酸 + CO_2 的反应，主要参与碳代谢。长链脂肪酸 CoA 连接酶 ACSBG（6.2.1.3）属于连接酶，发生 ATP + 长链脂肪酸 + CoA══AMP + 二磷酸 + 酰基 CoA 的反应，主要参与脂肪酸的合成及降解。谷草转氨酶（线粒体）（2.6.1.1）属于转移酶，主要参与丙氨酸，天冬氨酸和谷氨酸的代谢。酰基辅酶 A 脱氢酶（1.3.99.3）和 NADH 脱氢酶 I 亚基 B／C／D（1.6.5.3）均属于氧化还原酶。

第5章 A²O系统脱氮除磷机理分析

2.6.1.9 的酶功能为组氨醇磷酸氨基转移酶，在 HRT、温度及 UV（0 min 不计在内）3 个工况下为优势酶，说明了 DO 对其产生了一定程度的抑制作用。其属于转移酶，主要参与组氨酸、酪氨酸及苯丙氨酸的代谢。2.2.1.6 的酶功能为乙酰乳酸合酶Ⅱ小亚基，在 DO、HRT 和温度 3 个工况下为优势酶，说明了 UV 对其产生了一定程度的抑制作用。其属于转移酶，发生 2 丙酮酸══2-乙酰乳酸 + CO_2 的反应，主要参与缬氨酸、亮氨酸和异亮氨酸的合成及丁酸酯的代谢。6.3.1.2 的酶功能为谷氨酰胺合成酶，在 DO、HRT 和 UV 工况下为优势酶，说明了温度对其产生了一定程度的抑制作用。其属于连接酶，发生 ATP + L-谷氨酸 + NH_3══ADP + 磷酸盐 + L-谷氨酰胺的反应，主要参与氮代谢。

1.1.1.267 的酶功能为 1-脱氧-D-木酮糖-5-磷酸还原异构酶，在 DO 和 UV 的工况下为优势蛋白，这两个工况对其具有一定程度的强化作用。其属于氧化还原酶，发生 2-C-甲基-D-赤藓糖醇 4-磷酸酯 + $NADP^+$══1-脱氧-D-木酮糖 5-磷酸酯 + NADPH + H^+ 的反应，主要参与萜类骨架和次生代谢产物的生物合成。2.1.1.- 的酶功能为 7SK snRNA 甲基磷酸加帽酶，仅在温度工况下为优势酶，说明温度对其强化作用较明显。

对四个工况下各反应器的酶丰度进行求和并排序，根据酶总丰度前 20 的酶，得出温度、DO、HRT 及 UV 四个工况下各参数及各反应器的 COG 的丰度，见表 5-7。

表 5-7 四个工况下酶的丰度（前 20）

工况		厌氧池/%	缺氧池/%	好氧池/%	平均丰度/%
温度/℃	25	24.340	24.388	24.135	24.295
	20	23.872	24.337	23.793	24.017
	15	24.584	23.939	23.708	24.106
	10	23.135	23.076	22.783	22.984
	平均丰度/%	24.012	23.994	23.578	23.865
DO/（mg/L）	2.0	26.227	24.838	24.465	25.121
	1.5	25.674	25.080	24.608	25.096
	1.0	24.392	22.860	23.623	23.577
	0.5	24.331	23.141	23.514	23.679
	平均丰度/%	25.113	23.935	24.040	24.337

续表

工况		厌氧池/%	缺氧池/%	好氧池/%	平均丰度/%
HRT/h	26.25	23.397	23.303	23.400	23.368
	21.00	23.498	24.125	23.224	23.623
	17.50	24.192	23.886	23.806	23.966
	15.00	23.529	23.929	23.473	23.612
	平均丰度/%	23.647	23.798	23.476	23.635
UV/min	0	26.367	25.746	25.056	25.697
	5	25.283	25.377	24.974	25.205
	10	24.261	23.911	23.256	23.812
	30	22.835	23.006	22.723	22.852
	180	23.553	23.031	22.852	23.139
	平均丰度/%	24.493	24.286	23.811	24.141

温度工况下共有 1 814 种酶，其种类少于 DO 工况下的种类，多于 HRT 工况下的种类，前 20 种优势酶的总丰度占所有酶的总丰度的百分比为 22.984%～24.295%；不同温度时，优势酶的相对丰度由高到低对应的温度为 25 ℃>15 ℃>20 ℃>10 ℃，与温度工况下代谢途径的变化规律相一致；温度为 25 ℃ 时酶活性最高、细胞代谢最活跃；不同反应器内，优势酶的相对丰度和所有酶的总丰度由高到低对应的反应器为厌氧池>缺氧池>好氧池，与温度工况下 COG 功能蛋白的变化规律相一致；酶活性和细胞的活跃程度为厌氧池>缺氧池>好氧池，可能由于污水从好氧池到厌氧池的混合液回流大于好氧池到沉淀池的反应过程使得酶活性越来越高；根据各参数和各反应器下所有酶的优势酶的相对丰度、各种酶的丰度分析可知，温度为 25 ℃ 时缺氧池中活性污泥样品酶丰度最高，与温度工况和反应器的分析相印证，也与温度工况下代谢途径的变化规律相一致。

DO 工况下共有 1 815 种酶，前 20 种优势酶的总丰度占所有酶的总丰度的百分比为 23.577%～25.121%，在一定程度上可表示所有酶的变化规律；不同 DO 时，优势酶相对丰度由高到低对应的 DO 为 2.0 mg/L>1.5 mg/L>

0.5 mg/L>1.0 mg/L，与 DO 工况下 COG 功能蛋白的变化规律相近；2.0 mg/L 时酶活性最高、细胞代谢最活跃，即高 DO 时酶活性强；不同反应器内，优势酶的相对丰度由高到低对应的反应器为厌氧池>好氧池>缺氧池，说明酶活性和细胞的活跃程度为厌氧池>好氧池>缺氧池，即污水的反应过程中酶活性在兼性条件变差；根据各参数和各反应器下优势酶的相对丰度分析可知，2.0 mg/L 时好氧池中活性污泥样品酶丰度最高，这与 DO 工况和反应器的分析相印证，也与 DO 工况下 COG 功能蛋白的变化规律相一致。

HRT 工况下共有 1 806 种酶，其种类少于 DO 工况下的种类，前 20 种优势酶的总丰度占所有酶的总丰度的百分比为 23.368%～23.966%；不同 HRT 时，优势酶的相对丰度由高到低对应的 HRT 为 17.50 h>21.00 h>15.00 h>26.25 h，与 HRT 工况下代谢途径的变化规律相一致；17.50 h 时酶活性最高、细胞代谢最活跃。对不同反应器进行分析，优势酶的相对丰度由高到低对应的反应器为厌氧池>好氧池>缺氧池，与 HRT 工况下 COG 功能蛋白的变化规律相一致；酶活性和细胞的活跃程度为缺氧池>厌氧池>好氧池，即污水兼性条件下酶的生物活性最强；根据各参数和各反应器下所有酶的相对丰度分析可知，HRT 为 17.50 h 时厌氧池中活性污泥样品酶相对丰度最高，也与 HRT 工况下代谢途径的变化规律相一致。

UV 工况下共有 1810 种酶，其种类少于 DO 和温度两个工况下的种类，多于 HRT 工况下的种类，前 20 种优势酶的总丰度占所有酶的总丰度的百分比为 22.852%～25.697%；不同 UV 时，优势酶的相对丰度由高到低对应的 UV 为 0 min>5 min>30 min>10 min>180 min，上述规律与代谢途径较为相近，即 UV 为 0 min 时优势酶的活性最高、细胞代谢最活跃；不同反应器内，优势酶的相对丰度由高到低对应的反应器为厌氧池>缺氧池>好氧池，与温度工况的相一致；根据各参数和各反应器下优势酶的相对丰度分析可知，不同分析角度下酶活性最高时对应的照射时间和反应池中活性污泥样品均不相同；说明各种酶的活性在不同 UV 照射时间下各反应器中的变化规律不一样。这可能是因为 UV 对部分酶活性产生了一定程度的强化或抑制作用。

DO 工况下酶的种类和优势酶相对丰度均为最高，HRT 工况下酶的种类和优势酶相对丰度均最少，温度工况下酶的种类次之、优势酶相对丰度排第3位，UV 工况下酶的种类为第3位、优势酶相对丰度为第2位。DO 对酶的种类和优势酶丰度具有不同程度的强化作用，HRT 对酶的种类和优势酶丰度具有较强的抑制作用，温度对酶的种类和优势酶丰度的强化或抑制作用不明显，UV 对酶的种类具有一定程度的抑制作用，而对优势酶的相对丰度具有较强的抑制作用。

高原环境下菌体细胞内的生化反应速率会大大降低，此时菌体内会合成相应的适冷酶，用以维持足够的代谢途径。现阶段已发现的适冷酶主要有核糖核酸酶、RNA 聚合酶、铁超氧化物歧化酶、碱性磷酸酶。这类酶在西藏高原污水处理系统中丰度相对较高，是细菌群落适应低温环境的生化基础。

5.4 微生物功能基因丰度

为进一步探讨高原生境下 A^{2}O 工艺中群落微生物基因功能，筛选出各工况下丰度前20的基因，见表5-8。各运行工况中的优势基因略有差别，其中 DO、HRT 和温度运行工况下有19个基因相同，DO 工况中特有 *ABC.FEV.S* 基因，HRT 和温度工况中特有 *PGAM*、*gpmA*；UV 工况中有16种基因，和 HRT、温度工况相同，其中特有基因包括 *PGAM*、*gpmA*、*TST*、*MPST*、*sseA*、*ABC.FEV.P* 和 *ppx-gppA*。

表5-8 优势基因信息统计（前20）

KO	基因名称	代谢功能	温度	DO	HRT	UV
K01692	*paaF*、*echA*	烯酰辅酶 A 水合酶[EC：4.2.1.17]	√	√	√	√
K00059	*fabG*、*OAR1*	3-氧代酰基-[酰基载体蛋白]还原酶[EC：1.1.1.100]	√	√	√	√
K02035	*ABC.PE.S*	肽/镍转运系统底物结合蛋白	√	√	√	√
K01999	*livK*	支链氨基酸转运系统底物结合蛋白	√	√	√	√
K00257	*mbtN*、*fadE14*	酰基-ACP 脱氢酶[EC：1.3.99.0]	√	√	√	√
K00626	*ACAT*、*atoB*	乙酰辅酶 A C-乙酰转移酶[EC：2.3.1.9]	√	√	√	√

续表

KO	基因名称	代谢功能	温度	DO	HRT	UV
K02433	gatA、QRSL1	天冬氨酰-tRNA（Asn）/谷氨酰-tRNA（Gln）氨基转移酶亚基[EC：6.3.5.6 6.3.5.7]	√	√	√	√
K03406	mcp	甲基接受趋化蛋白	√	√	√	√
K01996	livF	支链氨基酸转运系统ATP结合蛋白	√	√	√	√
K02034	ABC.PE.P1	肽/镍转运系统通透酶蛋白	√	√	√	√
K02033	ABC.PE.P	肽/镍转运系统通透酶蛋白	√	√	√	√
K01998	livM	支链氨基酸转运系统通透酶蛋白	√	√	√	√
K01997	livH	支链氨基酸转运系统通透酶蛋白	√	√	√	
K01897	ACSL、fadD	长链酰基辅酶A合成酶[EC：6.2.1.3]	√	√	√	√
K00799	GST、gst	谷胱甘肽S-转移酶[EC：2.5.1.18]	√	√	√	√
K01995	livG	支链氨基酸转运系统ATP结合蛋白	√	√	√	√
K00128	ALDH	醛脱氢酶（NAD$^+$）[EC：1.2.1.3]	√	√	√	√
K00249	ACADM、acd	酰基辅酶A脱氢酶[EC：1.3.8.7]	√	√	√	√
K02032	ddpF	肽/镍转运系统ATP结合蛋白	√	√	√	√
K01834	PGAM、gpmA	2,3-双磷酸甘油酯依赖性磷酸甘油酯突变酶[EC：5.4.2.11]	√		√	√
K02016	ABC.FEV.S	铁配合物转运系统底物结合蛋白		√		√
K01011	TST、MPST、sseA	硫代硫酸盐/3-巯基丙酮酸硫转移酶[EC：2.8.1.1 2.8.1.2]				√
K02015	ABC.FEV.P	铁络合物转运系统通透酶蛋白				√
K01524	ppx-gppA	外多磷酸酶/鸟苷5'-三磷酸、3'-二磷酸焦磷酸酶[EC：3.6.1.11 3.6.1.40]				√

由上可知：DO、HRT 和温度条件对优势基因类别影响不大，仅在 DO 工况有一类特有基因 ABC.FEV.S，该基因通过跨膜运输将 Fe^{3+} 运送到细胞质膜需要消耗一定的能量，故其通过反应消耗 DO 为自身基因表达供能，造成该

基因丰度较大；UV 工况时优势基因类别变化较大，与 HRT 和温度工况相比，有 4 种基因类别不同；其中，推测 *ABC.FEV.S* 基因经 UV 照射后，自身蛋白功能有所改变导致该基因表达活性增强；*TST* 与 *MPST*、*sseA* 和 *ABC.FEV.P* 均属于物质运输功能的基因，经 UV 照射后推测此类基因序列发生变异，导致其表达蛋白活性增强，丰度增大；*ppx-gppA* 基因产物参与 DNA 的复制和翻译，且作为能量载体和信号传导功能存在于细胞内，经 UV 照射后细胞活性出现较为明显的增加，促使此类能量转化与基因表达增多，导致其丰度变大。

由表 5-9 可知：温度工况下，各样本中优势基因丰度占该样本总基因丰度比值为 4.046%～4.496%，表明优势基因丰度变化可以在一定程度上代表该样本的总基因丰度变化；基因相对丰度排序为 20 ℃>25 ℃>15 ℃>10 ℃，即温度为 20 ℃ 时 A^2O 工艺中基因丰度最大，此时基因表达最多，基因丰度最大；各样本中 *paaF* 与 *echA* 基因均为各样本中丰度最大值，该基因主要参与各类氨基酸代谢和碳水化合物固定的途径，表明高原生境 A^2O 工艺中碳、氮代谢占据重要地位；10 ℃ 时优势基因丰度在厌氧池中最大，其原因为低温条件下各反应池基因表达均受到抑制，但因缺氧池内厌氧条件的基因表达受限较小，故此时缺氧池中基因丰度最大；15 ℃ 时优势基因丰度在厌氧池中最大，其原因为随着温度的提升，各反应池基因表达能力均有所恢复，但因厌氧池中营养物质充足，导致其代谢途径丰度最大；20 ℃ 和 25 ℃ 时优势基因丰度均在缺氧池中最大，其原因为随着温度的进一步提升，缺氧池内与兼性厌氧型微生物相关的基因活性恢复较快，且适宜的温度条件更加适合此类基因的表达，故缺氧池中基因丰度最大。

表 5-9 四个工况下的基因丰度（前 20）

工况		厌氧池/%	缺氧池/%	好氧池/%	平均丰度/%
温度/℃	25	4.222	4.303	4.176	4.239
	20	4.532	4.583	4.353	4.496
	15	4.378	4.136	3.922	4.160
	10	4.110	4.099	3.948	4.046
	平均丰度/%	4.326	4.303	4.101	4.245

续表

工况		厌氧池/%	缺氧池/%	好氧池/%	平均丰度/%
DO/(mg/L)	2.0	4.496	4.625	4.663	4.601
	1.5	5.233	5.112	4.797	5.036
	1.0	4.731	4.136	4.416	4.408
	0.5	4.712	4.241	4.335	4.436
	平均丰度/%	4.804	4.515	4.551	4.617
HRT/h	26.25	3.863	3.856	3.875	3.865
	21.00	4.191	4.471	4.096	4.256
	17.50	4.275	4.046	3.995	4.109
	15.00	4.255	4.419	4.272	4.304
	平均丰度/%	4.140	4.189	4.058	4.127
UV/min	0	4.822	4.733	4.497	4.678
	5	4.565	4.783	4.543	4.622
	10	4.193	4.316	3.941	4.149
	30	3.859	3.822	3.718	3.799
	180	4.050	3.879	3.754	3.890
	平均丰度/%	4.303	4.329	4.100	4.228

DO 工况下各样本中优势基因丰度占该样本总基因丰度比值为 4.408%～5.036%，表明优势基因丰度变化可以在一定程度上代表该样本的总基因丰度变化；基因相对丰度排序为 1.5 mg/L>2.0 mg/L>1.0 mg/L>0.5 mg/L，DO 为 1.5 mg/L 时 A^{2}O 工艺中基因丰度最大，此时基因表达最多，基因丰度最大；各样本中 *paaF* 与 *echA* 基因均为各样本中丰度最大值，该基因主要参与各类氨基酸代谢和碳水化合物固定的途径，表明高原生境 A^{2}O 工艺中碳、氮代谢占据重要地位；除 2.0 mg/L 外，各反应池中优势基因在厌氧池丰度最大，其原因为此时 DO 较低厌氧池中厌氧微生物受影响较小，甚至出现厌氧强化，适宜更多厌氧微生物的生长，导致厌氧池中基因丰度最高；2.0 mg/L 时各反

应池中优势基因在好氧池丰度最大,因此时 DO 较为合适,水中 DO 含量增加,为正常的基因表达提供充足的能源供应,导致好氧池中基因相对丰度变大,好氧池可以更好地适应较高的 DO 环境,此时好氧池中基因表达活动正常进行。

HRT 工况下各样本中优势基因丰度占该样本总基因丰度比值为 3.865%~4.304%,表明优势基因丰度变化可以在一定程度上代表该样本的总基因丰度变化;基因相对丰度排序为 15.00 h>21.00 h>17.50 h>26.25 h,即 HRT 为 15.00 h 时 A^2O 工艺中基因丰度最大,此时基因表达最多,基因丰度最大;各样本中 *paaF* 与 *echA* 基因均为各样本中丰度最大值,该基因主要参与各类氨基酸代谢和碳水化合物固定的途径,表明高原生境 A^2O 工艺中碳、氮代谢占据重要地位;同一工况下各反应池中优势基因丰度波动较小,其原因为 HRT 工况下各反应池除进水流量有变化外,其余运行参数条件均无变化,进水流量改变只增加了污水中营养物的含量,但各反应池中细胞生命活动均正常进行,故同一工况下各反应池中基因丰度变化较小。

UV 工况下各样本中优势基因丰度占该样本总基因丰度比值为 3.799%~4.678%,表明优势基因丰度变化可以在一定程度上代表该样本的总基因丰度变化;基因相对丰度排序为 0 min>5 min>10 min>30 min>180 min,这和优势 COG、代谢途径、酶的变化趋势完全一致,即 UV 为 0 min 时 A^2O 工艺中优势基因丰度最大,此时基因表达最多,优势基因丰度相对最大,即 UV 照射会抑制优势基因的丰度;各样本中 *paaF* 与 *echA* 基因均为各样本中丰度最大值,该基因主要参与各类氨基酸代谢和碳水化合物固定的途径,表明高原生境 A^2O 工艺中碳、氮代谢占据重要地位;0 min 时优势基因丰度在厌氧池中相对最大;5 min、10 min 时优势基因丰度在缺氧池中相对最大,其原因为 UV 在好氧池照射后抑制了基因功能的表达,混合液回流后进入缺氧池,此时基因表达功能有所恢复,加上缺氧池中营养物质充足,导致此时缺氧池中基因丰度相对最大;30 min、180 min 时优势基因丰度在厌氧池中相对最大,其原因为过量的 UV 照射促使基因表达功能增强,导致其在厌氧池的基因丰度相对最大。

5.5 高原环境因素下 A²O 工艺物质代谢途径

为进一步探讨高原生境下 A²O 工艺脱氮除磷的机理，分别对碳、氮、磷的功能基因、酶及对应的代谢途径开展分析。

5.5.1 碳代谢分析

分析 4 个运行工况下各反应池活性污泥样品中的碳代谢途径，选取各工况下参与碳代谢途径的基因和代谢途径进行分析，见表 5-10。

表 5-10 碳代谢途径相关基因及酶（前 10）

KO	基因名称	酶	碳代谢途径	温度	DO	HRT	UV
K01692	paaF、echA	烯酰辅酶 A 水合酶 [EC：4.2.1.17]	ko00280 缬氨酸、亮氨酸和异亮氨酸降解 ko00640 丙酸酯代谢	√	√	√	√
K00626	ACAT、atoB	乙酰辅酶 A C-乙酰转移酶 [EC：2.3.1.9]	ko00280 缬氨酸、亮氨酸和异亮氨酸降解 ko00620 丙酮酸代谢 ko00630 乙醛酸和二羧酸的代谢 ko00640 丙酸酯代谢 ko00720 原核生物中的碳固定途径	√	√	√	√
K00128	ALDH	醛脱氢酶（NAD⁺）[EC：1.2.1.3]	ko00010 糖酵解/糖异生 ko00280 缬氨酸、亮氨酸和异亮氨酸降解 ko00620 丙酮酸代谢	√	√	√	√
K00249	ACADM、acd	酰基辅酶 A 脱氢酶 [EC：1.3.8.7]	ko00280 缬氨酸、亮氨酸和异亮氨酸降解	√	√	√	√
K01834	PGAM、gpmA	2,3-双磷酸甘油酯依赖性磷酸甘油酯突变酶[EC：5.4.2.11]	ko00010 糖酵解/糖异生 ko00260 甘氨酸、丝氨酸和苏氨酸代谢	√	√	√	√
K01784	galE、GALE	UDP-葡萄糖 4-表异构酶 [EC：5.1.3.2]	ko00052 半乳糖代谢 ko00520 氨基糖和核苷酸糖代谢		√	√	

续表

KO	基因名称	酶	碳代谢途径	温度	DO	HRT	UV
K01915	glnA、GLUL	谷氨酰胺合成酶 [EC：6.3.1.2]	ko00630 乙醛酸和二羧酸的代谢		√	√	
K00382	DLD、lpd、pdhD	二氢脂酰胺脱氢酶 [EC：1.8.1.4]	ko00010 糖酵解/糖异生 ko00020 TCA 循环 ko00260 甘氨酸、丝氨酸和苏氨酸代谢 ko00280 缬氨酸、亮氨酸和异亮氨酸降解 ko00620 丙酮酸代谢 ko00630 乙醛酸和二羧酸的代谢 ko00640 丙酸酯代谢	√	√	√	√
K01491	folD	亚甲基四氢叶酸脱氢酶（NADP$^+$）/亚甲基四氢叶酸环化酶 [EC：1.5.1.5 3.5.4.9]	ko00720 原核生物中的碳固定途径	√	√	√	√
K00121	frmA、ADH5、adhC	S-(羟甲基)谷胱甘肽脱氢酶/醇脱氢酶 [EC：1.1.1.284 1.1.1.1]	ko00010 糖酵解/糖异生			√	
K00058	serA、PHGDH	D-3-磷酸甘油酸脱氢酶 [EC：1.1.1.95]	ko00260 甘氨酸、丝氨酸和苏氨酸代谢	√		√	√
K00615	tktA、tktB	转酮醇酶 [EC：2.2.1.1]	ko00030 磷酸戊糖途径 ko00710 光合生物中的碳固定	√			√

续表

KO	基因名称	酶	碳代谢途径	温度	DO	HRT	UV
K01961	accC	乙酰辅酶A羧化酶、生物素羧化酶亚基 [EC：6.4.1.2 6.3.4.14]	ko00620 丙酮酸代谢 ko00640 丙酸酯代谢 ko00720 原核生物中的碳固定途径	√			
K01625	eda	2-脱氢-3-脱氧磷酸葡萄糖酸醛缩酶 [EC:4.1.2.14 4.1.3.42]	ko00030 磷酸戊糖途径 ko00630 乙醛酸和二羧酸的代谢				√

4个工况下碳代谢相关基因有7个基因相同，基因功能主要集中在丙酸脂代谢（ko00640），缬氨酸、亮氨酸和异亮氨酸降解（ko00280），丙酮酸代谢（ko00620），乙醛酸和二羧酸的代谢（ko00630），原核生物中的碳固定途径（ko00720），糖酵解/糖异生（ko00010）和TCA循环（ko00020）的碳途径，其中主要以脂肪酸、糖类和脂质代谢途径为主，这与生活污水中常含这类污染物物质有关。与代谢途径相关的酶功能分类主要集中在脱氢酶，即微生物细胞中以氧化还原反应为主消耗碳源。另外，DO工况中特有的3种基因中以半乳糖代谢（ko00052）、氨基糖和核苷酸糖代谢（ko00520）为碳代谢途径，其中酶功能分类为异构酶、合成酶和脱氢酶；HRT工况中特有的3种基因中以半乳糖代谢（ko00052），氨基糖和核苷酸糖代谢（ko00520），甘氨酸、丝氨酸和苏氨酸代谢（ko00260）为碳代谢途径，其中酶功能分类为异构酶、合成酶和脱氢酶。温度工况中特有的3种基因中以甘氨酸、丝氨酸和苏氨酸代谢（ko00260），磷酸戊糖途径（ko00030）和光合生物中的碳固定（ko00710）为碳代谢途径，其中酶功能分类为脱氢酶、转酮醇酶和羧化酶。UV工况中特有的3种基因中以磷酸戊糖途径（ko00030），光合生物中的碳固定（ko00710），甘氨酸、丝氨酸和苏氨酸代谢（ko00260）为碳代谢途径，其中酶功能分类为转酮醇酶、脱氢酶和醛缩酶。

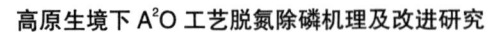

上述分析显示，高原环境下处于优势碳代谢的 7 个相同基因主要参与丙酸酯、氨基酸、丙酮酸、乙醛酸和二羧酸等代谢，而其他碳代谢基因主要参与磷酸戊糖、氨基糖和核苷酸糖、半乳糖、糖酵解/糖异生、磷酸戊糖等代谢，即碳代谢途径在各工况因子之间具有一定的差异性。

5.5.2 氮代谢分析

分析 4 个运行工况下各反应池活性污泥样品中的氮代谢途径，选取各工况下参与氮代谢途径的基因和代谢途径进行分析，见表 5-11。

表 5-11 氮代谢途径相关基因及酶（前 10）

KO	基因名称	酶	氮代谢途径	温度	DO	HRT	UV
K01692	paaF、echA	烯酰辅酶 A 水合酶 [EC: 4.2.1.17]	ko00360 苯丙氨酸代谢 ko00380 色氨酸代谢 ko00627 氨基苯甲酸酯降解	√	√	√	√
K00626	ACAT、atoB	乙酰辅酶 A C-乙酰转移酶[EC: 2.3.1.9]	ko00380 色氨酸代谢 ko02020 细菌双组分调节系统	√	√	√	√
K00128	ALDH	醛脱氢酶（NAD$^+$）[EC: 1.2.1.3]	ko00330 精氨酸和脯氨酸代谢 ko00380 色氨酸代谢	√	√	√	√
K03406	mcp	甲基接受趋化蛋白	ko02020 细菌双组分调节系统	√	√	√	√
K01915	glnA、GLUL	谷氨酰胺合成酶 [EC: 6.3.1.2]	ko00250 丙氨酸、天门冬氨酸和谷氨酸代谢 ko00910 氮代谢	√	√	√	√
K01644	citE	柠檬酸裂解酶亚单位 β/柠檬酸辅酶 A 裂解酶[EC: 4.1.3.34]	ko02020 细菌双组分调节系统	√	√	√	√

续表

KO	基因名称	酶	氮代谢途径	温度	DO	HRT	UV
K00382	DLD、lpd、pdhD	二氢脂酰胺脱氢酶 [EC: 1.8.1.4]	ko00380 色氨酸代谢		√	√	
K00266	gltD	谷氨酸合酶（NADPH/NADH）小链 [EC: 1.4.1.13 1.4.1.14]	ko00250 丙氨酸、天门冬氨酸和谷氨酸代谢 ko00910 氮代谢	√	√	√	√
K00384	trxB、TRR	硫氧还蛋白还原酶（NADPH）[EC: 1.8.1.9]	ko00450 硒化合物代谢	√	√	√	
K00135	gabD	琥珀酸半醛脱氢酶/戊二酸半醛脱氢酶 [EC: 1.2.1.16 1.2.1.79 1.2.1.20]	ko00250 丙氨酸、天门冬氨酸和谷氨酸代谢		√		√
K00817	hisC	组蛋白磷酸磷酸氨基转移酶 [EC: 2.6.1.9]	ko00360 苯丙氨酸代谢			√	
K00265	gltB	谷氨酸合酶（NADPH/NADH）大链 [EC: 1.4.1.13 1.4.1.14]	ko00250 丙氨酸、天门冬氨酸和谷氨酸代谢，ko00910 氮代谢	√			√
K01673	cynT、can	碳酸酐酶 [EC: 4.2.1.1]	ko00910 氮代谢	√			

由表5-11可知：4个工况下氮代谢相关基因有8个基因相同，基因功能主要集中在苯丙氨酸代谢（ko00360），色氨酸代谢（ko00380），氨基苯甲酸酯降解（ko00627），苯甲酸酯降解（ko00362），精氨酸和脯氨酸代谢（ko00330），细菌双组分调节系统（ko02020），丙氨酸、天门冬氨酸和谷氨酸代谢（ko00250），氮素代谢（ko00910）和硒化合物代谢（ko00450）的氮途径，其中主要以各类氨基酸代谢途径为主，这与生活污水中氮素常含在这类物质中有关。与代谢途径相关的酶功能分类主要集中在水合酶、转移酶、脱氢酶、蛋白酶、合成酶、裂解酶和还原酶，氮代谢酶功能多于碳代谢酶功能，因氮素

常以氨基酸的形式存在于生命活动中，几乎所有的生命活动离不开氨基酸的参与，故氮代谢途径的酶种类丰富，功能较为复杂。另外，DO 工况中特有的 2 种基因中以色氨酸代谢（ko00380）为氮代谢途径，其中酶功能分类为脱氢酶；HRT 工况中特有的 2 种基因中以色氨酸代谢（ko00380）为氮代谢途径，其中酶功能分类为脱氢酶和转移酶。温度工况中 2 种基因中无特有的碳代谢途径，其中酶功能分类为酸和酶和碳酸酐酶。UV 工况中特有的 2 种基因中以丁酸代谢（ko00650）为碳代谢途径，其中酶功能分类为脱氢酶和酸合酶。

上述分析显示，污水处理中的氮多以有机氮和氨氮为主，而脱氮则包括氨化、硝化、反硝化三个作用，即主要通过氨化细菌、硝化细菌和反硝化细菌将有机氮转化为氮气，这也是生物脱氮的主要原理。高原环境下处于优势氮代谢的 8 个相同基因主要参与氨基酸和氮代谢等代谢，其中氮代谢（ko00910）参与了氨基酸代谢、氨化反应，表明高原环境下污水处理中更多基因及酶参与了苯丙氨酸代谢、色氨酸代谢、氨基苯甲酸酯降解、苯甲酸酯降解、精氨酸和脯氨酸代谢、丙氨酸、天门冬氨酸和谷氨酸代谢、氮代谢途径。

5.5.3 磷代谢分析

根据 KO 信息，对 DO、HRT、温度及 UV 四个工况下磷代谢基因丰度前 10 的 KO 汇总，得出不同工况下磷代谢相关基因、酶及途径，见表 5-12。参与磷代谢的代谢途径主要为甘油脂代谢（ko00561）、嘌呤代谢（ko00230）、甘油磷脂代谢（ko00564）、丁酸代谢（ko00650）及氧化磷酸化（ko00190），共计 5 种。

表 5-12 磷代谢途径相关基因及酶（前 10）

KO	基因名称	酶	磷代谢途径	温度	DO	HRT	UV
K01524	ppx-gppA	鸟苷 5'-三磷酸，3'-二磷酸焦磷酸酶/外多磷酸酶 [EC: 3.6.1.11 3.6.1.40]	ko00230 嘌呤代谢	√	√	√	√
K01952	PFAS、purL	磷酸核糖基甲酰基甘氨酰胺合酶[EC: 6.3.5.3]	ko00230 嘌呤代谢	√	√	√	√

续表

KO	基因名称	酶	磷代谢途径	温度	DO	HRT	UV
K00602	purH	磷酸核糖氨基咪唑羧酰胺甲酰基转移酶/IMP 环水解酶[EC：2.1.2.3 3.5.4.10]	ko00230 嘌呤代谢	√	√	√	√
K00655	plsC	1-酰基-sn-甘油-3-磷酸酰基转移酶[EC：2.3.1.51]	ko00561 甘油脂代谢 ko00564 甘油磷脂代谢	√	√	√	√
K01507	ppa	无机焦磷酸酶[EC：3.6.1.1]	ko00190 氧化磷酸化	√	√		√
K01126	glpQ、ugpQ	甘油磷酸二酯磷酸二酯酶[EC：3.1.4.46]	ko00564 甘油磷脂代谢	√	√	√	√
K00995	pgsA、PGS1	CDP-二酰基甘油-3-磷酸甘油酯 3-磷脂酰转移酶[EC：2.7.8.5]	ko00564 甘油磷脂代谢			√	√
K00128	ALDH	醛脱氢酶（NAD$^+$）[EC：1.2.1.3]	ko00561 甘油脂代谢		√	√	
K00100	bdhAB	丁醇脱氢酶[EC：1.1.1.-]	ko00650 丁酸代谢	√			√
K01652	ilvB、ilvG、ilvI	乙酰乳酸合酶Ⅰ/Ⅱ/Ⅲ大亚基[EC：2.2.1.6]	ko00650 丁酸代谢	√			√
K00135	gabD	琥珀酸半醛脱氢酶/戊二酸半醛脱氢酶[EC：1.2.1.16 1.2.1.79 1.2.1.20]	ko00650 丁酸代谢	√			√
K00074	paaH、hbd、fadB、mmgB	3-羟基丁酰基-CoA 脱氢酶[EC：1.1.1.157]	ko00650 丁酸代谢	√			√

续表

KO	基因名称	酶	磷代谢途径	温度	DO	HRT	UV
K07029	*dagK*	二酰基甘油激酶（ATP）[EC：2.7.1.107]	ko00561 甘油脂代谢 ko00564 甘油磷脂代谢		√		
K01768	*E4.6.1.1*	腺苷酸环化酶[EC：4.6.1.1]	ko00230 嘌呤代谢		√		
K01951	*guaA*、*GMPS*	GMP 合酶(谷氨酰胺水解)[EC：6.3.5.2]	ko00230 嘌呤代谢			√	
K00088	*IMPDH*、*guaB*	IMP 脱氢酶[EC：1.1.1.205]	ko00230 嘌呤代谢			√	

根据每个工况下丰度前 10 的 KO，共得出 16 种磷代谢相关基因，4 个工况均存在的基因有 6 种，分别为：K01524 的基因名称为 *ppx-gppA*，对应的酶为外多磷酸酶[EC：3.6.1.11]和鸟苷 5'-三磷酸、3'-二磷酸焦磷酸酶[EC：3.6.1.40]，均属于水解酶，前者发生（聚磷酸盐）$_n$ + H$_2$O══（聚磷酸盐）$_{n-1}$ + 磷酸盐的反应，后者发生鸟苷 5'-三磷酸 3'-二磷酸 + H$_2$O══鸟苷 3',5'-双（二磷酸）+ 磷酸盐的反应，对应的磷代谢途径为嘌呤代谢；K01952 的基因名称为 *PFAS* 和 *purL*，对应的酶为磷酸核糖基甲酰基甘氨酰胺合酶[EC：6.3.5.3]，其属于连接酶，对应的磷代谢途径为嘌呤代谢；K00602 的基因名称为 *purH*，对应的酶为磷酸核糖氨基咪唑羧酰胺甲酰基转移酶[EC：2.1.2.3]和 IMP 环水解酶[EC：3.5.4.10]，前者属于转移酶、后者属于水解酶，对应的磷代谢途径为嘌呤代谢；K00655 的基因名称为 *plsC*，对应的酶为 1-酰基-sn-甘油-3-磷酸酰基转移酶[EC：2.3.1.51]，其属于转移酶，发生酰基-CoA + 1-酰基-sn-甘油 3-磷酸酯══CoA + 1,2-二酰基-sn-甘油 3-磷酸酯的反应，对应的磷代谢途径为甘油脂代谢和甘油磷脂代谢；K01507 的基因名称为 *ppa*，对应的酶为无机焦磷酸酶[EC：3.6.1.1]，其属于水解酶，发生二磷酸盐 + H$_2$O══2 磷酸盐的反应；K01126 的基因名称为 *glpQ* 和 *ugpQ*，对应的酶为甘油磷酸二酯磷酸二酯酶

[EC：3.1.4.46]，其属于水解酶，发生的反应为甘油磷酸二酯 + H_2O ══ 醇 + 磷酸 3-甘油，对应的磷代谢途径为甘油磷脂代谢。这些基因和对应的酶出现在 4 个工况中，这表明它们对微生物细胞参与磷代谢是至关重要的。

仅在 DO 和 HRT 工况下存在的基因有 2 种，它们分别为：K00995 的基因名称为 *pgsA* 和 *PGS1*，对应的酶为 CDP-二酰基甘油-3-磷酸甘油酯 3-磷脂酰转移酶[EC：2.7.8.5]，其属于连接酶，发生的反应为 CDP-二酰基甘油 + 3-磷酸三甘油酯 ══ CMP + 1-（3-sn-磷脂酰）-sn-甘油 3-磷酸酯，对应的磷代谢途径为甘油磷脂代谢；K00128 的基因名称为 *ALDH*，对应的酶为醛脱氢酶（NAD^+）[EC：1.2.1.3]，其属于氧化还原酶，可发生醛 + NAD^+ + H_2O ══ 羧酸盐 + NADH + H^+ 的反应，对应的磷代谢途径为甘油脂代谢。它们仅在 DO 和 HRT 工况下为磷代谢的优势基因和酶，这表明这两个工况对它们参与磷代谢具有不同程度的强化作用。

仅在温度和 UV 工况下存在的基因有 4 种，磷代谢途径均为丁酸代谢，它们分别为：K00100 的基因名称为 *bdhAB*，对应的酶为丁醇脱氢酶[EC：1.1.1.-]；K01652 的基因名称为 *ilvB*、*ilvG* 及 *ilvI*，对应的酶为乙酰乳酸合酶 I / II / III 大亚基[EC：2.2.1.6]，其属于转移酶，发生的反应为 2 丙酮酸 ══ 2-乙酰乳酸 + CO_2；K00135 的基因名称为 *gabD*，对应的酶有两种，均属于氧化还原酶，一种为琥珀酸半醛脱氢酶[EC：1.2.1.16 1.2.1.79]，发生的反应为琥珀酸半醛 + NAD（P）$^+$ + H_2O ══ 琥珀酸 + NAD（P）H + $2H^+$，另一种为戊二酸半醛脱氢酶[EC：1.2.1.20]，发生的反应为 5-氧戊酸 + NAD^+ + H_2O ══ 戊二酸 + NADH + $2H^+$；K00074 的基因名称为 *paaH*、*hbd*、*fadB* 及 *mmgB*，对应的酶为 3-羟基丁酰基-CoA 脱氢酶[EC：1.1.1.157]，其属于氧化还原酶，可发生的反应为（S）-3-羟基丁酰基-CoA + $NADP^+$ ══ 3-乙酰乙酰基-CoA + NADPH + H^+。它们仅在温度和 UV 工况下为磷代谢的优势基因和酶，这表明这两个工况对它们参与磷代谢具有不同程度的强化作用。丁酸代谢仅出现在这两个工况下，表明这两个工况对它们参与丁酸代谢具有极强的强化作用。

仅在 DO 工况下存在的基因有 2 种：K07029 的基因名称为 *dagK*，对应的酶为二酰基甘油激酶（ATP）[EC：2.7.1.107]，其属于转移酶，发生的反应为 ATP + 1,2-二酰基-sn-甘油══ADP + 1,2-二酰基-sn-甘油 3-磷酸，对应的磷代谢途径为甘油脂代谢和甘油磷脂代谢；K01768 的基因名称为 E4.6.1.1，对应的酶为腺苷酸环化酶[EC：4.6.1.1]，其属于裂解酶，发生的反应为 ATP══3',5'-环 AMP + 二磷酸，对应的磷代谢途径为嘌呤代谢。它们仅在 DO 工况下为磷代谢的优势基因和酶，这表明 DO 工况对其参与磷代谢具有较强的强化作用。

仅在 HRT 工况下存在的基因有 2 种：K01951 的基因名称为 *guaA* 及 *GMPS*，对应的酶为 GMP 合酶（谷氨酰胺水解）[EC：6.3.5.2]，其属于连接酶，发生的反应为 ATP + XMP + L-谷氨酰胺 + H_2O══AMP + 二磷酸 + GMP + L-谷氨酸，对应的代谢途径为嘌呤代谢；K00088 的基因名称为 *IMPDH* 和 *guaB*，对应的酶为 IMP 脱氢酶[EC：1.1.1.205]，其属于氧化还原酶，发生的反应为 IMP + NAD^+ + H_2O══XMP + NADH + H^+，对应的磷代谢途径为嘌呤代谢。它们仅在 HRT 工况下为磷代谢的优势基因和酶，这表明 HRT 工况对其参与磷代谢具有较强的强化作用。

高原环境下的氧化磷代谢途径和王晗得到的相比丰度较低，参与氧化磷酸化途径的酶主要为无机焦磷酸酶[EC：3.6.1.1]，对应的优势基因为 K01507，其对应代谢途径丰度较高，但对应功能蛋白和酶丰度均较低。可见，在高原环境下通过氧化磷酸化途径生成 ATP 供给微生物群落增殖的能力较差，这也是高原环境下聚磷菌丰度较小的原因所在。

5.6 高原环境因素下的脱氮除磷机理

综合分析微生物群落结构与氮磷代谢相关基因、酶及途径等之间的对应关系，解析高原环境因素下 A^2O 污水处理的脱氮除磷机理。

高原环境因素下活性污泥中微生物种类均较低，门水平下 Proteobacteria、Bacteroidetes、Chloroflexi、Actinobacteria、Firmicutes、Acidobacteria、Patescibacteria 及 Chlamydiae 为高原环境因素下的活性污泥优势菌，其中 Chlamydiae 属于高原环境的活性污泥特殊菌门，另外，Verrucomicrobia 也属于高原环境下丰度较高的细菌门，而属水平下 *norank_f__AKYH767*、*Ottowia* 及

IMCC26207 为高原环境因素下的优势菌属,其中 UV 可以显著强化 *IMCC26207* 属;同时,活性污泥的丝状菌丰度较低,其主要与 *Candidatus_Microthrix*、*Anaerolineae* 占比较低有关。高原环境因素改变了微生物种群的组成,从而造成了较为独特的微生物种群构造和特性,这也可以从微生物优势种群的影响因素分析中得到的优势群落主要与污泥浓度 SV_{30} 和 MLSS 显著相关的结论得以证明,而优势菌群之间的相关性显示在优势菌之间存在氧气、能量、磷源等方面的共生和拮抗关系,这也是高原典型生境下污水处理系统多样性的原因。

鉴于 Yang L 提及采用跨样本间绝对丰度存在差异性的原因,碳代谢、磷代谢、氮代谢、OTU 等绝对丰度仅作参考用。温度工况下,20 ℃ 时 TP、NH_3-N 去除率与优势细菌门共现性加权度、COG 功能蛋白、功能基因均为最高,而 TN、COD 则与上述微生物、生化指标对应关系较差,另外,代谢途径、酶、优势菌门相对丰度最高值与 20 ℃ 相差不大,故最优温度可以推测为 20 ℃,此时碳代谢、磷代谢、氮代谢、OTU 绝对丰度最高值对应的温度也为 20 ℃;DO 工况下,2.0 mg/L 时 TN、NH_3-N 去除率与酶、优势细菌属共现性加权度、优势细菌门相对丰度、优势细菌属相对丰度和活性污泥微生物均为最高,而 TP、COD 则与上述微生物、生化指标对应关系较差,另外 2.0 mg/L 时 COG、代谢途径最佳的绝对丰度相接近,因此最优 DO 可以推断为 2.0 mg/L;HRT 工况下,17.50 h 时 TP、NH_3-N 去除率与 COG 功能蛋白、酶丰度、代谢途径、优势细菌门丰度均为最高,而 TN、COD 则与上述微生物、生化指标对应关系较差;UV 工况下,10 min 时 TP、COD 去除率与优势细菌门共现性加权度为最高,而 TN、NH_3-N 则与上述微生物、生化指标对应关系较差,即 UV 工况对生化指标、微生物指标之间的相关性较差,这是因为 UV 照射会强化或抑制某些指标,进而造成污水处理效果的差异性,鉴于此,出水水质推荐最优 UV 为 10 min。上述分析显示:DO 为 2.0 mg/L、HRT 为 17.50 h、温度为 20 ℃、UV 为 10 min 可以认为是最优工况,其结果与活性污泥性能分析结论相一致。

通过进一步脱氮除磷机理解析可以发现,优势 COG 功能蛋白、代谢途径、酶、功能基因丰度对应的最优工况几乎一致,且碳氮磷代谢对应的工况较为一致，这表明生化指标也正是微生物群落适应高原环境因素下 A^2O 系统的微生态系统脱氮除磷分子学机理。

高原环境因素下碳代谢途径主要有丙酸脂代谢（ko00640），缬氨酸、亮氨酸和异亮氨酸降解（ko00280），丙酮酸代谢（ko00620），乙醛酸和二羧酸代谢（ko00630），原核生物中的碳固定途径（ko00720），糖酵解/糖异生（ko00010）和 TCA 循环（ko00020）等 7 个，在烯酰辅酶 A 水合酶（4.2.1.17）、乙酰辅酶 A C-乙酰转移酶（2.3.1.9）、β-酮酰基 ACP 还原酶（1.1.1.100）、S-(羟甲基)谷胱甘肽脱氢酶（1.1.1.284）和醇脱氢酶（1.1.1.1）、3-羟酰基辅酶 A 脱氢酶（1.1.1.35）、烯酰辅酶 A 水合酶（4.2.1.17）、3-羟基丁酰辅酶 A 差向异构酶（5.1.2.3）、丙酮酸脱氢酶 E1 成分（1.2.4.1）、长链脂肪酸-CoA 连接酶 ACSBG（6.2.1.3）等酶作用下主要参与丙酸酯、氨基酸、丙酮酸、乙醛酸和二羧酸等代谢。

高原环境因素下氮代谢途径主要有苯丙氨酸代谢（ko00360），色氨酸代谢（ko00380），氨基苯甲酸酯降解（ko00627），苯甲酸酯降解（ko00362），精氨酸和脯氨酸代谢（ko00330），细菌双组分调节系统（ko02020），丙氨酸、天门冬氨酸和谷氨酸代谢（ko00250）、氮素代谢（ko00910）和硒化合物代谢（ko00450），主要在烯酰辅酶 A 水合酶（4.2.1.17）、乙酰辅酶 A C-乙酰转移酶（2.3.1.9）、醛脱氢酶（NAD⁺）（1.2.1.3）、β-酮酰基 ACP 还原酶（1.1.1.100）、醇脱氢酶（1.1.1.1）、谷草转氨酶（线粒体）（2.6.1.1）酶的作用下参与氨基酸和氮等代谢。

高原环境因素下磷代谢途径主要有甘油脂代谢（ko00561），嘌呤代谢（ko00230）、甘油磷脂代谢（ko00564）、丁酸代谢（ko00650）及氧化磷酸化（ko00190），主要在 ATP 依赖性 RNA 解旋酶 DHX58（3.6.3.14）、ATP 依赖性 DNA 解旋酶 PIF1（3.6.4.12）、长链脂肪酸-CoA 连接酶 ACSBG（6.2.1.3）等酶的作用下参与氧化磷酸化途径的酶主要为无机焦磷酸酶[EC：3.6.1.1]，对应的优势基因为 K01507，其对应代谢途径丰度较高，但对应功能蛋白和酶丰度均较低。

5.7 本章小结

通过对高原环境因素下 A^2O 污水处理活性污泥的微生物群落的 COG 功

能蛋白、酶、基因丰度及参与碳、氮、磷污染物代谢关系进行了分析，阐明了污泥生态系统微生物中相关关系及其代谢功能。

（1）不同工况下丰度前 20 的 COG 组成的种类有一定差别， COG 丰度对应最优工况是 DO 为 1.5 mg/L、HRT 为 17.50 h、温度为 20 ℃、UV 为 0 min。

（2）不同工况下优势代谢途径种类完全一致， ABC 转运蛋白通过水解 ATP 产生的能量进行主动运输，为蛋白质合成和离子运输提供了前提条件；细菌双组分调节系统对环境变化有较强的适应能力，嘌呤代谢、核糖体、氧化磷酸化、嘧啶代谢、丁酸代谢途径与精氨酸和脯氨酸代谢为污水中氮和磷的去除密切相关，其余代谢途径中，以碳代谢途径最多，与高原生境下污水中有机污染物的去除密切相关；碳、氮和磷代谢途径为 A^{2}O 工艺污染物的主要代谢途径，不同工况下的代谢途径相对丰度几乎相同。

（3）活性污泥中共计发现 1 800 余种酶，主要包括水合酶、聚合酶、转移酶等，各工况下前 20 种酶的相对丰度差异不大，这也是高原环境下污水处理效果能保持稳定的原因所在；总体显示酶丰度显示厌氧池>缺氧池>好氧池、DO>UV>温度>HRT，对应最优工况分别是 DO 为 2.0 mg/L、HRT 为 17.50 h、温度为 25 ℃、UV 为 0 min；核糖核酸酶、RNA 聚合酶、铁超氧化物歧化酶、碱性磷酸酶等冷适应酶是细菌群落适应高原地区低温环境的生化基础。

（4）各工况下 20 种优势功能基因在种类和丰度上略有差异，既体现了工况与优势功能基因的紧密性，又体现了高原环境下其整体稳定性；总体显示功能基因丰度显示厌氧池>缺氧池>好氧池、DO>温度>UV>HRT，对应最优工况分别是 DO 为 1.5 mg/L、HRT 为 15.00 h、温度为 20 ℃、UV 为 0 min。

（5）污水微生态系统中丰度较高的基因主要与微生物群落碳代谢、氮代谢、高原地区环境适应有重要联系。四个工况下参与碳代谢共有基因为 7 种，参与氮代谢共有基因为 8 种，参与磷代谢共有基因为 6 种，上述代谢功能基因为高原环境因素下的脱氮除磷优势基因，也是细菌群落物种适应高原地区污水微生物系统的分子机制。

Chapter 6

第 6 章
MBBR 型 A^{2}O 工艺试验

采用高原地区常用厌氧缺氧好氧（A^{2}O）工艺，通过投加生物载体填料对其进行升级改造。分别对填料类型、不同填充率和不同水力停留时间（HRT）等工况开展研究，以化学需氧量（COD）、生化需氧量（BOD$_5$）、总磷（TP）、氨氮（NH$_3$-N）和总氮（TN）等水质指标为研究对象，并利用 16S rRNA 基因测序技术分析生物膜群落结构组成和主要代谢通路。

6.1 试验设计

6.1.1 试验装置

试验装置为有机玻璃自制而成，由厌氧池、缺氧池、MBBR 池和二沉池组成。该模型总体积为 29.87 L，各反应池体积比 $V_{厌氧池}:V_{缺氧池}:V_{MBBR池}$ = 1∶1∶2.6，二沉池体积为 2.64 L。厌氧池和缺氧池中均设可调节转速的搅拌器，MBBR 池底部设有微孔曝气头。试验进水和硝化液回流均使用蠕动泵，污泥回流采用流量可调的磁力驱动循环泵。用温度控制器和加热棒控制试验水温为 20 ± 1 °C，挂膜运行期间控制 HRT 为 17.50 h，控制硝化液回流比（R_i）和污泥回流比（R）分别为 200%和 100%。试验工艺流程如图 6-1 所示。

第 6 章　MBBR 型 A²O 工艺试验

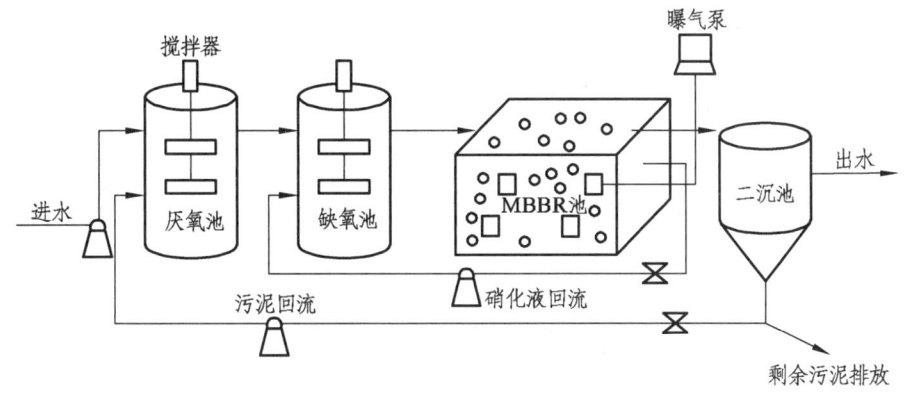

图 6-1　MBBR 型 A²O 工艺流程

6.1.2　聚丙烯生物载体填料

生物载体填料的作用是为微生物的生长繁殖和生物降解提供条件，生物载体填料的比表面积、孔隙率、密度、材质等因素直接影响生物膜的挂膜生长速度、附着生物量和工艺对污水中各污染物的去除效果。常见的 MBBR 生物载体填料密度接近于水，挂膜后在反应器中呈流化状态，使得污水中的污染物充分与生物载体填料接触，利于污染物的降解去除。生物载体填料的早期研究以 PE 材料为主，但因其有限的比表面积、物质传质效果差和氧浓度梯度小等原因逐渐被 PP 材料取代。

选择 PP 材料作为 MBBR 段的生物载体填料，共三种物理类型，密度均在 0.96~1.00 g/cm³，填料载体构造外观如图 6-2 所示，具体信息如下：

图 6-2　三种载体填料构造图

A 型填料：多面空心球填料，直径 25 mm，比表面积 500 m²/m³，孔隙率0.84。由两个半球组合而成，在球中部附加一道加固环，每个半球上面有12个半扇形叶片，两个半球的扇形叶片相互错开粘合，球中间具有镂空结构，具有空隙大、排风量大、阻力小的特点。由于球的空隙中有较大的滞液量，可延长液体停留时间并增加气体与液体的接触面积，从而提高污水的处理效率。

B型填料：流化床填料，直径25 mm，比表面积>500 m^2/m^3，孔隙率>0.95。结构为内外共有三层空心圆，每个圆内有一条棱，外有36条棱，具有特殊的结构。填料内部生长厌氧菌群，并发生反硝化作用脱氮；填料外部生长好氧菌群，以有机物去除作用为主，同时存在硝化和反硝化作用。

C型填料：鲍尔环（PALL RING），直径25 mm，比表面积155 m^2/m^3，孔隙率0.87。环壁上有两层窗孔，每层有四个或者五个窗口，位置上下错开，分布有一层或两层窗舌，均在中间直接搭接，双层窗舌互相错开，呈米字形。其中窗叶弯入环心，加上环壁开孔导致气、液体分布均匀，环的内表面积得以充分利用。

根据MBBR型A^2O工艺模型中MBBR反应池的有效容积，根据3种载体填料每立方米的堆集个数，计算出不同填充率条件所对应的填料数量。将载体填料直接投入MBBR反应池，借助气体浮子流量计来调节曝气泵的曝气量，使得填料在MBBR池中处于流化状态，开始试验研究。

6.1.3 其他说明

实验药品、试验设备、水质指标检测、微生物检测见第2章。

6.2 MBBR型A^2O工艺填充优选

为挑选最佳物理结构的生物载体填料，并明确该填料运行中的最佳填充率，最大限度去除污水中的各类污染物质。采用A、B和C型三种生物载体填料试验，针对最佳类型填料设计了20%、40%和60%等三种填充率试验。结合挂膜时间、附着生长的生物量、污染物去除能力、生物膜群落结构特征等方面进行物理结构和填充率的优选。

6.2.1 活性污泥培养与驯化条件

在活性污泥培养期间，采用光学显微镜对活性污泥生物相进行观察，结

第 6 章　MBBR 型 A²O 工艺试验

果如图 6-3 所示。

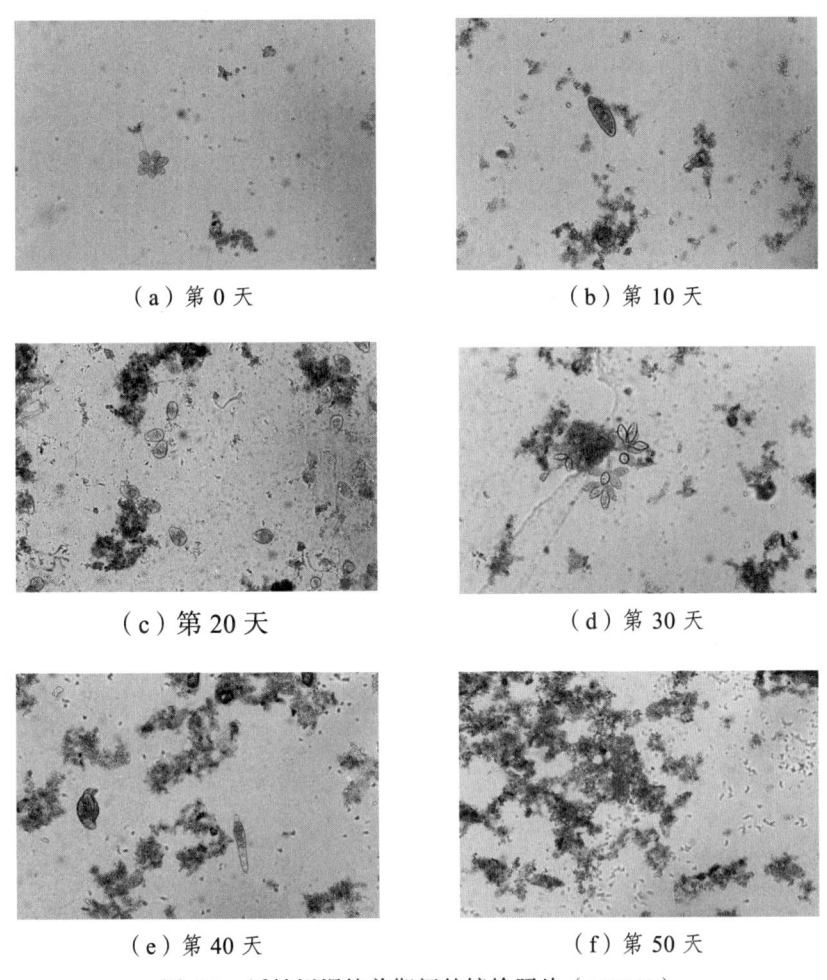

（a）第 0 天　　　　　　　　　　（b）第 10 天

（c）第 20 天　　　　　　　　　　（d）第 30 天

（e）第 40 天　　　　　　　　　　（f）第 50 天

图 6-3　活性污泥培养期间的镜检照片（10×40）

第 0 天时，取连续进水培养且混匀后好氧池末端污水进行观察，发现仅有少量藻类、絮体颗粒和累枝虫存在。第 10 天时，发现藻类和絮体颗粒物质增多，且发现轮虫出现。第 20 天时，藻类明显增多且絮体颗粒物质逐渐连接成 "网状"，活性污泥结构初步形成。第 30 天时，藻类多以簇型生长且伴随大量的累枝虫、钟虫、轮虫等原后生动物，活性污泥培养基本成熟。第 40 天时，絮体颗粒进一步增大，形成块状絮体。第 50 天时，絮体颗粒连接成片

· 139 ·

状，活性污泥完全成熟，絮体结构稳定形成。

活性污泥培养期间的污泥沉降比（SV_{30}）、MLSS、MLVSS 和 SVI 变化情况如图 6-4 所示。初始活性污泥的 SV_{30} 为 5%，58 天的连续进水培养使污泥沉降性能逐渐稳定，最大值为 25%。培养后期稳定在 24% 左右，虽然满足工艺稳定运行 15%~30% 的参数要求，但相较于平原地区或亚高原地区污泥沉降性能不佳，这可能与进水中碳、氮、磷等元素的合理比例有关。另外，SV_{30} 的变化与污泥镜检照片相一致。MLSS 和 MLVSS 的增长趋势与 SV_{30} 基本一致，MLSS 由初始的 590 mg/L 增长为 4 561 mg/L，并稳定在 4 300 mg/L 左右；MLVSS 由初始的 522 mg/L 增长为 3 609 mg/L，并稳定在 3 200 mg/L 左右；MLVSS/MLSS 比值在 0.66~0.90 波动，并稳定在 0.75 左右。但 SVI 随运行时间的增加，呈现逐渐降低的趋势，且培养后期 SVI 值稳定在 55 左右，推测进水中的有机物负荷过低，使其数值偏小；但 SVI 值越低活性污泥沉降性能越好，这与 SV_{30} 在培养后期处于稳定状态相一致。

综上所述，根据 SV_{30}、MLSS、MLVSS 和 SVI 数据显示，实验室自养活性污泥培养成功，可开展后续试验研究。

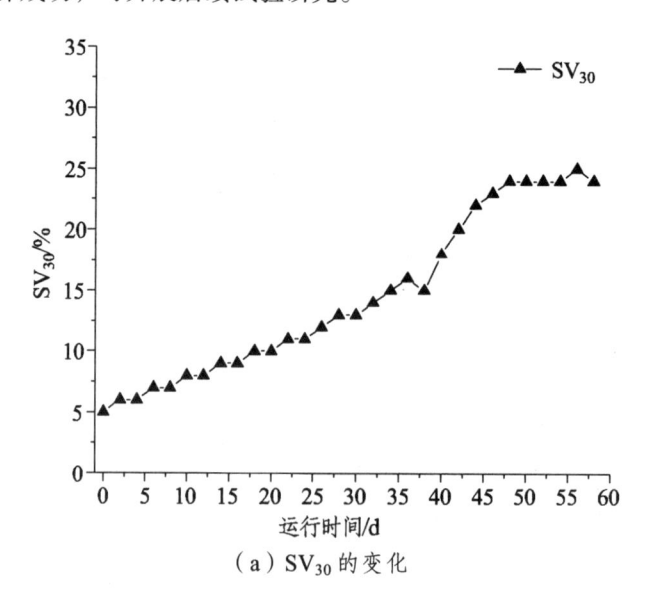

(a) SV_{30} 的变化

（b）MLSS、MLVSS 的变化

（c）SVI 的变化

图 6-4　活性污泥培养期间 SV_{30}、MLSS、MLVSS 和 SVI 的变化

6.2.2　不同种类填料的比选

1. 挂膜时间对比

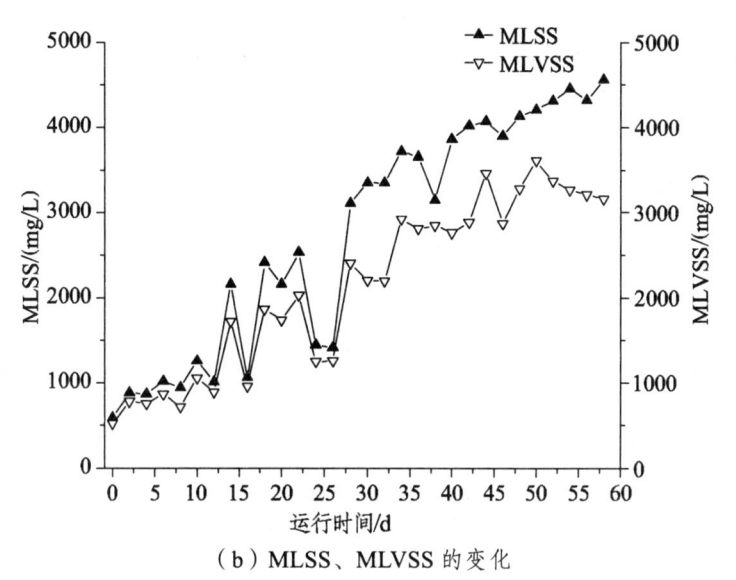

在相同条件下启动 A、B、C 三套反应器，分别在好氧池中投加填充率

为 40%的 A 型、B 型和 C 型载体填料，分别记为 A0、B0 和 C0。首先控制启动 MLSS 为 2 000 mg/L，其余控制条件与活性污泥培养指标相同。前 10 天各反应器不排泥，后期每天定期排泥，控制污泥龄为 18 天。挂膜时间从投加载体填料时记为 0 天，直到载体填料表面生长出密实、淡黄色的生物膜为止，即生物膜量大于 20 mgVSS/g，表示挂膜完成。三种填料的挂膜完成时间对比见表 6-1。

表 6-1　三种填料的挂膜完成时间对比

项　　目	A0	B0	C0
挂膜时间/d	12	18	24
生物膜量/（mgVSS/g）	24.84	24.46	20.15

由试验结果可知，A 型填料挂膜时间最短，只需要 12 天，生物膜量为 24.84 mgVSS/g；B 型填料的挂膜时间为 18 天，生物膜量为 24.46 mgVSS/g；而 C 型填料的挂膜时间为 24 天，生物膜量为 20.15 mgVSS/g。A 型填料表现出挂膜时间短、附着生物量大的优点。

2. 不同填料的生物膜量和生物膜形态对比

每隔 3 天从好氧池中取出一定的生物载体填料，按照碱洗法测定其生物膜量，直至生物膜量接近稳定状态不再变化。图 6-5 为三种填料生物膜量随运行时间的变化曲线，横坐标为挂膜培养运行时间，纵坐标为各运行时间下载体填料生物膜膜量。经过 38 天的挂膜培养，A 型填料的生物膜量达到最大值，为 43.76 mgVSS/g，B 型填料为 31.74 mgVSS/g，C 型填料为 24.45 mgVSS/g。对挂膜培养完成的载体填料进行显微镜观察，结果如图 6-6 所示。A 型填料的生物膜生长最密（镜检照片黄色颜色最深），镜检照片中生物膜呈黄色且颜色较重，观察到成簇的累枝虫、钟虫等原后生动物；但因其致密的生物膜，也导致了少量线虫的出现。B 型填料生物膜生长不均匀，膜厚度差别较大，也可观察到累枝虫等原后生动物。C 型填料生物膜生长最差，膜厚度较薄，并不能形成致密的生物膜。累枝虫、轮虫等数量相对较少。通过生物膜镜检的微观形态分析发现镜检结果与生物膜量生长情况基本一致。

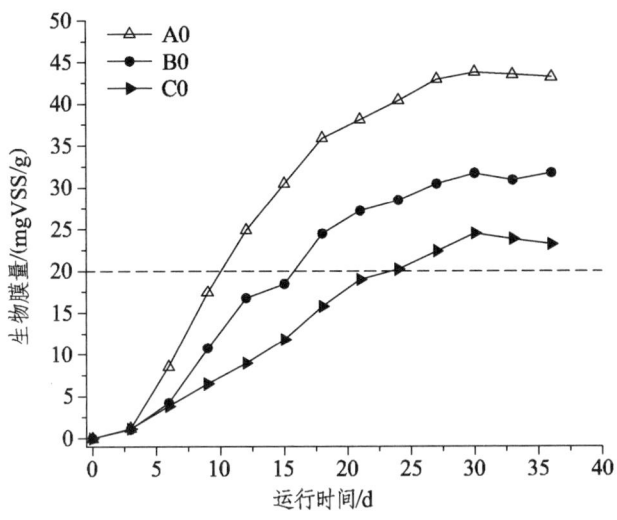

第 6 章　MBBR 型 A²O 工艺试验

图 6-5　三种填料附着生物膜量随运行时间变化曲线

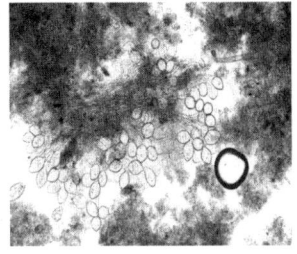

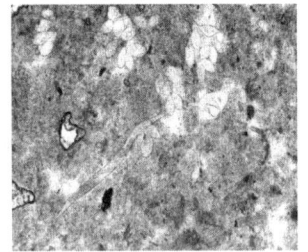

（a）A 型填料

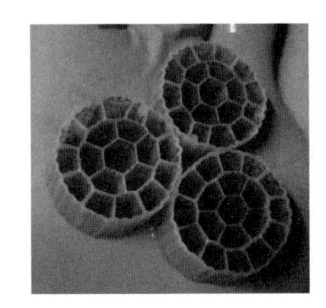

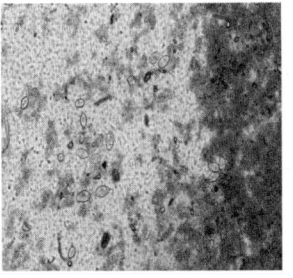

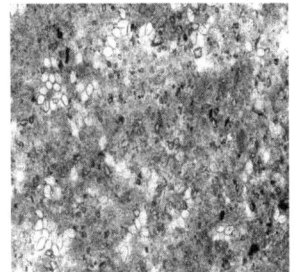

（b）B 型填料

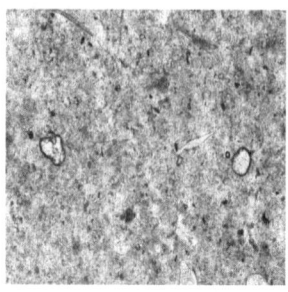

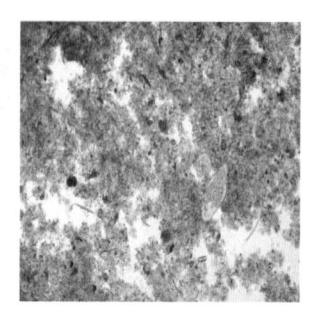

（c）C 型填料

图 6-6　填料挂膜后结果

3. 各污染物去除效果分析

对比不同类型载体填料在挂膜运行期间对 COD、BOD$_5$、NH$_3$-N、TN 和 TP 的去除情况，具体变化情况见表 6-2～表 6-6。表 6-2 列出了挂膜培养期间 COD 的去除情况。

表 6-2　挂膜培养期间 COD 去除情况

项目	A 型	B 型	C 型
进水/（mg/L）	283.46～507.25	283.46～657.25	188.74～1 071.70
平均值/（mg/L）	363.20	370.70	456.07
出水/（mg/L）	44.54～120.48	45.78～162.34	23.39～228.13
平均值/（mg/L）	70.02	81.97	94.95
去除率/%	74.25～85.38	71.43～86.21	65.80～89.62
平均值/%	80.84	77.86	78.94

三种载体填料挂膜运行期间对 COD 的去除率影响较小，在挂膜运行第 20 天后 COD 去除率均相对稳定。其中，A 型填料的 COD 去除率能稳定在 80%以上，B 型填料的 COD 去除率能稳定在 70%以上，C 型填料的 COD 去除率能稳定在 65%以上。COD 去除效能大小顺序为 A>B>C，即 A 型填料对 COD 去除效果最好，B 型填料次之，C 型填料最差。

表 6-3 列出了挂膜培养期间 BOD$_5$ 的去除情况。三种载体填料挂膜运行期间对 BOD$_5$ 的去除率影响较小，在挂膜运行期间 BOD$_5$ 去除率均相对稳定。

其中，A 型填料的 BOD_5 去除率能稳定在 60%以上，B 型填料的 BOD_5 去除率能稳定在 50%以上，C 型填料的 BOD_5 去除率能稳定在 55%以上。BOD_5 去除效能大小顺序为 A>C>B，即 A 型填料对 BOD_5 去除效果最好，C 型填料次之，B 型填料最差。

表 6-3　挂膜培养期间 BOD5 去除情况

项目	A 型	B 型	C 型
进水/（mg/L）	120～485	120～485	125～460
平均值/（mg/L）	246	247	224.50
出水/（mg/L）	35～125	35～120	35～175
平均值/（mg/L）	73	78.75	69
去除率/%	63.16～78.35	53.85～78.95	58.97～77.55
平均值/%	69.65	66.85	69.34

表 6-4 列出了挂膜培养期间 NH_3-N 的去除情况。三种载体填料挂膜运行期间对 NH_3-N 的去除率影响较大，但在挂膜运行后期 NH_3-N 去除率均相对稳定。其中，A 型填料的 NH_3-N 去除率在第 18 天后开始稳定，最终稳定在 70%左右；B 型填料的 NH_3-N 去除率也在第 18 天后逐渐稳定，最终稳定在 55%左右；C 型填料的 NH_3-N 去除率在第 30 天才开始稳定，稳定状态比较迟缓，最终稳定在 60%左右。NH_3-N 去除效能大小顺序为 A>C>B，即 A 型填料对 NH_3-N 去除效果最好，C 型填料次之，B 型填料最差。

表 6-4　挂膜培养期间 NH3-N 去除情况

项目	A 型	B 型	C 型
进水（mg/L）	33.30～135.62	33.30～135.62	22.10～104.94
平均值（mg/L）	86.85	86.85	61.48
出水（mg/L）	12.08～89.82	15.84～100.64	9.80～72.70
平均值（mg/L）	40.67	47.08	30.69
去除率/%	30.34～75.07	22.65～61.78	28.25～66.59
平均值/%	54.85	47.45	50.34

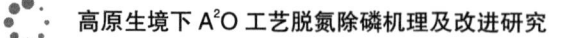

表 6-5 列出了挂膜培养期间 TN 的去除情况。三种载体填料挂膜运行期间对 TN 的去除率影响较大，去除率稳定性较差。其中，A 型填料的 TN 去除率稳定在 50%左右，B 型填料的 TN 去除率稳定在 30%左右，C 型填料的 TN 去除率也稳定在 30%左右。三种填料的相对稳定时间延迟，且 TN 去除效果均不佳。其中，A 型填料对 TN 去除效果最好，B 型和 C 型填料相同。

表 6-5 挂膜培养期间 TN 去除情况

项目	A 型	B 型	C 型
进水/（mg/L）	70.18～165.58	70.18～165.58	30.28～128.66
平均值/（mg/L）	117.57	117.57	71.06
出水/（mg/L）	30.76～114.34	32.98～117.62	18.76～88.14
平均值/（mg/L）	67.50	75.45	47.93
去除率/%	26.24～63.79	25.53～60.13	22.33～47.31
平均值/%	43.24	36.00	32.18

表 6-6 列出了挂膜培养期间 TP 的去除情况。三种载体填料挂膜运行期间对 TP 的去除率影响较大，A 型填料去除率稳定性较好，B 型和 C 型填料去除率稳定性较差。其中，A 型填料的 TP 去除率在第 18 天后开始稳定，最终稳定在 50%左右；B 型填料的 TP 去除率波动最大，最终稳定在 30%左右；C 型填料的 TP 去除率在第 20 天后开始稳定，最终也稳定在 30%左右。其中 A 型填料对 TP 去除效果最好，B 型和 C 型填料相同。

表 6-6 挂膜培养期间 TP 去除情况

项目	A 型	B 型	C 型
进水/（mg/L）	4.06～14.64	4.06～14.64	2.36～12.56
平均值/（mg/L）	8.24	8.24	5.93
出水/（mg/L）	2.24～10.16	2.62～10.26	1.88～7.20
平均值/（mg/L）	5.09	5.57	4.08
去除率/%	20.85～52.36	20.49～54.83	20.34～42.68
平均值/%	38.71	32.31	29.26

综上所述，在挂膜运行期间 A 型填料仅用 12 天完成了填料的挂膜培养，且附着生物量最大达到 43.76 mgVSS/g。在污染物的去除效果分析中，A 型填料对各污染物表现出较高的去除率且效果稳定，故选择 A 型填料为最佳类型的生物载体填料。

6.2.3 填料填充率的比选

6.2.2 节从 A 型、B 型和 C 型填料中优选出了 A 型填料，但针对工艺运行中该填料的最佳填充率尚不清楚，故在三套相同的仪器中分别投加 20%、40%和 60%填充率的 A 型填料，进行最佳填充率的优选。

1. 不同填充率条件下 COD 的去除效果

表 6-7 为 COD 去除情况。图 6-7 为 COD 浓度及去除率随运行时间变化曲线。对比仪器在 3 种填充率下 COD 的去除情况可以得出，仪器在运行阶段进水的 COD 浓度变化幅度波动较大，但是出水 COD 浓度稳定维持在 100 mg/L 以下。20%填充率下有 3 个出水 COD 指标满足一级 A 排放标准；40%填充率下出水 COD 指标均满足一级 A 排放标准；60%填充率下有 4 个出水 COD 指标满足一级 A 排放标准。由此可知，40%填充率下 COD 的去除效果较好且抗冲击负荷能力较强，可更好地适用于高原污水处理厂的提标改造。从图 6-7 和表 6-7 可以看出，虽然出水水质稳定，但不同的填充率下出水 COD 浓度仍有一定的差异，COD 的去除率也有一定的差异性，其中 COD 平均去除率大小顺序为 40%>60%>20%。综合考虑可知，40%填充率的 COD 去除效果最佳且相对稳定，其次为 60%，最低为 20%。

表 6-7 不同填充率下的 COD 去除情况

项目	20%	40%	60%
进水/(mg/L)	247.14~443.41	312.95~496.29	250.24~497.10
平均值/(mg/L)	322.87	401.61	382.47
出水/(mg/L)	40.12~98.45	41.23~49.46	45.58~84.31
平均值/(mg/L)	69.48	45.74	59.84
去除率/%	60.16~86.80	85.52~91.54	75.83~89.28
平均值/%	77.89	88.37	83.89

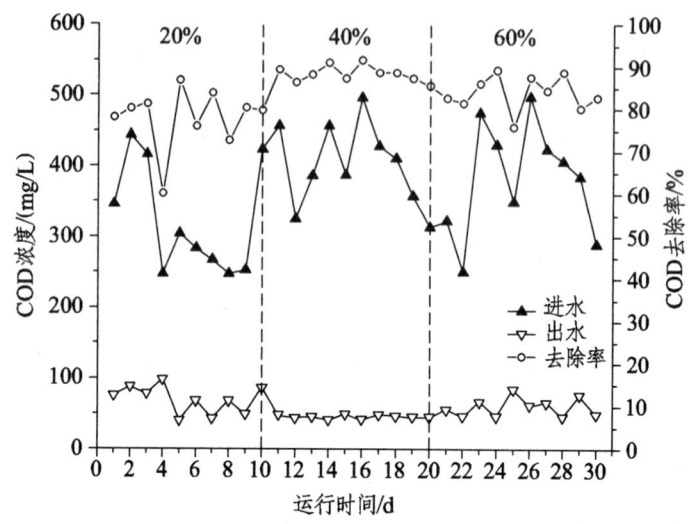

图 6-7 不同填充率下 COD 浓度及去除率随运行时间变化曲线

2. 不同填充率条件下 BOD_5 的去除效果

表 6-8 为 BOD_5 去除情况。图 6-8 为 BOD_5 浓度及去除率随运行时间变化曲线。对比仪器在 3 种填充率下 BOD_5 的去除情况可以得出，仪器在运行阶段进水的 BOD_5 浓度变化幅度波动较大，但是出水 BOD_5 浓度稳定维持在 75 mg/L 以下。20%填充率下有 8 个出水 BOD_5 指标满足三级排放标准；40%填充率下出水 BOD_5 指标均满足三级排放标准，其中 2 个出水 BOD_5 指标满足二级排放标准；60%填充率下有 8 个出水 BOD_5 指标满足三级排放标准。从图 6-8 和表 6-8 可以看出，虽然出水水质波动较小，但不同的填充率下出

表 6-8 不同填充率下的 BOD_5 去除情况

项目	20%	40%	60%
进水/（mg/L）	120～320	180～310	130～315
平均值/（mg/L）	194.50	243	218.50
出水/（mg/L）	45～65	25～55	35～75
平均值/（mg/L）	53	41	52.50
去除率/%	62.50～79.69	77.55～88.89	59.46～87.04
平均值/%	71.28	82.97	73.92

水 BOD$_5$ 浓度仍有一定的差异, BOD$_5$ 的去除率也有一定的差异性, 其中 BOD$_5$ 平均去除率大小顺序为 40%>60%>20%。综合考虑可知, 40%填充率的 BOD$_5$ 去除效果最佳且相对稳定, 其次为 60%, 最低为 20%。

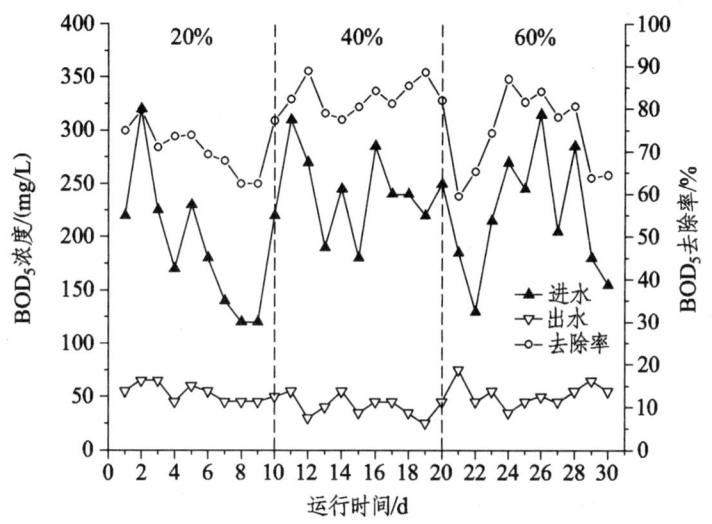

图 6-8 不同填充率下 BOD$_5$ 浓度及去除率随运行时间变化曲线

3. 不同填充率条件下 NH$_3$-N 的去除效果

表 6-9 为 NH$_3$-N 去除情况。图 6-9 为 NH$_3$-N 浓度及去除率随运行时间变化曲线。对比仪器在 3 种填充率下 NH$_3$-N 的去除情况可以得出, 仪器在运行阶段进水的 NH$_3$-N 浓度变化幅度波动较大, 但是出水 NH$_3$-N 浓度稳定维持在 70 mg/L 以下。20%填充率下有 5 个出水 NH$_3$-N 指标满足二级排放标准;

表 6-9 不同填充率下的 NH3-N 去除情况

项目	20%	40%	60%
进水/(mg/L)	29.68~142.48	40.74~123.40	23.60~111.06
平均值/(mg/L)	75.07	84.24	73.34
出水/(mg/L)	10.68~68.44	8.26~35.46	8.76~42.64
平均值/(mg/L)	29.89	20.90	25.97
去除率/%	49.30~77.35	69.18~81.46	59.53~68.01
平均值/%	61.22	75.94	64.55

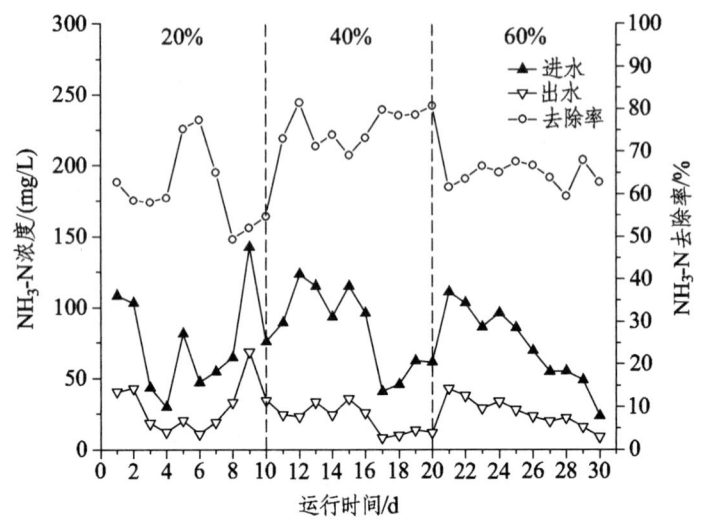

图 6-9 不同填充率下 NH_3-N 浓度及去除率随运行时间变化曲线

40%填充率下有 7 个出水 NH_3-N 指标满足二级排放标准；60%填充率下有 5 个出水 NH_3-N 指标满足二级排放标准。从图 3-17 和表 6-9 可以看出，虽然出水水质波动较小，但不同的填充率下出水 NH_3-N 浓度仍有一定的差异，NH_3-N 的去除率也有一定的差异性，其中 NH_3-N 平均去除率大小顺序为 40%>60%>20%。综合考虑可知，40%填充率的 NH_3-N 去除效果最佳且相对稳定，其次为 60%，最低为 20%。

4. 不同填充率条件下 TN 的去除效果

表 6-10 为 TN 去除情况。图 6-10 为 TN 浓度及去除率随运行时间变化曲线。对比仪器在 3 种填充率下 TN 的去除情况可以得出，仪器在运行阶段进出水的 TN 浓度变化幅度波动均较大。20%填充率下有 1 个出水 TN 指标满足一级 B 排放标准；40%填充率下没有出水 TN 指标满足一级 B 排放标准；60%填充率下有 1 个出水 TN 指标满足一级 B 排放标准。从图 6-10 和表 6-10 可以看出，不同的填充率下出水 TN 浓度相差较大，TN 的去除率也相差较大，其中 TN 平均去除率大小顺序为 40%>20%>60%。综合考虑可知，40%填充率的 TN 去除效果最佳且相对稳定，其次为 20%，最低为 60%。

表 6-10 不同填充率下的 TN 去除情况

项目	20%	40%	60%
进水/(mg/L)	29.44~173.22	66.72~155.86	40.70~123.82
平均值/(mg/L)	95.79	123.99	87.69
出水/(mg/L)	18.06~114.50	32.04~70.62	16.70~88.48
平均值/(mg/L)	60.30	53.04	56.67
去除率/%	30.28~53.46	50.77~65.99	27.78~58.97
平均值/%	38.26	56.62	37.67

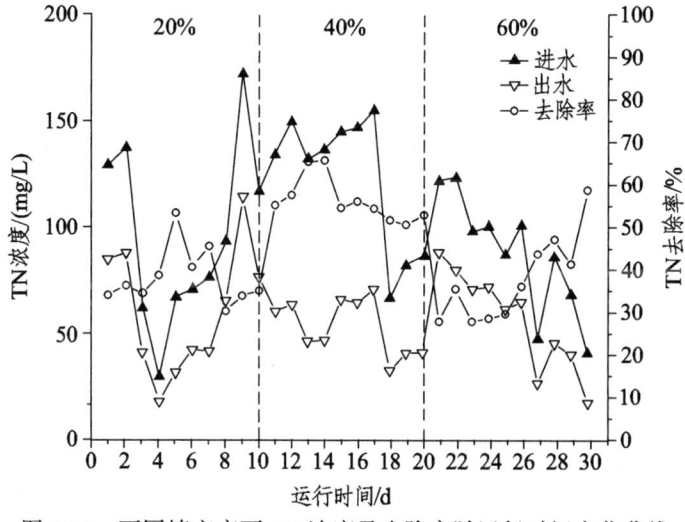

图 6-10 不同填充率下 TN 浓度及去除率随运行时间变化曲线

5. 不同填充率条件下 TP 的去除效果分析

表 6-11 为 TP 去除情况。图 6-11 为 TP 浓度及去除率随运行时间变化曲线。对比仪器在 3 种填充率下 TP 的去除情况可以得出，仪器在运行阶段进出水的 TP 浓度变化幅度波动均较大。20%填充率下有 4 个出水 TP 指标满足二级排放标准；40%填充率下没有出水 TP 指标满足二级排放标准；60%填充率下有 2 个出水 TP 指标满足二级排放标准。从图 6-11 和表 6-11 可以看出，

不同的填充率下出水 TP 浓度相差较大，TP 的去除率也相差较大，其中 TP 平均去除率大小顺序为 40%>20%>60%。综合考虑可知，40%填充率的 TP 去除效果最佳且相对稳定，其次为 20%，最低为 60%。

表 6-11 不同填充率下的 TP 去除情况

项目	20%	40%	60%
进水/(mg/L)	3.40~11.04	7.10~16.76	4.76~14.04
平均值/(mg/L)	6.57	10.11	8.51
出水/(mg/L)	2.22~5.80	3.30~6.80	2.30~9.22
平均值/(mg/L)	3.79	4.82	5.39
去除率/%	30.62~56.34	39.83~59.43	31.15~58.18
平均值/%	40.93	51.74	37.75

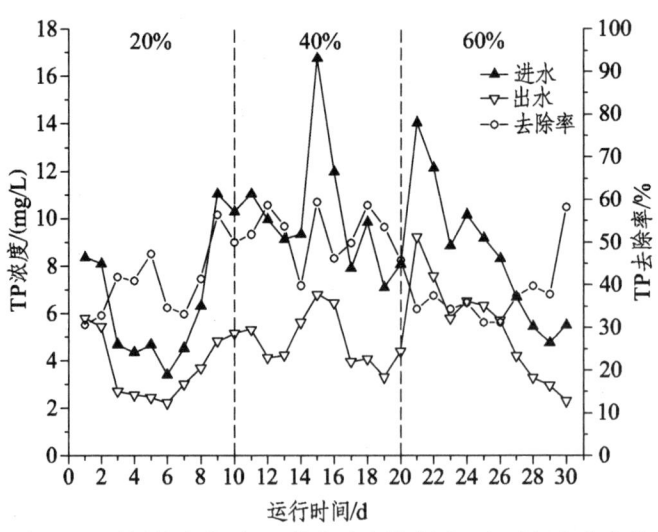

图 6-11 不同填充率下 TP 浓度及去除率随运行时间变化曲线

综上所述，A 型填料在 40%填充率时各污染物出水浓度较低，能保证较高且稳定的去除率，故在后续不同 HRT 试验中采用 40%的填充率更为合理。除以上研究外，Santos 等在 MBBR 工艺研究中也得出当填充率为 40%时，COD 等污染物去除效果最佳的结论，与研究结果相一致。

6.3 不同 HRT 下 MBBR 型 A²O 工艺运行特性

6.3.1 HRT 对污染物去除效果

选用 40%填充率的 A 型填料投至 MBBR 反应池中，通过控制蠕动泵进水流量大小，调节 HRT 分别为 26.25 h、21.00 h、17.50 h、15.00 h 和 13.13 h。各 HRT 工况分别运行 10 天，每天取进水及厌氧池、缺氧池、MBBR 池和二沉池末端出水，监测 COD、BOD_5、TP 和氮素（NH_3-N、NO_3-N、NO_2-N、TN）的浓度变化，在第 10 天取 MBBR 池中生物膜样本进行 16S rRNA 基因测序分析。

1. COD 去除效果分析

不同 HRT 条件下仪器进出水 COD 浓度和 COD 去除率随运行时间的变化情况、COD 去除的沿程变化情况分别如图 6-12 和图 6-13 所示。

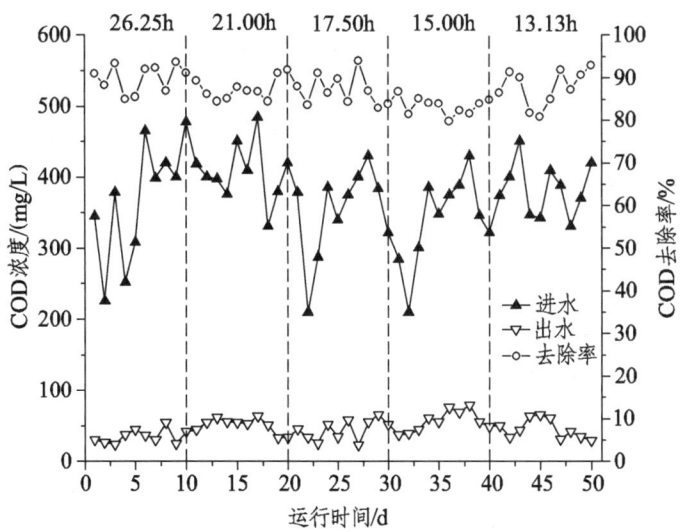

图 6-12　不同 HRT 条件下 COD 浓度及去除率随运行时间变化曲线

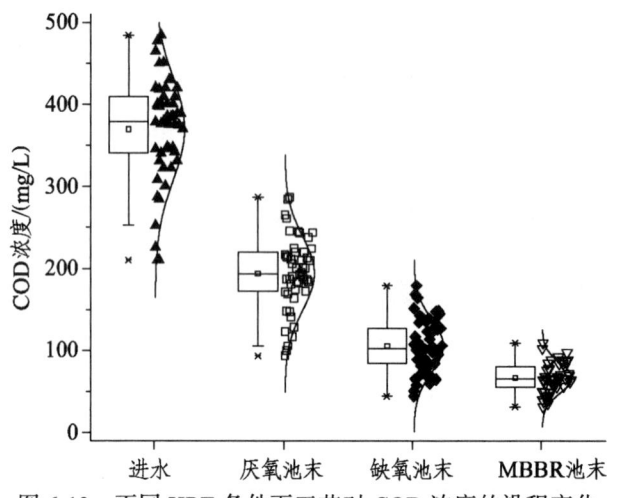

图 6-13 不同 HRT 条件下工艺对 COD 浓度的沿程变化

由图 6-12 可知，试验进水 COD 浓度为 210.23～484.39 mg/L，出水平均 COD 浓度分别为 35.23 mg/L、50.60 mg/L、44.64 mg/L、56.55 mg/L 和 45.60 mg/L，其相应的平均 COD 去除率分别为 90.01%、87.49%、87.18%、83.42%和 87.88%，COD 的平均去除率随 HRT 的减小呈先减小后增大的趋势，过长的 HRT 为有机物的消耗提供了更多的反应时间，有助于 COD 的去除，所以随着 HRT 的减小，其处理效能逐渐减小。过小的 HRT 虽然为微生物的代谢提供了大量的营养，使参与碳代谢的微生物细菌大量繁殖，导致其平均去除率有一定幅度的提高，但仍小于反应时间对去除率的影响。

HRT 的改变对仪器内微生物与污染物的接触反应时间、生存环境，以及营养物质的运输和传质等因素均造成不同程度的影响。对比仪器在 5 种 HRT 运行工况下 COD 的去除情况可以得出，仪器在运行阶段进水的 COD 浓度变化幅度波动较大，但是出水 COD 浓度稳定维持在 79.26 mg/L 以下。其中，HRT 为 26.25 h 时有 9 个出水 COD 浓度满足一级 A 排放标准，1 个出水 COD 浓度满足一级 B 排放标准。HRT 为 21.00 h 时有 3 个出水 COD 浓度满足一级 A 排放标准，5 个出水 COD 浓度满足一级 B 排放标准。HRT 为 17.50 h 时有 5 个出水 COD 浓度满足一级 A 排放标准，4 个出水 COD 浓度满足一级 B 排放标准。HRT 为 15.00 h 时有 4 个出水 COD 浓度满足一级 A 排放标准，2 个出水 COD 浓度满足一级 B 排放标准。HRT 为 13.13 h 时有 6 个出水 COD 浓度满足一级 A 排放标准，1 个出水 COD 浓度满足一级 B 排放标准。由此可知，在 HRT 为 26.25 h 时 COD 出水水质整体最好，基本满足污水处理厂的出水水质运行指标的浓度要求，为最佳 COD 去除工况。

由图 6-13 可知，在 MBBR 型 A^{2}O 工艺主要的 3 个反应池：厌氧池、缺氧池和 MBBR 池中 COD 浓度变化差异较大，各反应池对 COD 的去除效能大小排序为厌氧池>缺氧池>MBBR 池，即厌氧池为 COD 的主要去除功能单元，这与徐宏英等的"初期吸附去除"理论一致。缺氧池和 MBBR 池对 COD 的去除效能远低于厌氧池。

2. BOD$_5$ 去除效果

不同 HRT 条件下仪器进出水 BOD$_5$ 浓度和 BOD$_5$ 去除率随运行时间的变化情况、BOD$_5$ 去除的沿程变化情况分别如图 6-14 和图 6-15 所示。

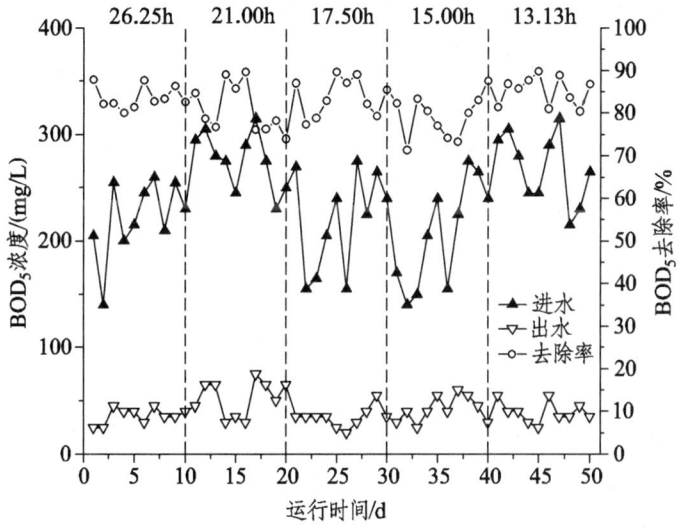

图 6-14 不同 HRT 下 BOD$_5$ 浓度及去除率随运行时间变化曲线

由图 6-14 可知，试验进水 BOD$_5$ 浓度为 140～315 mg/L，出水平均 BOD$_5$ 浓度分别为 36.00 mg/L、52.50 mg/L、34.50 mg/L、42.00 mg/L 和 39.50 mg/L，其相应的平均 BOD$_5$ 去除率分别为 83.64%、80.95%、83.88%、79.27% 和 85.24%，整体 BOD$_5$ 平均去除率相对稳定，仅在 5.97% 内浮动，即 HRT 变化对 BOD$_5$ 去除效果影响较小。

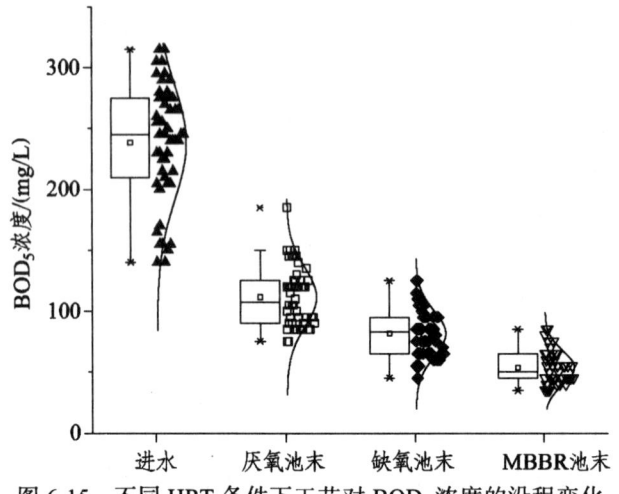

图 6-15 不同 HRT 条件下工艺对 BOD$_5$ 浓度的沿程变化

HRT 的改变对仪器内微生物与污染物的接触反应时间、生存环境，以及营养物质的运输和传质等因素均造成不同程度的影响。对比仪器在 5 种 HRT 运行工况下 BOD$_5$ 的去除情况可以得出，仪器在运行阶段进水的 BOD$_5$ 浓度变化幅度波动较大，但是出水 BOD$_5$ 浓度稳定维持在 79.26 mg/L 以下。其中，HRT 为 26.25 h 时有 3 个出水 BOD$_5$ 浓度满足二级排放标准，7 个出水 BOD$_5$ 浓度满足三级排放标准。HRT 为 21.00 h 时有 2 个出水 BOD$_5$ 浓度满足二级排放标准，3 个出水 BOD$_5$ 浓度满足三级排放标准。HRT 为 17.50 h 时有 2 个出水 BOD$_5$ 浓度满足二级排放标准，8 个出水 BOD$_5$ 浓度满足三级排放标准。HRT 为 15.00 h 时有 3 个出水 BOD$_5$ 浓度满足二级排放标准，7 个出水 BOD$_5$ 浓度满足三级排放标准。HRT 为 13.13 h 时有 1 个出水 BOD$_5$ 浓度满足二级排放标准，9 个出水 BOD$_5$ 浓度满足三级排放标准。由此可知，BOD$_5$ 整体去除效果较差，仅能满足城镇污水处理厂的二级或三级排放标准。在 HRT 为 26.25 h 和 15.00 h 时 BOD$_5$ 出水水质整体较好，考虑到在 HRT 为 26.25 h 运行期间平均出水 BOD$_5$ 浓度较低，则优选 26.25 h 为最佳 BOD$_5$ 去除工况。

由图 6-15 可知，在 MBBR 型 A^{2}O 工艺主要的 3 个反应池：厌氧池、缺氧池和 MBBR 池中 BOD$_5$ 浓度变化差异较大，各反应池对 BOD$_5$ 的去除效能大小排序为厌氧池>MBBR 池>缺氧池，即厌氧池为 BOD$_5$ 的主要去除功能单元，这与 COD

的去除效能相一致。MBBR池和缺氧池对BOD_5的去除效能远低于厌氧池。

3. TP去除效果

不同HRT条件下仪器进出水TP浓度和TP去除率随运行时间的变化情况、TP去除的沿程变化情况分别如图6-16和图6-17所示。

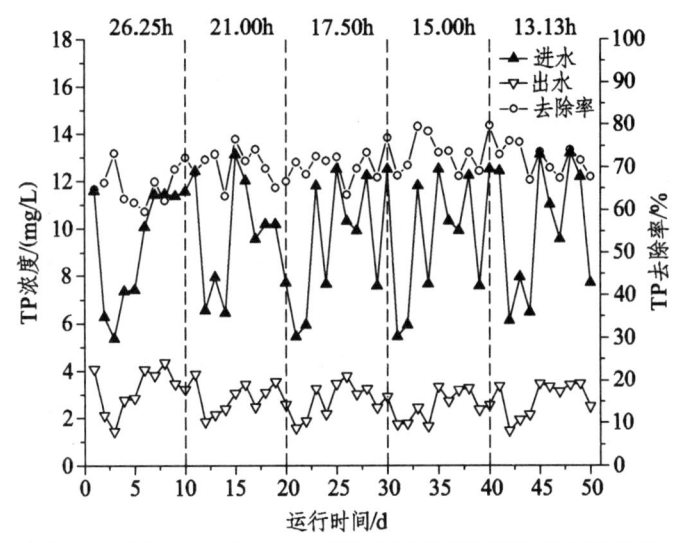

图6-16 不同HRT下TP浓度及去除率随运行时间变化曲线

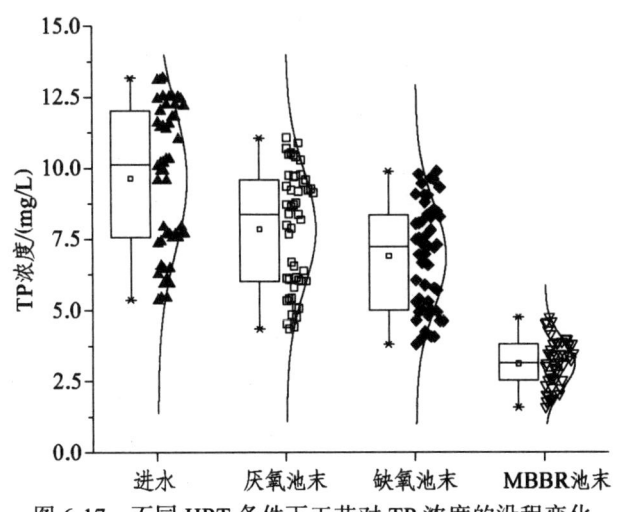

图6-17 不同HRT条件下工艺对TP浓度的沿程变化

由图 6-16 可知，试验进水 TP 浓度为 5.36～13.18 mg/L，出水平均 TP 浓度分别为 3.21 mg/L、2.84 mg/L、2.77 mg/L、2.49 mg/L 和 2.81 mg/L，其相应的平均 TP 去除率分别为 65.91%、70.08%、70.71%、73.35%和 71.63%。TP 的平均去除率随 HRT 的减小呈先增大后减小的趋势，过短的 HRT 在仪器内部形成更多的好氧环境，使聚磷菌的好氧吸磷作用增强，所以随着 HRT 的减小 TP 的处理效能逐渐增大。过小的 HRT 虽然为微生物的代谢提供了充足的营养物质和适宜的好氧环境，但 HRT 过小导致除磷的反应时间减小，使 TP 的去除率有所下降。

HRT 的改变对仪器内微生物与污染物的接触反应时间、生存环境，以及营养物质的运输和传质等因素均造成不同程度的影响。对比仪器在 5 种 HRT 运行工况下 TP 的去除情况可以得出，仪器在运行阶段进水的 TP 浓度变化幅度波动较大，但是出水 TP 浓度稳定维持在 4.34 mg/L 以下。其中，HRT 为 26.25 h 时有 1 个出水 TP 浓度满足一级 B 排放标准，3 个出水 TP 浓度满足二级排放标准，6 个出水 TP 浓度满足三级排放标准。HRT 为 21.00 h 时有 5 个出水 TP 浓度满足二级排放标准，5 个出水 TP 浓度满足三级排放标准。HRT 为 17.50 h 时有 5 个出水 TP 浓度满足二级排放标准，5 个出水 TP 浓度满足三级排放标准。HRT 为 15.00 h 时有 7 个出水 TP 浓度满足二级排放标准，3 个出水 TP 浓度满足三级排放标准。HRT 为 13.13 h 时有 4 个出水 TP 浓度满足二级排放标准，6 个出水 TP 浓度满足三级排放标准。由此可知，TP 整体去除效果较差，仅能满足城镇污水处理厂的二级或三级排放标准。在 HRT 为 15.00 h 时 TP 出水水质整体较好，考虑到在 HRT 为 15.00 h 运行期间平均出水 TP 浓度基本满足污水处理厂的出水水质运行指标的二级排放浓度要求，则优选 15.00 h 为最佳的 TP 去除工况。

由图 6-17 可知，在 MBBR 型 A^2O 工艺主要的 3 个反应池：厌氧池、缺氧池和 MBBR 池中 TP 浓度变化差异较大，各反应池对 TP 的去除效能大小排序为 MBBR 池>厌氧池>缺氧池，即 MBBR 池为 TP 的主要去除功能单元，这与好氧吸磷作用相一致，并且此时 MBBR 反应池中因载体填料的存在可能富集大量具有除磷功能的微生物。厌氧池和缺氧池对 TP 的去除效能远低于 MBBR 池，但厌氧池中因厌氧释磷作用的存在，其仍具有较高的 TP 去除效能，推测在厌氧池中发生了反硝化除磷，且反硝化除磷作用强于厌氧释磷作用。

4. 氮素去除效果

不同 HRT 条件下仪器进出水 TN 浓度和 TN 去除率随运行时间的变化情况、TN 去除的沿程变化情况分别如图 6-18 和图 6-19 所示。

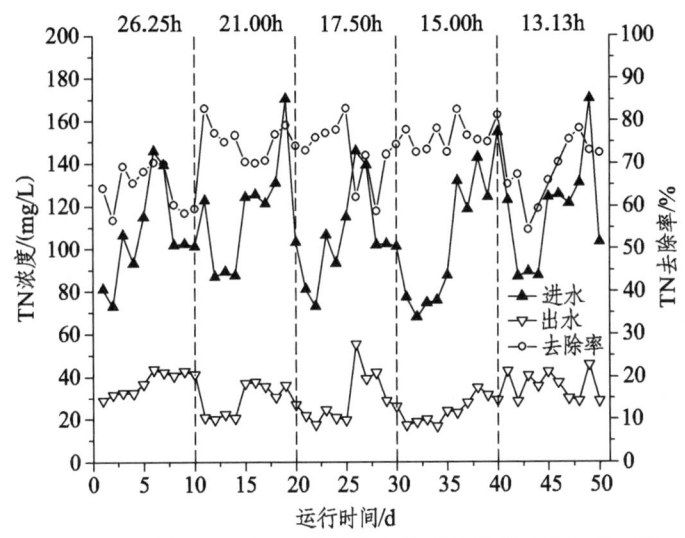

图 6-18 不同 HRT 下 TN 浓度及去除率随运行时间变化曲线

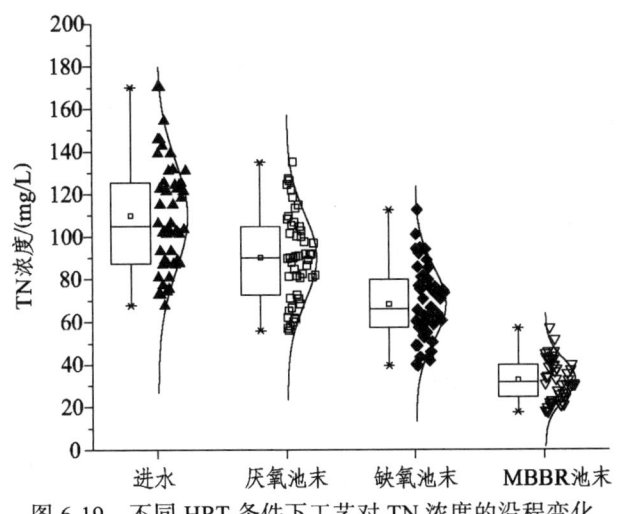

图 6-19 不同 HRT 条件下工艺对 TN 浓度的沿程变化

由图 6-18 可知，试验进水 TN 浓度为 67.80～170.32 mg/L，出水平均 TN 浓度分别为 37.14 mg/L、28.61 mg/L、29.43 mg/L、24.13 mg/L 和 35.89 mg/L，其相应的平均 TN 去除率分别为 64.23%、75.30%、72.68%、76.58%和 68.24%。TN 的平均去除率随 HRT 的减小整体呈先增大后减小的趋势，在 HRT 为 26.25 h 时去除效果最差，15.00 h 时去除效果最佳。在 26.25 h 时出水平均 TN 浓度相对较高，此时反应器中以硝化作用为主；在 15.00 h 时出水平均 TN 浓度最低，此时以反硝化作用为主。过长的 HRT 不利于进行反硝化，此时出水 TN 浓度变高；较短的 HRT 更加有利于反硝化，此时出水 TN 浓度变低。这与 26.25 h 和 15.00 h 的出水 TN 浓度变化相一致。

HRT 的改变对仪器内微生物与污染物的接触反应时间、生存环境，以及营养物质的运输和传质等因素均造成不同程度的影响。对比仪器在 5 种 HRT 运行工况下 TN 的去除情况可以得出，仪器在运行阶段进水的 TN 浓度变化幅度波动较大，但是出水 TN 浓度稳定维持在 55.14 mg/L 以下。其中，HRT 为 26.25 h 时出水 TN 浓度均不满足一级 B 排放标准。HRT 为 21.00 h 时仅有 1 个出水 TN 浓度满足一级 B 排放标准。HRT 为 17.50 h 时有 2 个出水 TN 浓度满足一级 B 排放标准。HRT 为 15.00 h 时有 4 个出水 TN 浓度满足一级 B 排放标准。HRT 为 13.13 h 时出水 TN 浓度均不满足一级 B 排放标准。由此可知，TN 整体去除效果较差，仅有少数出水水质满足城镇污水处理厂的一级 B 排放标准。在 HRT 为 15.00 h 时 TN 出水水质整体较好，考虑到在 HRT 为 15.00 h 运行期间平均出水 TN 浓度满足污水处理厂的出水水质运行指标的一级 B 排放标准最多，且此时平均去除率最高，则优选 15.00 h 为最佳的 TN 去除工况。

由图 6-19 可知，在 MBBR 型 A²O 工艺主要的 3 个反应池：厌氧池、缺氧池和 MBBR 池中 TN 浓度变化差异较大，各反应池对 TN 的去除效能大小排序为 MBBR 池>缺氧池>厌氧池，即 MBBR 池为 TN 的主要去除功能单元，此时 MBBR 反应池中因载体填料的存在造成了多样的生存环境，造成了反硝化作用的微生物增多，使 TN 去除效能最大。缺氧池和厌氧池对 TN 的去除效能远低于 MBBR 池，但缺氧池中因反硝化脱氮作用的存在，其仍具有较高的 TN 去除效能。

不同 HRT 条件下仪器进出水 NH_3-N 浓度和 NH_3-N 去除率随运行时间的变化情况、NH_3-N 去除的沿程变化情况分别如图 6-20 和图 6-21 所示。

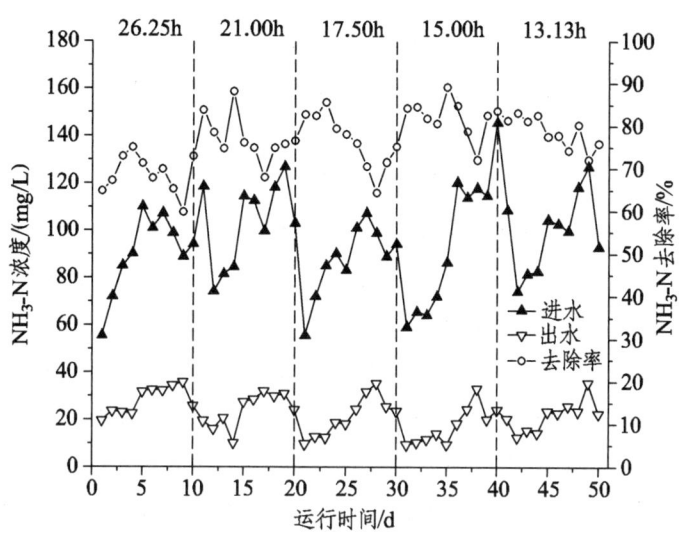

图 6-20 不同 HRT 下 NH$_3$-N 浓度及去除率随运行时间变化曲线

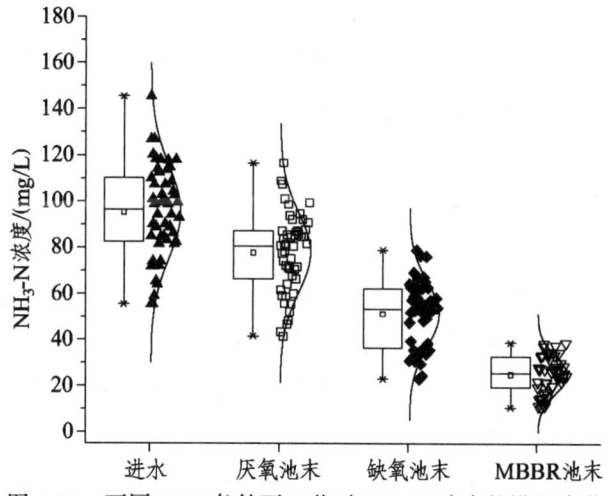

图 6-21 不同 HRT 条件下工艺对 NH$_3$-N 浓度的沿程变化

由图 6-20 可知，试验进水 NH$_3$-N 浓度为 55.48~145.54 mg/L，出水平均 NH$_3$-N 浓度分别为 28.06 mg/L、23.82 mg/L、21.13 mg/L、17.42 mg/L 和 21.58 mg/L，其相应的平均 NH$_3$-N 去除率分别为 68.68%、77.09%、76.53%、82.15%和 78.57%。随着 HRT 的减小，NH$_3$-N 的平均去除率整体呈现先增大后减小的趋势，在 HRT 为 26.25 h 时去除效果最差，15.00 h 时去除效果最佳，

这与 TN 去除效果相一致。在 26.25 h 时出水平均 NH$_3$-N 浓度相对较高，此时反应器中硝化作用较弱；在 15.00 h 时出水平均 NH$_3$-N 浓度最低，此时以反硝化作用较强。

HRT 的改变对仪器内微生物与污染物的接触反应时间、生存环境，以及营养物质的运输和传质等因素均造成不同程度的影响。对比仪器在 5 种 HRT 运行工况下 NH$_3$-N 的去除情况可以得出，仪器在运行阶段进水的 NH$_3$-N 浓度变化幅度波动较大，但是出水 NH$_3$-N 浓度稳定维持在 35.66 mg/L 以下。其中，HRT 为 26.25 h 时有 4 个出水 NH$_3$-N 浓度满足二级排放标准。HRT 为 21.00 h 时有 5 个出水 NH$_3$-N 浓度满足二级排放标准。HRT 为 17.50 h 时有 7 个出水 NH$_3$-N 浓度满足二级排放标准。HRT 为 15.00 h 时有 9 个出水 NH$_3$-N 浓度满足二级排放标准。HRT 为 13.13 h 时有 8 个出水 NH$_3$-N 浓度满足二级排放标准。由此可知，NH$_3$-N 整体去除效果高于 TN 的去除效果，此时硝化作用加快 NH$_3$-N 的去除。在 HRT 为 15.00 h 时 NH$_3$-N 出水水质整体较好，考虑到在 HRT 为 15.00 h 运行期间平均出水 NH$_3$-N 浓度基本满足污水处理厂的出水水质运行指标的二级排放标准，且此时 NH$_3$-N 平均去除率最高，则优选 15.00 h 为最佳的 NH$_3$-N 去除工况，这与 TN 的最佳去除工况条件相一致。

由图 6-21 可知，在 MBBR 型 A^{2}O 工艺主要的 3 个反应池：厌氧池、缺氧池和 MBBR 池中 NH$_3$-N 浓度变化差异较大，各反应池对 NH$_3$-N 的去除效能大小排序为 MBBR 池>缺氧池>厌氧池，即 MBBR 池为 NH$_3$-N 的主要去除功能单元，此时 MBBR 反应池中硝化作用最强，使 NH$_3$-N 转化为 NO$_3$-N，增强了 NH$_3$-N 的去除效能。缺氧池和厌氧池对 NH$_3$-N 的去除效能远低于 MBBR 池，但缺氧池中因反硝化脱氮作用的存在，其仍具有较高的 NH$_3$-N 去除效能。

不同 HRT 条件下仪器 NO$_2$-N 和 NO$_3$-N 去除的沿程变化情况分别如图 6-22 和图 6-23 所示。

在进水中未检测到 NO$_3$-N，进水 NO$_2$-N 浓度为 1.40～3.39 mg/L，平均进水 NO$_2$-N 浓度为 2.26 mg/L。由图 6-22 和 6-23 可知，在 MBBR 型 A^{2}O 工艺主要的 3 个反应池：厌氧池、缺氧池和 MBBR 池中 NO$_2$-N 浓度变化差异较大，各反应池对 NO$_2$-N 的去除效能大小排序为缺氧池＞厌氧池＞MBBR

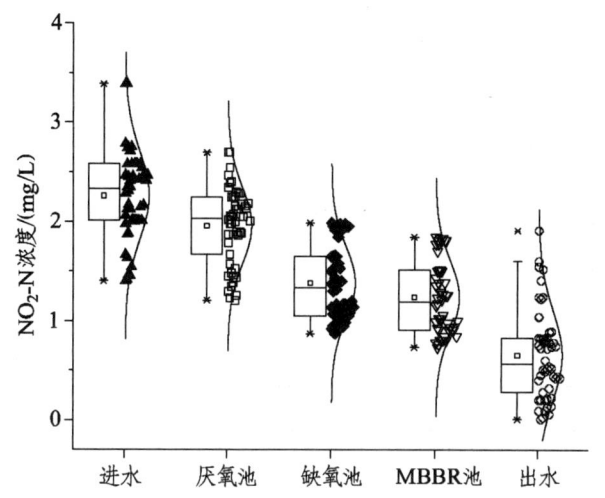

图 6-22　不同 HRT 条件下工艺对 NO_2-N 浓度的沿程变化

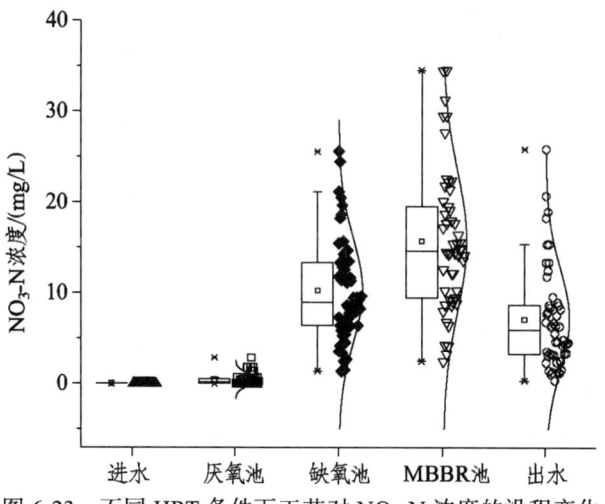

图 6-23　不同 HRT 条件下工艺对 NO_3-N 浓度的沿程变化

池，即缺氧池为 NO_2-N 的主要去除功能单元。此时缺氧池中硝化作用最强，使 NO_2-N 在硝化细菌作用下转化为 NO_3-N，增加了 NO_2-N 的去除率，却使得 NO_3-N 大量产生累积。在厌氧池中 TN 和 NH_3-N 的去除效能均最低，硝化作用产生少量的 NO_3-N，后经反硝化作用变成 N_2 排出，导致在厌氧池中 NO_3-N 累积量较小。在 MBBR 池中 NO_2-N 去除效能最低，转化为 NO_3-N 的量也较小；但此时 TN 和 NH_3-N 的去除效能均最高，导致 TN 和 NH_3-N 经好氧氨氧化细菌转化成 NO_2-N 和 NO_3-N，最终经过生物处理后导致 NO_3-N 产生累积，即在进水中未检出 NO_3-N，工艺运行后在出水中检出 NO_3-N。

6.3.2 HRT 对微生物群落特征

对不同 HRT 运行工况下生物膜微生物样本进行 16S rRNA 基因测序分析，从微生物学方面进一步说明 MBBR 型 A^2O 反应器污染物去除特性。各样本名称与工况条件对应信息见表 6-12。

表 6-12 样本名称与工况条件信息

样本名称	样本类型	填料类型	填充率	工况条件
H26	生物膜	A 型	40%	HRT 为 26.25 h
H21	生物膜	A 型	40%	HRT 为 21.00 h
H17	生物膜	A 型	40%	HRT 为 17.50 h
H15	生物膜	A 型	40%	HRT 为 15.00 h
H13	生物膜	A 型	40%	HRT 为 13.13 h

1. 物种丰度与多样性分析

表 6-13 为不同 HRT 运行工况下微生物群落丰度与多样性。生物样本基因文库覆盖率均达到 98%以上，表明样本测序结果能够完全代表微生物样本的实际情况。Observed species 指数和 Chao1 指数表明群落丰富度的高低，Shannon 指数和 Simpson 指数表明群落多样性的高低，数值越大代表群落丰富度和多样性就越大。

从表 6-13 可知，随着 HRT 的减小微生物样本序列量在 HRT 为 21.00 h 时达到最大，即此时的 ASVs 也最大，后随着 HRT 的减小序列量呈减小的趋势。随着 HRT 的减小 Observed species 指数、Chao1 指数、Shannon 指数和 Simpson 指数均呈现出先增大后减小的趋势，HRT 的减小增大了进水流量，进水营养物质增多，导致微生物代谢活动增强，使群落丰富度和多样性增大。但随着 HRT 的进一步减小，导致微生物与污染物之间的反应时间严重不足，出现营养过剩的现象，从而导致群落丰富度和多样性小幅度范围的减小。H13 的丰富度和多样性指数相较于 H15 已经出现减小的趋势，群落丰富度和多样性在 H15 时均相对较高。

第 6 章　MBBR 型 A²O 工艺试验

表 6-13　不同 HRT 运行工况下微生物群落丰度与多样性

样品名	Sequences/ ASVs	丰富度		多样性		Goods coverage
		Observed species	Chao1	Shannon	Simpson	
H26	42 455	1 604.6	1 901.85	6.200	0.884	0.986 4
H21	51 560	2 136.9	2 552.96	7.025	0.928	0.981 1
H17	42 459	2 027.7	2 308.21	7.306	0.945	0.984 8
H15	36 207	2 161.5	2 287.99	7.625	0.959	0.988 5
H13	39 586	1 952.3	2 242.11	6.803	0.922	0.984 9

2. 微生物群落差异性

为了进一步验证不同 HRT 运行工况对生物膜微生物的影响，利用微生物群落层级聚类分析方法对生物样本进行分析。以属分类学水平平均相对丰度前 20 的属为研究对象，按照各样本间的相似程度进行聚类分析，依据聚类结果对样本进行排序，并绘制热图，结果如图 6-24 所示。

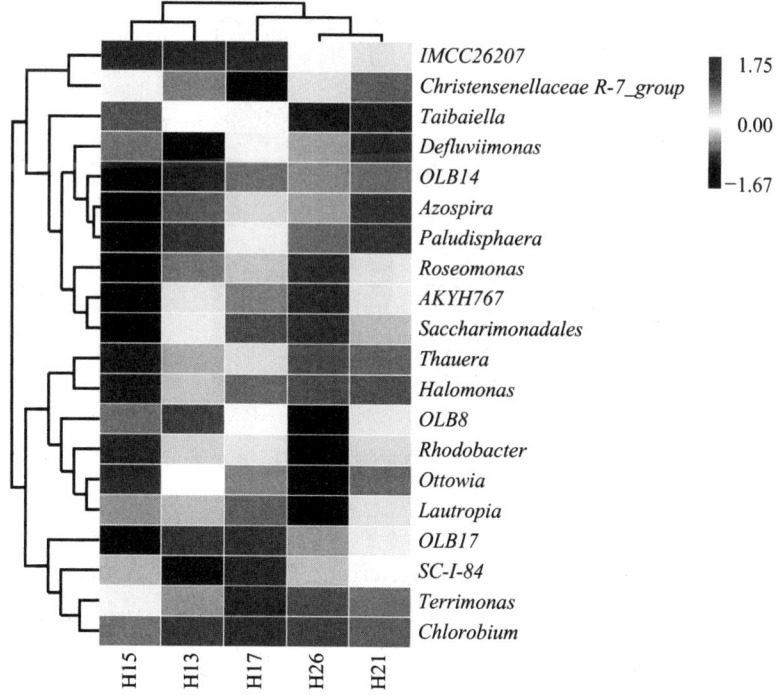

图 6-24　不同 HRT 运行工况下微生物群落层级聚类分析热图

由图 6-24 可知，不同 HRT 运行工况的五个生物膜样本中，H15 和 H13 同属于次一级的两个不同聚类；H26 和 H21 也同属于次一级的两个不同聚类；H17 分级差异较大。长的 HRT 工况（H26 和 H21）和短的 HRT 工况（H15 和 H13）间层级差异最为明显，表明 HRT 对群落结构影响较大，在相近的 HRT 条件下影响较小，但随着 HRT 的间隔增大导致其影响增加。结果表明，H17 的生物膜样本与其他 HRT 生物膜样本差异较大，相近 HRT 条件对生物膜样本影响较小。

3. 微生物群落组成

为了进一步研究不同 HRT 运行工况条件下微生物群落的结构特征，分析了不同 HRT 条件下样本微生物群落组成，并对优势微生物在污染物去除的功能方面进行了说明。不同 HRT 条件下微生物组成在门水平、纲水平和属水平的分布情况分别如图 6-25、图 6-26 和图 6-27 所示。

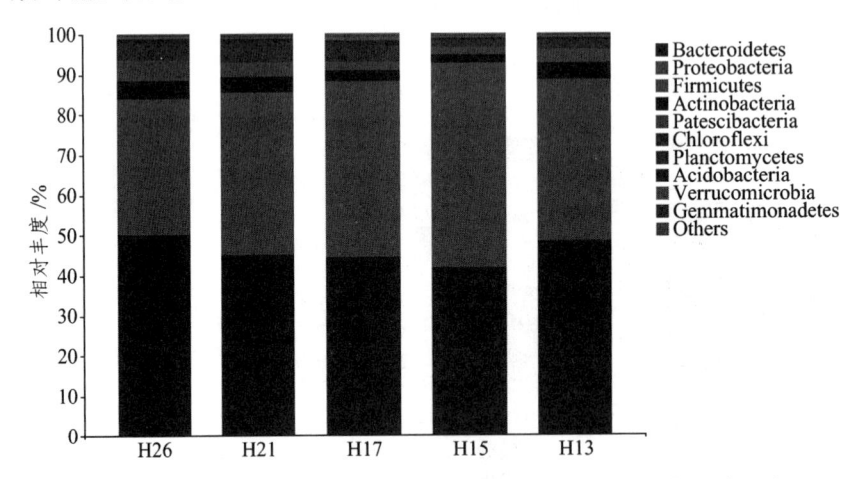

图 6-25 不同 HRT 运行工况下微生物群落在门级水平分布（前 10）

由图 6-25 可知，不同 HRT 运行工况的微生物样本中在门分类学水平主要分布于 Bacteroidetes、Proteobacteria、Firmicutes、Actinobacteria、Patescibacteria、Chloroflexi、Planctomycetes、Acidobacteria、Verrucomicrobia、芽单胞菌门（Gemmatimonadetes）。其中三大优势门分别是 Bacteroidetes、Proteobacteria 和 Firmicutes。

Bacteroidetes 常见于污水处理工艺，并且大量存在厌氧和缺氧环境，属于异养菌和革兰氏阴性菌，主要具有分解大分子有机物和反硝化脱氮作用。Bacteroidetes 在 H26、H21、H17、H15 和 H13 的样本中相对丰度分别为 49.99%、45.11%、44.37%、41.67%和 48.41%，为不同 HRT 条件下的优势菌门。随着 HRT 的减小，其相对丰度也减小，主要因为 HRT 的减小造成厌氧缺氧环境的更迭时间缩短，造成的好氧环境不适宜 Bacteroidetes 的生长，导致其丰度减小；但其在 H13 时相对丰度却有一定程度提升，推测此时的进水流量过大，使营养物质增大，过量的营养更利于 Bacteroidetes 的正常生命代谢活动。Proteobacteria 作为污水处理中的常见菌门，主要作用是降解有机污染物和硝化反硝化脱氮。Proteobacteria 在 H26、H21、H17、H15 和 H13 的样本中的相对丰度分别为 27.99%、33.76%、41.67%、45.99%和 34.15%，为不同 HRT 条件下的优势菌门。随着 HRT 的减小，其相对丰度增大，主要是因为 HRT 的减小造成进水流量增大，营养物质增多，更利于 Proteobacteria 的生长；但其在 H13 时相对丰度却有一定程度降低，因此时 Bacteroidetes 丰度增大，导致碳源和氮源竞争相对激烈，Proteobacteria 竞争不利使其相对丰度减小。Firmicutes 属于革兰氏阳性菌，在好氧或缺氧环境下参与硝化反硝化反应。Firmicutes 在 H26、H21、H17、H15 和 H13 的样本中的相对丰度分别为 6.10%、6.44%、2.14%、4.88%和 5.84%，为不同 HRT 条件下的优势菌门。但其在 H17 时相对丰度最低，此时大小适中的 HRT 能提供较为平衡的好氧和缺氧环境，生长环境更迭也较为平缓，不能为 Firmicutes 提供更加适宜的好氧或缺氧生长环境，导致其相对丰度最低。

由图 6-26 可知，不同 HRT 运行工况的微生物样本中在纲分类学水平主要分布于拟杆菌纲（Bacteroidia）、γ-变形菌纲（Gammaproteobacteria）、α-变形菌纲（Alphaproteobacteria）、梭菌纲（Clostridia）、Saccharimonadia 等 15 个菌纲。其中三大优势纲分别是 Bacteroidia、Gammaproteobacteria 和 Alphaproteobacteria。

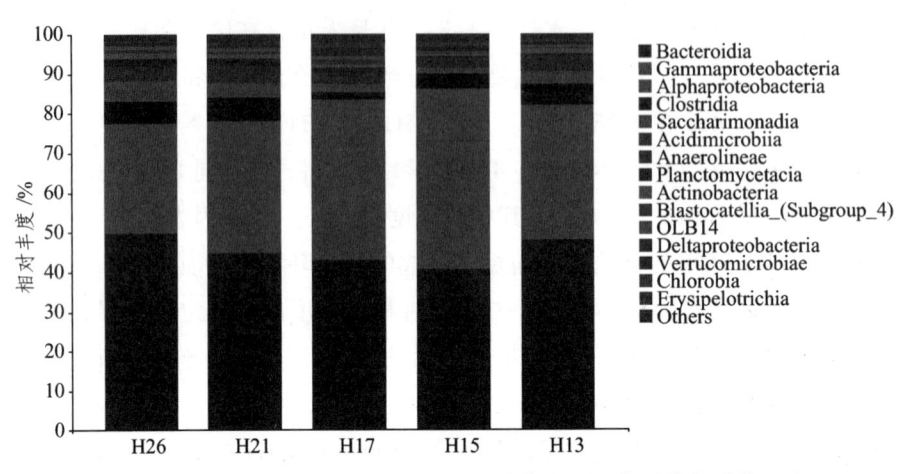

图 6-26 不同 HRT 运行工况下微生物群落在纲级水平分布（前 15）

Bacteroidia 在 H26、H21、H17、H15 和 H13 的样本中的相对丰度分别为 49.71%、44.70%、42.99%、40.64%和 48.40%，为不同 HRT 条件下的优势菌纲。在不同 HRT 工况运行条件下，其相对丰度仅在 40.64%～49.71%波动。Bacteroidia 在纲级分类学水平与门级分类学水平相对丰度变化基本一致。Gammaproteobacteria 在 H26、H21、H17、H15 和 H13 的样本中的相对丰度分别为 14.01%、18.95%、27.70%、32.34%和 17.98%，为不同 HRT 条件下的优势菌纲。随着 HRT 的减小，其相对丰度呈现先增大后减小的趋势。Alphaproteobacteria 在 H26、H21、H17、H15 和 H13 的样本中的相对丰度分别为 13.78%、14.34%、12.67%、12.92%和 15.73%，为不同 HRT 条件下的优势菌纲。在不同 HRT 运行工况运行条件下，Alphaproteobacteria 相对丰度仅在 12.67%～15.73%波动，并无明显变化。由上可知，Gammaproteobacteria 菌纲相对丰度变化与 Proteobacteria 的相对丰度变化基本一致；虽然 Gammaproteobacteria 和 Alphaproteobacteria 同属于 Proteobacteria，但 Alphaproteobacteria 丰度却相对稳定，受 HRT 变化影响较小。

由图 6-27 可知，各微生物样本中在属分类学水平主要分布于 *AKYH767*、*OLB8*、固氮螺菌属（*Azospira*）、*Saccharimonadales*、*Ottowia* 等 15 个菌属。

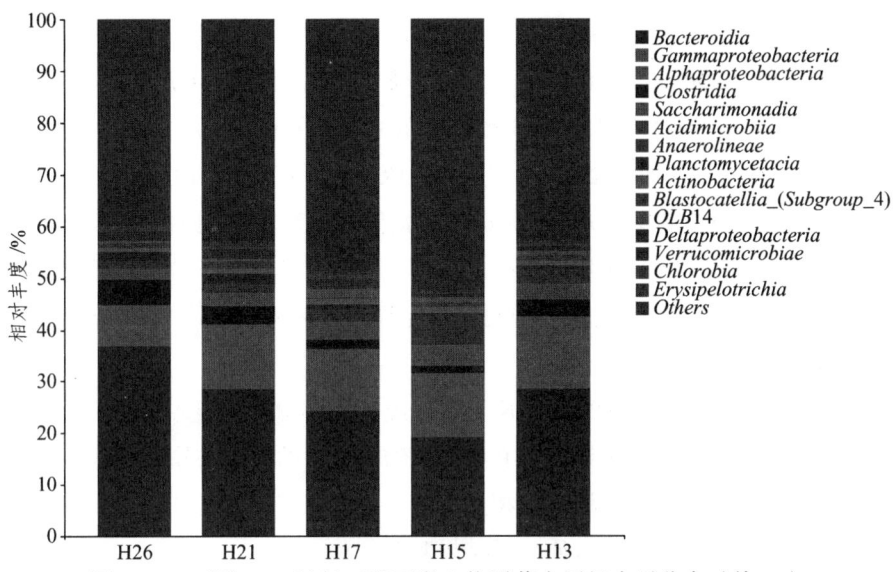

第 6 章　MBBR 型 A²O 工艺试验

图 6-27　不同 HRT 运行工况下微生物群落在属级水平分布（前 15）

　　AKYH767 属于 Bacteroidetes，主要作用为降解有机物和脱氮。*AKYH767* 在 H26、H21、H17、H15 和 H13 的样本中的相对丰度分别为 36.90%、28.38%、24.21%、19.18%和 28.59%，为不同 HRT 条件下的优势菌属。在不同 HRT 运行工况运行条件下，其相对丰度在 19.18%～36.90%波动，在属级分类学水平与门级分类学水平相对丰度变化基本一致，为高原污水处理中常见的优势菌属。*OLB8* 虽然也是不同 HRT 运行工况运行条件下的优势菌属，但尚无针对其相关功能的研究，后期进一步研究发现，可能会是高原污水处理中常见的优势菌属之一。*Azospira* 属于固氮菌，在 H26、H21、H17、H15 和 H13 的样本中的相对丰度分别为 3.75%、7.72%、7.96%、10.07%和 10.91%，为不同 HRT 条件下的优势菌属。*Azospira* 随 HRT 的减小，其相对丰度不断增大。HRT 的减小，为其生长提供了充足的氮素营养，导致其相对丰度不断增大；但因为 HRT 过小，会影响其固氮的反应时间，故后期相对丰度的增长趋势便逐渐减缓。*Saccharimonadales* 属于典型的脱氮菌，在 H26、H21、H17、H15 和 H13 的样本中的相对丰度分别为 4.95%、3.53%、2.06%、1.34%和 3.21%，为不同 HRT 条件下的优势菌属。随着 HRT 的减小，其相对丰度呈现先减小后增大的趋势。HRT 的减小，缩短了硝化和反硝化的反应时间，导致氮素消

耗较少，其相对丰度不断减小；但过小的 HRT 带来了充足的营养，使其相对丰度有所增大。*Ottowia* 也是污水处理中的常见菌属，主要作用是反硝化脱氮。*Ottowia* 在 H26、H21、H17、H15 和 H13 的样本中的相对丰度分别为 1.91%、2.48%、3.49%、3.93% 和 2.95%，为不同 HRT 条件下的优势菌属。随着 HRT 的减小，其相对丰度呈现先增大后减小的趋势。随着 HRT 的减小，营养氮源不断增多，导致 *Ottowia* 反硝化反应增多，其相对丰度不断增大；但随着过小的 HRT，减少了反硝化的反应时间，氮源吸收利用率变低，*Ottowia* 相对丰度减小。

上述分析表明，在 MBBR 反应池内已经具备多功能菌群共存且相互之间协同除污的生长环境，能够实现有机污染物和氮素的同步去除。但微生物群落组成分析发现，与磷代谢功能相关的微生物占比较小，这也进一步说明了除磷效果不佳的原因，与水质分析结果基本一致。

6.3.3 HRT 对微生物代谢机制

1. 基因表达丰度

在不同 HRT 运行工况条件下，利用 KEGG 数据库，获取 KO 注释信息，并根据 ASVs 丰度计算基因丰度，绘制了具有显著表达基因的火山图，并选择 p 最显著的 20 个基因进行标注，结果如图 6-28 所示。其中，横坐标表示差异倍数（FC = 实验组/对照组）经过 $\log_2$ 处理的 FC；纵坐标表示经过 $-\log_{10}$ 处理的 p（FC>2 且 $p<0.05$）。

通过比较在不同 HRT 运行工况条件下生物膜与挂膜完成时的基因表达丰度，发现 657 个基因显著差异上调，419 个基因显著差异下调。另外，差异上调基因中 FC 显著 p 差异不显著的有 671 个；p 差异显著，但 FC 不显著的基因有 1 615 个。无显著差异的基因有 2 523 个；差异下调基因中 FC 显著 p 差异不显著的有 411 个。

由上可知，HRT 的改变使 59.93% 的基因丰度发生不同程度的显著变化，可见 HRT 工况条件的变化对基因表达的影响作用比较明显。

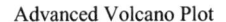

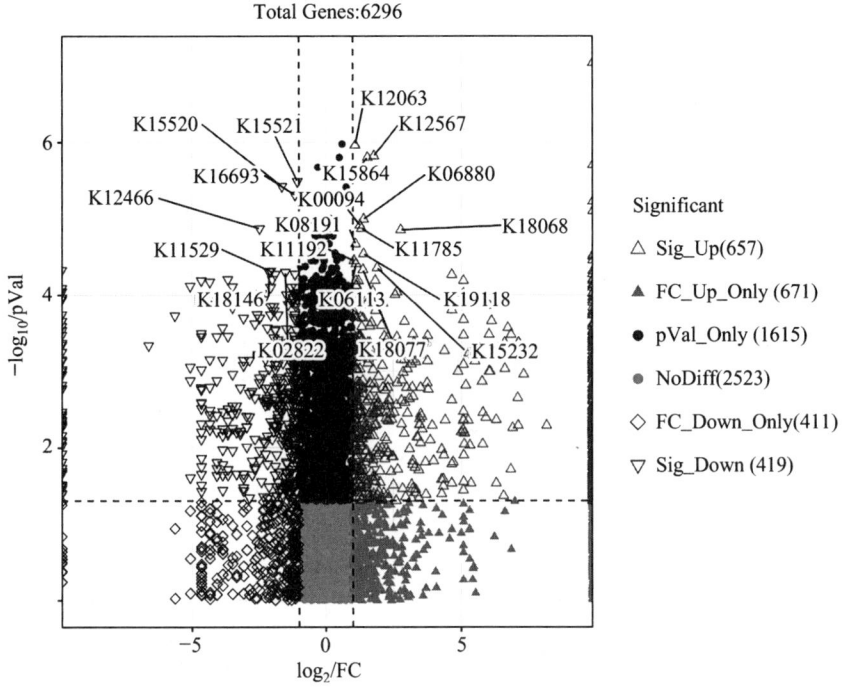

图 6-28　不同 HRT 运行工况下微生物基因火山图

2. 微生物群落功能

根据物种注释信息，借助 KEGG 数据库的代谢通路分析，预测了不同 HRT 运行工况下微生物样本功能基因组成，结果如图 6-29 和图 6-30 所示。

由图 6-29 和图 6-30 可知，不同 HRT 工况运行条件下生物膜的主要代谢通路为 Cellular Processes、Environmental Information Processing、Genetic Information Processing、Human Diseases、Metabolism 和 Organismal Systems。其中代谢通路为生物膜中最重要的功能，占总主要代谢通路的 81%，即代谢功能丰度最大。结果与现有研究表明 Metabolism 功能占总代谢通路的 50%以上一致，但高于其他学者的研究，表明高原生境下生物膜中代谢功能强。

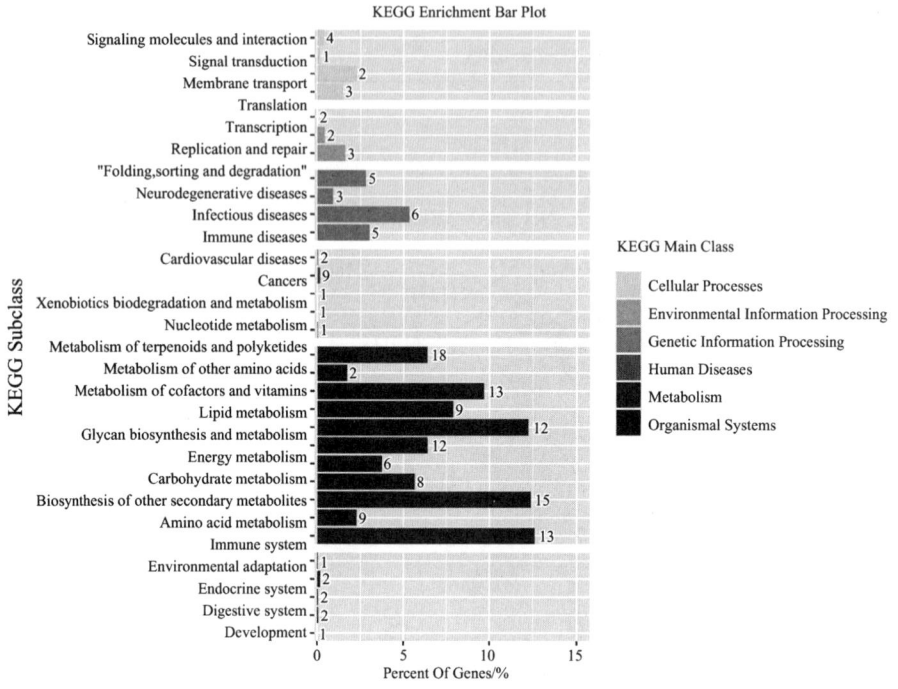

图 6-29 不同 HRT 运行工况下微生物群落功能通路分析

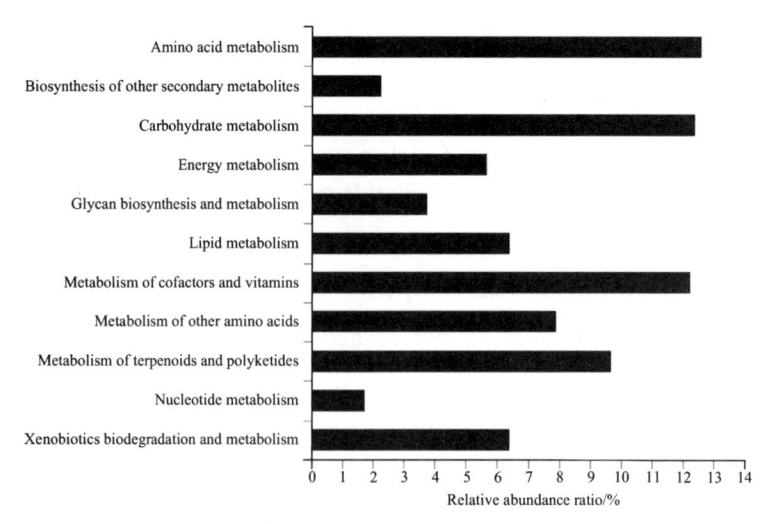

图 6-30 不同 HRT 运行工况下 Metabolism 功能二级通路图

在 Metabolism 功能二级通路中，主要的代谢功能为 Amino acid

metabolism、Carbohydrate metabolism 和 Metabolism of cofactors and vitamins，其代谢功能相对丰度分别为 12.60%、12.38%和 12.24%。另外，Biosynthesis of other secondary metabolites 相对丰度占比 2.27%、Energy metabolism 相对丰度占比 5.67%、Glycan biosynthesis and metabolism 相对丰度占比 3.75%、Lipid metabolism 相对丰度占比 6.40%、Metabolism of other amino acids 相对丰度占比 7.90%、Metabolism of terpenoids and polyketides 相对丰度占比 9.68%、Nucleotide metabolism 相对丰度占比 1.72%、Xenobiotics biodegradation and metabolism 相对丰度占比 6.39%，也均属于 MBBR 型 A^2O 工艺的主要代谢功能，以上主要代谢功能中以碳代谢和氮代谢为主，磷代谢丰度较低，说明该工艺具有较强的有机污染物和氮素去除效能，除磷功效并不突出。

对 Metabolism 功能三级通路分析发现，氨基酸代谢、其他次生代谢物的生物合成、碳水化合物代谢、能量代谢、聚糖生物合成和代谢、脂质代谢、辅助因子和维生素的代谢、其他氨基酸的代谢、萜类化合物和聚酮化合物的代谢、核苷酸代谢、异生素生物降解和代谢分别富集三级通路个数为 13、9、15、8、6、12、12、9、13、2 和 18。富集三级通路的能力与二级通路相对丰度的大小相关，大致表现为丰度越大其富集能力越强。

上述分析表明，在生物膜样本中 Metabolism 为主要的功能通路；二级通路中与碳代谢和氮代谢相关通路相对丰度较大，这与有机污染物和氮素的去除密切相关；与磷代谢相关的通路相对丰度较低，直接限制了磷的去除。因三级通路包含于二级通路，故二级通路相对丰度的大小直接影响对应三级通路的富集能力。

3. 微生物群落代谢功能

1）主要碳代谢途径

不同 HRT 运行工况下微生物主要碳代谢途径丰度分析结果见表 6-14。该反应器中主要碳代谢途径为光合生物中的碳固定、原核生物中的碳固定途径、丙酮酸代谢、乙醛酸和二羧酸代谢、氨基糖和核苷酸糖代谢、果糖和甘露糖代谢、淀粉和蔗糖代谢、半乳糖代谢。其中，光合生物中的碳固定、原核生物中的碳固定途径和丙酮酸代谢为优势代谢途径，其相对丰度在

1.09%～1.42%波动；乙醛酸和二羧酸代谢、氨基糖和核苷酸糖代谢、果糖和甘露糖代谢、淀粉和蔗糖代谢以及半乳糖代谢途径次之，其相对丰度在0.43%～1.00%波动。

表 6-14　不同 HRT 运行工况下微生物主要碳代谢途径丰度

代谢途径		相对丰度占比/%				
编号	名称	26.25 h	21.00 h	17.50 h	15.00 h	13.13 h
ko00710	光合生物中的碳固定	1.42	1.36	1.34	1.33	1.39
ko00720	原核生物中的碳固定途径	1.36	1.34	1.36	1.38	1.37
ko00620	丙酮酸代谢	1.09	1.11	1.14	1.17	1.11
ko00630	乙醛酸和二羧酸代谢	0.86	0.90	0.94	1.00	0.92
ko00520	氨基糖和核苷酸糖代谢	0.77	0.73	0.71	0.68	0.73
ko00051	果糖和甘露糖代谢	0.59	0.56	0.52	0.51	0.55
ko00500	淀粉和蔗糖代谢	0.56	0.54	0.53	0.52	0.55
ko00052	半乳糖代谢	0.53	0.50	0.47	0.43	0.49

光合生物中的碳固定主要依靠光合细菌吸收光源，消耗有机物和二氧化碳。现有研究中发现光合细菌大量存在于污水处理工艺中，并且大多数除磷菌、硝化细菌及反硝化细菌均具有光合作用，参与污水中碳、氮和磷的去除。在 HRT 为 26.25 h 时，光合生物中的碳固定相对丰度占比最大，因过长的 HRT 导致仪器中搅拌作用减弱，为光合细菌的生长提供了适宜的厌氧、缺氧环境。

原核生物中的碳固定途径主要通过微生物正常的生命活动消耗碳源，在不同 HRT 条件下其相对丰度占比基本不变，说明其受 HRT 变化影响较小。丙酮酸代谢是葡萄糖代谢的关键环节，随着 HRT 的减小，其相对丰度占比逐渐增大，主要因进水碳源浓度增大所致。乙醛酸和二羧酸代谢相对丰度变化与丙酮酸代谢相一致。氨基糖和核苷酸糖代谢、果糖和甘露糖代谢、淀粉和蔗糖代谢以及半乳糖代谢的相对丰度均在 HRT 为 26.25 h 时达到最大，此时仪器长时间处于厌氧和缺氧环境，加快了各种糖类代谢途径，导致其相对丰度增大。

综合上述分析可知，在主要碳代谢途径中大多数代谢途径在 HRT 为 26.25 h 时相对丰度最大，此时碳源去除效果最为明显，即碳代谢途径以厌氧和缺氧环境为主要发生环境。

2）主要氮代谢途径

不同 HRT 运行工况下微生物主要氮代谢途径丰度分析结果见表6-15。该反应器中主要氮代谢途径为丙氨酸、天冬氨酸和谷氨酸代谢、嘌呤代谢、精氨酸和脯氨酸代谢、氮代谢、色氨酸代谢、苯丙氨酸代谢和氨基苯甲酸酯降解。其中，丙氨酸、天冬氨酸和谷氨酸代谢为优势代谢途径，其相对丰度在 1.30%~1.37%波动；其余代谢途径相对丰度均较小，相对丰度仅在0.28%~0.78%波动。

丙氨酸、天冬氨酸和谷氨酸代谢在 HRT 为 26.25 h 时相对丰度最大，因过长的 HRT 导致仪器中搅拌作用减弱，为丙氨酸、天冬氨酸和谷氨酸代谢活动提供了适宜的厌氧、缺氧环境。嘌呤代谢、精氨酸和脯氨酸代谢、氨基苯甲酸酯降解相对丰度变化与丙氨酸、天冬氨酸和谷氨酸代谢相一致。氮代谢、色氨酸代谢和苯丙氨酸代谢的相对丰度均随 HRT 的减小而呈现先增大后减小的趋势，因 HRT 的减小带来了更多的氮源，为上述代谢途径提供了充足的氮素营养；后因 HRT 过小极大程度改变了微生物的生长环境，导致其相对丰度有减小的趋势。

表6-15 不同 HRT 运行工况下微生物主要氮代谢途径丰度

代谢途径		相对丰度占比/%				
编号	名称	26.25 h	21.00 h	17.50 h	15.00 h	13.13 h
ko00250	丙氨酸、天冬氨酸和谷氨酸代谢	1.37	1.33	1.31	1.30	1.34
ko00230	嘌呤代谢	0.78	0.76	0.75	0.75	0.76
ko00330	精氨酸和脯氨酸代谢	0.70	0.70	0.69	0.67	0.69
ko00910	氮代谢	0.60	0.59	0.60	0.63	0.60
ko00380	色氨酸代谢	0.58	0.60	0.63	0.64	0.61
ko00360	苯丙氨酸代谢	0.52	0.54	0.55	0.55	0.51
ko00627	氨基苯甲酸酯降解	0.29	0.29	0.28	0.28	0.28

MBBR 型 A²O 工艺的主要性能为脱氮，为了进一步探究其脱氮的代谢机制，对不同 HRT 运行工况下微生物氮代谢通路和主要碳代谢基因酶丰度进行分析，结果如图 6-31 和表 6-16 所示。

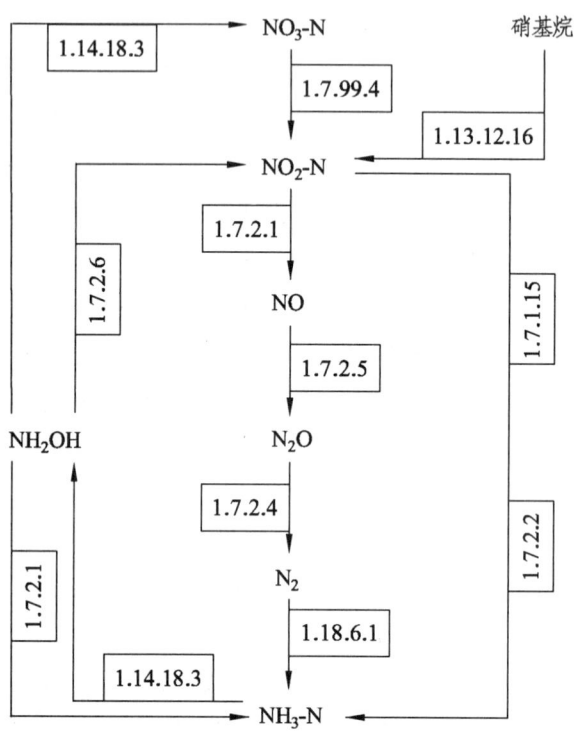

图 6-31　基于 KEGG 的氮代谢通路

表 6-16　不同 HRT 运行工况下微生物主要氮代谢基因酶丰度

酶基因功能		相对丰度				
编号	名称	26.25 h	21.00 h	17.50 h	15.00 h	13.13 h
EC:1.13.12.16	硝酸盐单加氧酶	767.73	822.39	945.00	1 148.34	848.70
EC:1.18.6.1	固氮酶	372.64	406.82	428.32	485.17	506.33
EC:1.7.1.15	亚硝酸盐还原酶（NADH）	647.33	759.64	911.79	995.64	730.27
EC:1.7.2.1	亚硝酸盐还原酶（NO-形成）	223.10	265.10	292.96	304.41	217.65
EC:1.7.2.2	亚硝酸盐还原酶（细胞色素；氨形成）	524.99	409.25	338.50	297.24	423.74
EC:1.7.2.4	一氧化二氮还原酶	150.89	194.02	228.22	264.62	171.07

续表

酶基因功能		相对丰度				
编号	名称	26.25 h	21.00 h	17.50 h	15.00 h	13.13 h
EC:1.7.2.5	一氧化氮还原酶（细胞色素 c）	178.03	206.83	261.97	299.84	180.96
EC:1.7.99.4	硝酸盐还原酶	708.71	823.68	1 039.28	1 194.57	821.99
EC:1.7.2.6	羟胺脱氢酶	2.44	2.52	3.36	1.30	2.06
EC:1.14.18.3	甲烷单加氧酶（颗粒）	1.43	1.23	2.52	0.92	3.00

由图 6-31 可知，在反应器中有 10 种基因酶参与氮代谢途径。在硝化反应过程中，NH_3-N 在甲烷单加氧酶（颗粒）和羟胺脱氢酶的共同作用下，转化为 NO_3-N 和 NO_2-N。在反硝化反应过程中，NO_3-N 经硝酸盐还原酶还原成 NO_2-N，NO_2-N 经亚硝酸盐还原酶（NO-形成）、一氧化氮还原酶（细胞色素 c）和一氧化二氮还原酶的共同作用下转化为 N_2。以上参与硝化反应和反硝化反应的基因酶是生物脱氮反应进行的主要功能基因酶。

由表 6-16 可知，主要氮代谢基因酶相对丰度变化较大，在 HRT 为 15.00 h 时硝酸盐单加氧酶、亚硝酸盐还原酶（NADH）、亚硝酸盐还原酶（NO-形成）、一氧化二氮还原酶、一氧化氮还原酶（细胞色素 c）和硝酸盐还原酶相对丰度最大；在 HRT 为 13.13 h 时固氮酶和甲烷单加氧酶（颗粒）相对丰度最大；在 HRT 为 26.25 h 和 17.50 h 时均仅有一种基因酶相对丰度最大，分别为亚硝酸盐还原酶（细胞色素，氨形成）和羟胺脱氢酶。表明主要氮代谢基因酶在 HRT 较小的条件下，其相对丰度较高，此时较短的 HRT 既提供了充足的氮源，又提供了厌氧、缺氧和好氧快速更替的生长环境，为反应器同步硝化反硝化反应的进行提供了适宜的条件，提高了反应器脱氮的性能。

综合上述分析可知，在主要氮代谢途径中大多数代谢途径在 HRT 为 15.00 h 时相对丰度最大，即此时氮源去除效果最为明显。

3）主要磷代谢途径

不同 HRT 运行工况下微生物主要磷代谢途径丰度分析结果见表 6-17。该反应器中主要磷代谢途径为脂肪酸生物合成、戊糖磷酸途径、丙酸代谢、脂肪酸代谢、丁酸代谢、氧化磷酸化、甘油磷脂代谢和磷酸肌醇代谢。其中，脂肪酸生物合成、戊糖磷酸途径、丙酸代谢、脂肪酸代谢和丁酸代谢为优势代谢途径，其相对丰度在 0.90%～1.79%波动；氧化磷酸化、甘油磷脂代谢和磷酸肌醇代谢途径相对丰度均较小，相对丰度仅在 0.24%～0.57%波动。

表 6-17　不同 HRT 运行工况下微生物主要磷代谢途径丰度

代谢途径		相对丰度占比/%				
编号	名称	26.25 h	21.00 h	17.50 h	15.00 h	13.13 h
ko00061	脂肪酸生物合成	1.76	1.75	1.79	1.74	1.74
ko00030	戊糖磷酸途径	1.17	1.14	1.11	1.08	1.14
ko00640	丙酸代谢	0.97	0.99	1.01	1.05	1.00
ko00071	脂肪酸代谢	0.90	0.93	0.96	1.01	0.94
ko00650	丁酸代谢	0.90	0.93	0.96	1.01	0.94
ko00190	氧化磷酸化	0.55	0.55	0.57	0.57	0.55
ko00564	甘油磷脂代谢	0.47	0.48	0.50	0.50	0.49
ko00562	磷酸肌醇代谢	0.26	0.26	0.25	0.24	0.25

丙酸代谢、脂肪酸代谢、丁酸代谢、氧化磷酸化和甘油磷脂代谢在 HRT 为 15.00 h 时相对丰度最大，因过短的 HRT 导致仪器中搅拌作用充分，为丙酸代谢、脂肪酸代谢、丁酸代谢、氧化磷酸化和甘油磷脂代谢提供了适宜的好氧环境。在 HRT 为 17.50 h 时脂肪酸生物合成相对丰度最大；在 HRT 为 26.25 h 时戊糖磷酸途径和磷酸肌醇代谢相对丰度最大。表明主要磷代谢途径在 HRT 较小的条件下，其相对丰度较高，此时较短的 HRT 即提供了好氧环境，加速好氧吸磷的作用；而戊糖磷酸途径和磷酸肌醇代谢却在 HRT 为 26.25 h 时相对丰度最大，推测其主要功能为厌氧释磷作用，更加适应厌缺氧的环境条件。

在污水处理工艺中聚 β-羟基丁酸酯（PHB）的合成是磷代谢的重要组成部分，决定该工艺除磷的效能。为了进一步探究 MBBR 型 A^{2}O 工艺的除磷效能，对 PHB 合成的代谢通路和基因酶丰度进行了分析，结果如图 6-32 和表 6-18 所示。

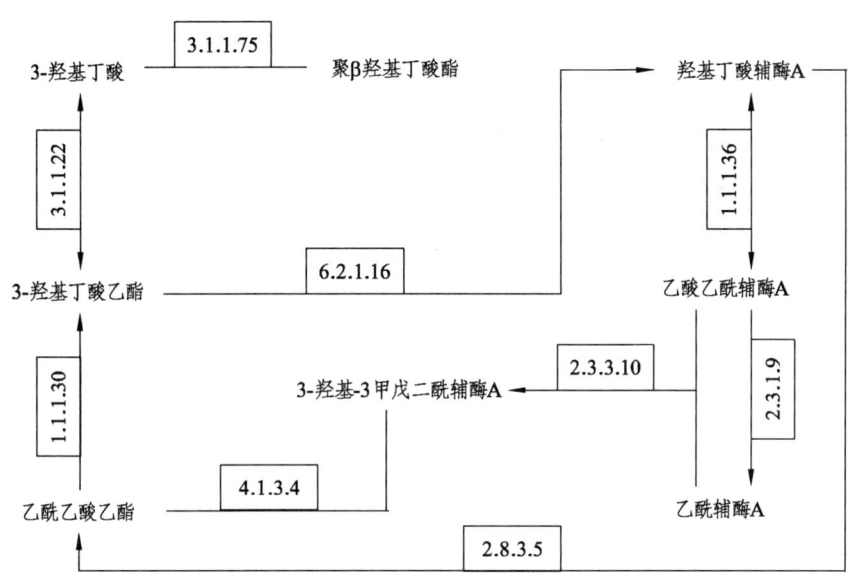

图 6-32 基于 KEGG 的磷代谢通路图

表 6-18 不同 HRT 运行工况下微生物主要磷代谢基因酶丰度

酶基因功能		相对丰度占比/%				
编号	名称	26.25 h	21.00 h	17.50 h	15.00 h	13.13 h
EC:1.1.1.30	3-羟基丁酸脱氢酶	438.22	470.59	495.69	521.01	455.43
EC:1.1.1.36	乙酸乙酰辅酶 A 还原酶	449.97	517.54	632.62	746.13	504.65
EC:2.3.1.9	乙酰辅酶 A C-乙酰转移酶	2 883.74	3 184.03	3 238.37	3 614.86	3 167.62
EC:2.3.3.10	羟甲基戊二酰辅酶 A 合酶	22.83	29.19	39.18	20.21	18.01
EC:2.8.3.5	3-含氧酸辅酶 A-转移酶	941.10	1 055.58	1 208.01	1 269.87	1 189.09
EC:3.1.1.22	羟基丁酸二聚体水解酶	34.52	41.13	83.69	55.69	30.49
EC:3.1.1.75	聚（3-羟基丁酸）解聚酶	353.25	395.94	434.29	423.60	399.93
EC:4.1.3.4	羟甲基戊二酰辅酶 A 裂解酶	671.47	770.62	877.54	902.40	736.64
EC:6.2.1.16	乙酰乙酸--CoA 连接酶	232.38	253.06	279.03	321.96	223.75

由图 6-32 和表 6-18 可知，在反应器中共有 9 种基因酶参与 PHB 合成的代谢途径。但 PHB 合成代谢基因酶相对丰度变化较大，在 HRT 为 15.00 h 时 3-羟基丁酸脱氢酶、乙酸乙酰辅酶 A 还原酶、乙酰辅酶 A C-乙酰转移酶、3-

含氧酸辅酶 A-转移酶、羟甲基戊二酰辅酶 A 裂解酶和乙酰乙酸-CoA 连接酶相对丰度最大；在 HRT 为 17.50 h 时羟甲基戊二酰辅酶 A 合酶、羟基丁酸二聚体水解酶和聚（3-羟基丁酸）解聚酶相对丰度最大。表明 PHB 合成代谢基因酶在 HRT 较小的条件下，其相对丰度较高，此时较短的 HRT 既提供了充足的磷源，又提供了厌氧、缺氧和好氧快速更替的生长环境，此时好氧吸磷作用明显，导致 PHB 合成代谢基因酶的相对丰度偏高。在上述分析中可知，HRT 为 15.00 h 是氮代谢的最佳运行工况，而在磷代谢中 PHB 合成代谢途径在 HRT 为 15.00 h 时效能也最佳，进一步验证了水质分析中的推测，即 MBBR 型 A^2O 工艺中厌氧环境内存在反硝化除磷的作用，导致磷代谢和氮代谢在此时均为最佳运行工况，氮和磷的去除效能最佳。

6.4 本章小结

采用 MBBR 型 A^2O 工艺处理高原地区生活污水，通过投加载体填料，研究了泥膜共存系统对污水处理工艺的脱氮除磷效能，研究成果可为高原地区城镇污水处理厂的提标改造提供理论依据和技术支持。通过实验室试验研究，得出主要结论如下：

（1）通过对 A 型、B 型和 C 型 3 种载体填料挂膜培养及各污染物去除效果研究，表明 A 型载体填料为最优填料选择。A 型填料挂膜时间最短仅需 12 天，A 型填料运行期间对 COD、BOD_5、NH_3-N、TN 和 TP 平均去除率均较高，且去除效果稳定。

（2）通过对 A 型填料不同填充率的优选分析，40%填充率对 COD、BOD_5 和 NH_3-N 去除效能最好，其中出水 COD 浓度可达到一级 A 排放标准。20%和 60%填充率时出水 TN 浓度较低，20%填充率时出水 TP 浓度较低，但 40%填充率时降解有机污染物和脱氮除磷的优势菌种相对丰度较大。

（3）通过对不同 HRT 条件的运行分析发现，HRT 变化对 COD 和 BOD_5 的去除效能影响较小，26.25 h 时 COD 和 BOD_5 出水浓度最低；HRT 变化对 TP 和氮素的去除效能影响较大，15.00 h 时 TP 出水浓度最低，系统氮磷去除效能最佳。

（4）通过对微生物代谢机制分析发现，代谢为主要的功能通路，主要以碳代谢和氮代谢通路为主，磷代谢通路相对较少。其中，碳代谢中以光合生物中的碳固定、原核生物中的碳固定途径和丙酮酸代谢为优势代谢途径；氮代谢中以丙氨酸、天冬氨酸和谷氨酸代谢为优势代谢途径；磷代谢中以脂肪酸生物合成、戊糖磷酸途径、丙酸代谢、脂肪酸代谢和丁酸代谢为优势代谢途径。

第 7 章
A^{2}O-BCO 工艺试验特性

水力停留时间（HRT）是影响污水生化处理厌氧-缺氧-好氧-生物接触氧化双污泥系统（A^{2}O-BCO）处理效能的主要因素之一，影响着微生物群落的结构和功能，同时也影响碳、氮、磷等主要污染物的代谢关系以及相对应的功能蛋白、酶、基因的丰度，最终影响各污染物的去除效能及出水浓度。

7.1 试验设计

7.1.1 试验装置

在容积为 117 L 的方形好氧池中培养活性污泥，控制溶解氧（DO）为 2.5~3.5 mg/L，温度为 20 ℃，pH 为 7.5 左右。闷曝 3 天后，每间隔 12 h 换水，试验用水为西藏农牧学院化粪池中的污水，停止曝气沉淀 30 min 后，每次更换 3/4 的污水。待培养 60 天，SV$_{30}$ 为 18%，MLSS 达到 1 500 mg/L 时，将活性污泥接种到自制的 A^{2}O 工艺好氧池和 BCO 工艺中。厌氧池和缺氧池的长×宽×高为 20.5 cm×10 cm×31.5 cm，容积为 6.457 L；好氧池的长×宽×高为 52 cm×10 cm×31.8 cm，容积为 16.536 L；BCO 池的长×宽×高为 52 cm×10 cm×31.8 cm，容积为 20 L。BCO 反应器由 3 个格室串联组成，内部填充聚丙烯填料，填料尺寸为 $D×H$ = 25 mm×12 mm，比表面积为 600 m^2/m^3，填充率为 40%。具体工艺装置和流程如图 7-1 所示。

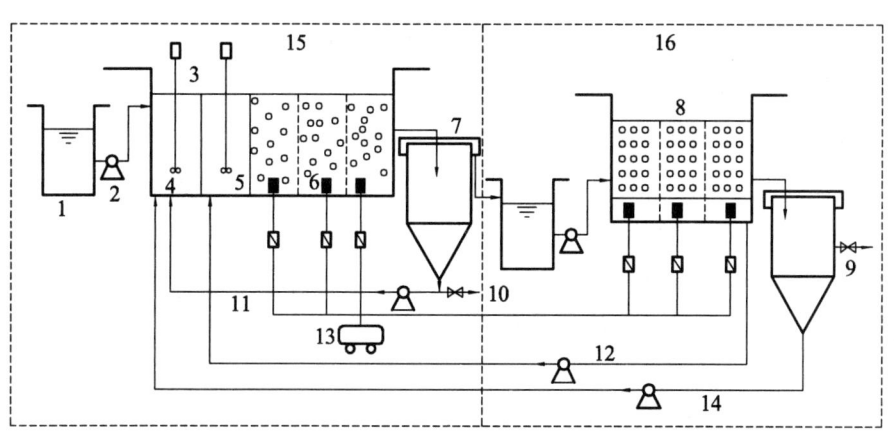

第 7 章　A²O-BCO 工艺试验特性

1—进水水箱；2—蠕动泵；3—搅拌器；4—厌氧池；5—缺氧池；6—好氧池；7—沉淀池；8—BCO 单元；9—出水；10—剩余污泥排放；11—A²O 系统污泥回流；12—A²O-BCO 硝化液回流；13—气泵；14—A²O-BCO 工艺污泥回流；15—A²O 系统；16—BCO 系统。

图 7-1　A²O-BCO 工艺装置和流程

7.1.2　运行方式

试验在好氧池中驯化活性污泥，同时在 BCO 池中培养生物膜，共计 45 天完成培养。把两种工艺进行结合，自制为 A²O-BCO 工艺双污泥系统，厌氧池：缺氧池：好氧池：BCO 池的容积比为 1∶1∶2.5∶3。驯化活性污泥和试验运行阶段采用连续性进水，DO 为 2.5～3.5 mg/L，温度为 20 ℃，pH 为 7.5 左右。污泥回流比为 100%，硝化液回流比为 200%，使用微型蠕动泵控制进水流速，驯化阶段控制进水流速为 20.7 mL/min，当 MLSS 达到 1 800 mg/L，生物膜干重达到 103 mg/g，COD、BOD$_5$、TN、TP 及 NH$_3$-N 的去除率达到 50%时，开始运行。

根据前期在高原生境下以 HRT 为工况对 A²O 工艺开展了相关的研究，结果表明较适宜的 HRT 为 26.25 h、21.00 h、17.50 h、15.00 h，对应的进水流量为 1.13 L/h、1.42 L/h、1.70 L/h、1.98 L/h。彭永臻院士团队对 A²O-BCO 工艺的脱氮除磷性能展开了研究，其进水流量为 3.75 L/h，对应本工艺的 HRT 为 15 h。因此，运行阶段分别控制进水流量为 1.01 L/h、1.13 L/h、1.27 L/h、1.45 L/h、1.69 L/h、2.0 L/h、2.54 L/h、3.38 L/h 共计 8 个，对应的 HRT 分别为 50 h、45 h、40 h、35 h、30 h、25 h、20 h、15 h。共设计 8 个 HRT 工艺参数，每个 HRT 工况运行时间为 10 天，对 A²O-BCO 工艺的进水、四个反应器、BCO 池和出水的 NH₃-N、TN、TP 及 BOD₅ 浓度每 2 天测量 1 次，每个工况共计 5 次。在第 5 次水质指标检测时，对 COD 的浓度进行检测。每个 HRT 运行至第 10 天时，对 A²O-BCO 工艺的好氧池和 BCO 池中的活性污泥进行 Illumina MiSeq 测序，测量好氧池中活性污泥的 SV₃₀、MLSS 及 MLVSS，BCO 池中生物膜干重及挥发性干重。

7.1.3 其他说明

实验药品、试验设备、水质指标检测、微生物检测见第 2 章。

7.2 A²O–BCO 工艺运行特性

将 HRT 作为运行工况，设置每个 HRT 对应的运行工况为 10 天，在每个 HRT 工况运行的最后一天对 A²O-BCO 工艺的进水、厌氧池、缺氧池、好氧池、BCO 池及出水的 COD 浓度进行测量，且每两天对各 HRT 下 A²O-BCO 工艺的进水、厌氧池、缺氧池、好氧池、BCO 池和出水的 BOD₅、TN、NH₃-N 及 TP 水质指标的浓度进行测量，各 HRT 下测量 5 次。

7.2.1 COD 去除规律

对各 HRT 下 A²O-BCO 工艺 COD 进出水浓度及去除率的变化规律进行分析，具体如图 7-2 所示。

COD 进水浓度范围为 143.56～337.78 mg/L，平均进水浓度为 237.18 mg/L。COD 去除率的变化规律基本呈上升趋势，去除率均较高，范围为 79.40%～89.45%，平均去除率为 85.57%。当 HRT 为 45 h 时，去除率最高；当 HRT 为 15 h 时，去除率最低。在所有工况下，COD 的出水浓度均小于 50 mg/L，符合 COD 排放的一级 A 标准。

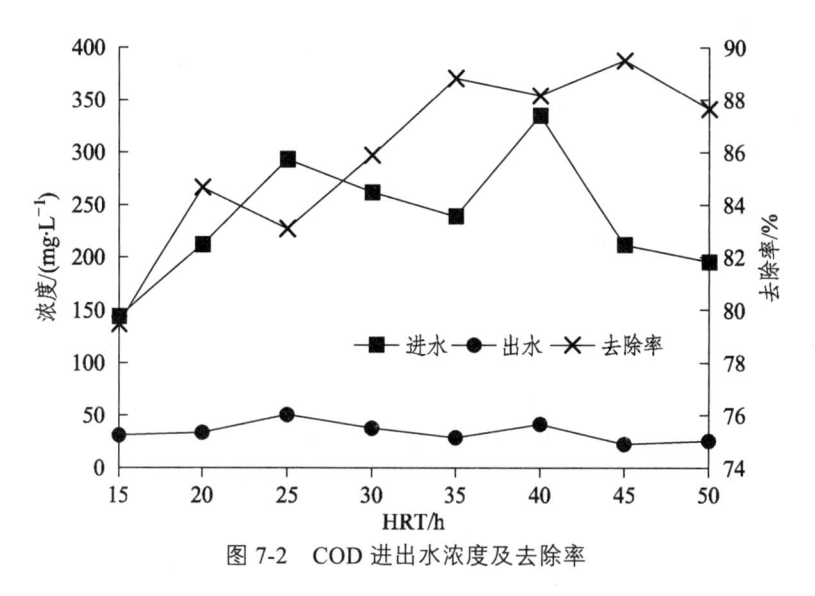

图 7-2 COD 进出水浓度及去除率

7.2.2 BOD₅去除规律

对各 HRT 下 A²O-BCO 工艺 BOD₅进出水浓度及去除率的变化规律进行分析，每两天测量一次，每个 HRT 共测量 5 次，具体如图 7-3 所示。

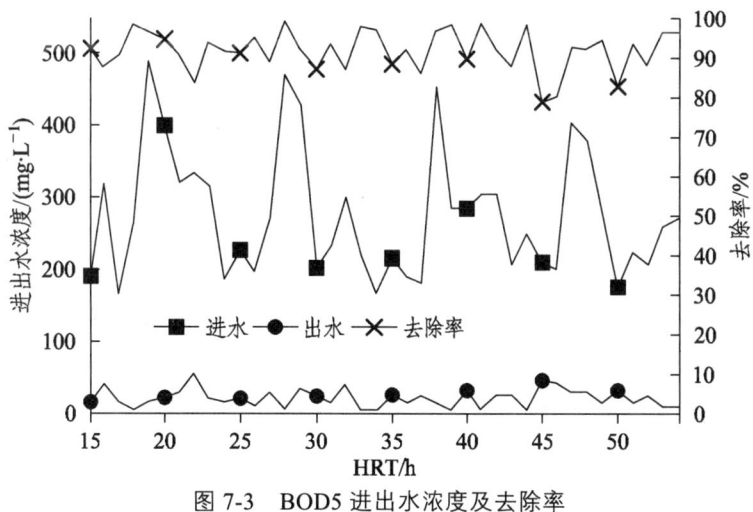

图 7-3 BOD5 进出水浓度及去除率

BOD₅进水浓度为 165~495 mg/L，平均进水浓度为 274.19 mg/L。BOD₅去除率无明显变化规律，去除率较高，范围为 78.57%~98.94%。当 HRT 为

25 h 时去除率最高,当 HRT 为 45 h 时去除率最低。各 HRT 的平均去除率由大到小依次为 15 h(93.14%)、25 h(93.13%)、40 h(93.09%)、30 h(92.49%)、35 h(92.31%)、50 h(91.29%)、20 h(90.96%)、45 h(87.50%),所有数据的平均去除率为 91.74%。

BOD_5 出水浓度范围为 5~55 mg/L,平均出水浓度为 21.25 mg/L。各 HRT 下平均出水浓度由低到高依次为 35 h(17 mg/L)、30 h(18 mg/L)、15 h(18 mg/L)、50 h(18 mg/L)、40 h(18 mg/L)、25 h(20 mg/L)、20 h(28 mg/L)、45 h(32 mg/L)。在 8 个 HRT 下,共有 40 个 BOD_5 出水浓度的水质数据。所有数据均小于 60 mg/L,达到 BOD_5 排放的三级标准。其中,有 22 个数据符合 BOD_5 排放的二级标准;有 3 个数据符合 BOD_5 排放的一级 B 标准;有 9 个数据符合 BOD_5 排放的一级 A 标准,共 30%的数据达到排放要求。

对 BOD_5 进水浓度、BOD_5 出水浓度及去除率三者之间的 Pearson 相关性进行分析,得出进水浓度与去除率、出水浓度与去除率两组之间具有显著性相关($P \leq 0.05$)。其中,进水浓度与去除率具有比较显著($0.01 < P \leq 0.05$)的正相关,Pearson 相关系数为 0.357;出水浓度与去除率具有极其显著($P \leq 0.01$)的负相关,Pearson 相关系数为 -0.859。

7.2.3 TN 去除规律

对各 HRT 下 A^2O-BCO 工艺 TN 进出水浓度及去除率的变化规律进行分析,每两天测量一次,每个 HRT 共测量 5 次,具体如图 7-4 所示(图中对各 HRT 的起始工况进行标记)。

TN 进水浓度范围为 59.68~158.24 mg/L,平均进水浓度为 99.51 mg/L。TN 去除率随着 HRT 的延长整体呈先升高再下降最后再升高的趋势,去除率波动较大,范围为 60.81%~96.31%,平均去除率为 77.30%。

TN 出水浓度随着 HRT 的延长整体呈先下降再升高最后再下降的趋势,其范围为 3.08 mg/L~45.56 mg/L,平均出水浓度为 22.79 mg/L。当 HRT 为 35 h 时,TN 平均出水浓度最低为 14.86 mg/L,符合 TN 排放的一级 A 标准。有两个工况的平均出水浓度符合 TN 排放的一级 B 标准,对应的 HRT 为 30 h 和 45 h。在 8 个 HRT 下,共得出 40 个 TN 出水浓度的水质数据。其中,有

5个符合 TN 排放的一级 B 标准；有 12 个数据符合 TN 排放的一级 A 标准，共 42.5%的数据达到排放标准。

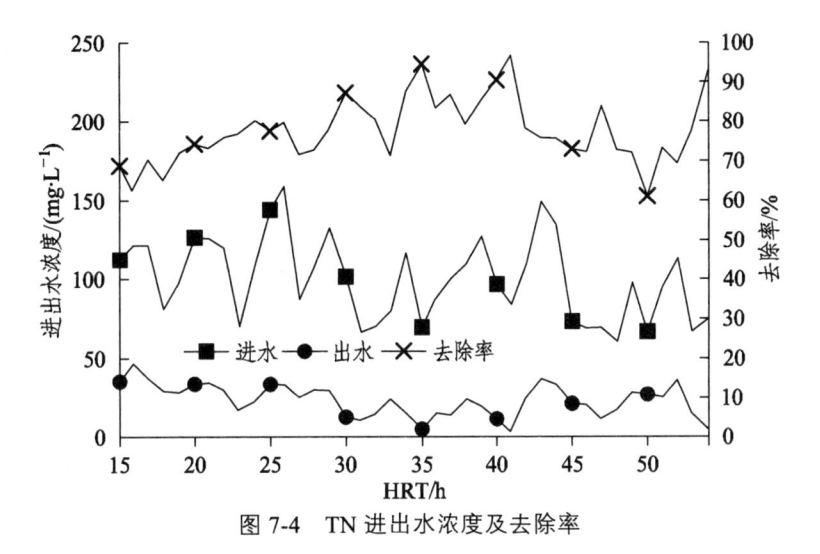

图 7-4 TN 进出水浓度及去除率

对 TN 进水浓度、TN 出水浓度及去除率三者之间的 Pearson 相关性进行分析，得出进水浓度与出水浓度、出水浓度与去除率两组之间具有显著性相关（$P \leqslant 0.05$）。其中，进水浓度与出水浓度具有极其显著（$P \leqslant 0.01$）的正相关，Pearson 相关系数为 0.672；出水浓度与去除率具有极其显著（$P \leqslant 0.01$）的负相关，Pearson 相关系数为 -0.786。

7.2.4 NH$_3$-N 去除规律

对各 HRT 下 A^{2}O-BCO 工艺 NH$_3$-N 进出水浓度及去除率的变化规律进行分析，每两天测量一次，每个 HRT 共测量 5 次，具体如图 7-5 所示。

NH$_3$-N 进水浓度波动较大，无明显变化规律，其范围为 35.68~98.76 mg/L，平均进水浓度为 69.99 mg/L。NH$_3$-N 去除率随着 HRT 的延长整体呈先上升再趋于平缓再下降最后再上升的趋势，去除率波动幅度较大，范围为 65.28%~93.28%。当 HRT 为 50 h 运行第 10 天时，去除率最高，平均去除率为 81.95%。

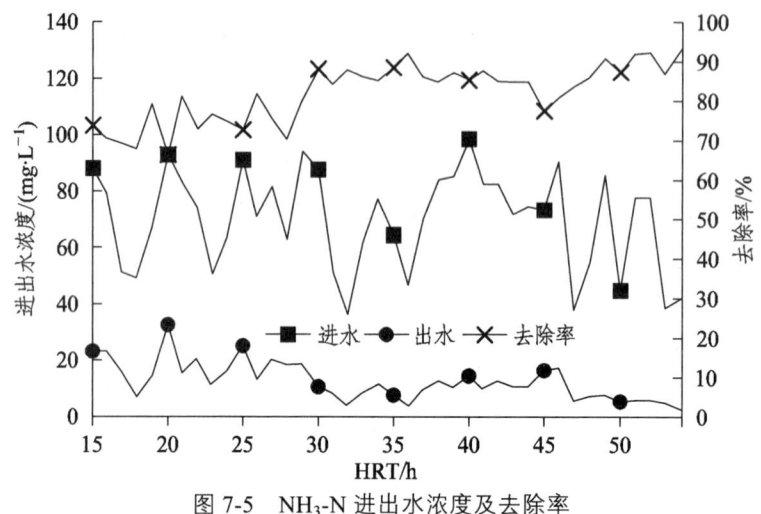

图 7-5 NH₃-N 进出水浓度及去除率

NH₃-N 出水浓度波动较大,随着 HRT 的延长整体呈先下降再上升最后再下降的趋势,其范围为 2.84～32.4 mg/L,平均出水浓度为 12.59 mg/L。所有 HRT 工况的平均出水浓度均达不到 NH₃-N 排放的一级 A 标准;有一个工况的平均出水浓度符合 NH₃-N 排放的一级 B 标准,对应的 HRT 为 50 h;其余 7 个 HRT 工况的平均出水浓度符合 NH₃-N 排放的二级标准。在 8 个 HRT 下,共得出 40 个 TN 出水浓度的水质数据。其中,有 27 个数据符合 NH₃-N 排放的二级标准;有 8 个数据符合 NH₃-N 排放的一级 B 标准;有 4 个数据符合 NH₃-N 排放的一级 A 标准,共 30% 的数据达到排放要求。

对 NH₃-N 进水浓度、出水浓度及去除率三者之间的 Pearson 相关性进行分析,得出进水浓度与出水浓度、出水浓度与去除率两组之间具有显著性相关($P \leqslant 0.05$)。其中,进水浓度与出水浓度具有极其显著($P \leqslant 0.01$)的正相关,Pearson 相关系数为 0.618;出水浓度与去除率具有极其显著($P \leqslant 0.01$)的负相关,Pearson 相关系数为 -0.790。

7.2.5 TP 去除规律

对各 HRT 下 A²O-BCO 工艺 TP 进出水浓度及去除率的变化规律进行分析,每两天测量一次,每个 HRT 共测量 5 次,具体如图 7-6 所示。

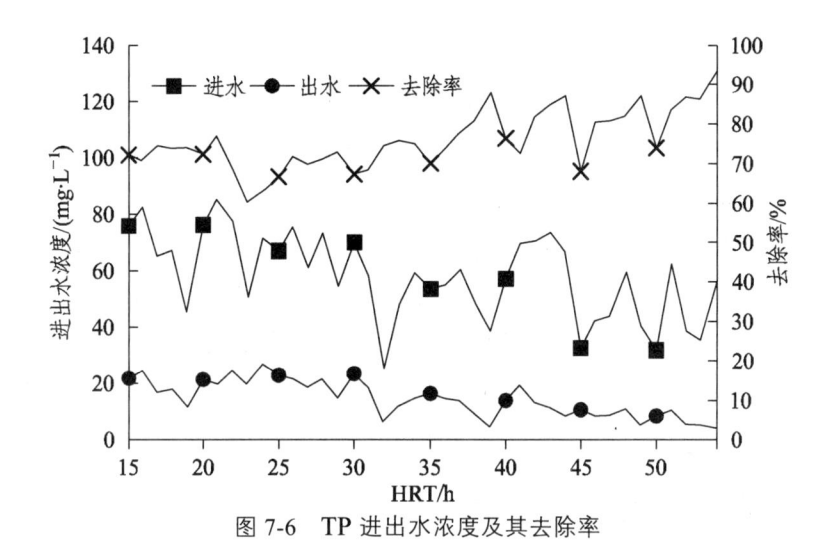

图 7-6　TP 进出水浓度及其去除率

TP 进水浓度范围为 2.44～8.56 mg/L，平均进水浓度为 5.79 mg/L。TP 去除率随着 HRT 的延长整体呈上升趋势，在 HRT 为 15～30 h 阶段，去除率波动幅度较小；在 HRT 为 35～50 h 阶段，去除率波动幅度较大。每个 HRT 下基本随运行时间的增加呈上升趋势，可推测聚磷菌和反硝化聚磷菌的世代周期较长，随着运行时间的增长，聚磷菌和反硝化聚磷菌的丰度较大，提高了除磷的效率。所有 HRT 下去除率范围为 60.16%～92.73%，当 HRT 为 50 h 运行第 10 天时，去除率最高，当 HRT 为 20 h 运行第 8 天时，去除率最低。各 HRT 下平均去除率由大到小依次为 50 h（84.48%）、40 h（80.48%）、45 h（79.46%）、35 h（77.89%）、15 h（72.91%）、30 h（72.14%）、25 h（70.13%）、20 h（68.21%），所有数据的平均去除率为 75.71%。

TP 出水浓度范围为 0.40～2.68 mg/L，随着 HRT 的延长整体呈下降趋势，其平均出水浓度为 1.44 mg/L。当 HRT 为 50 h 运行第 10 天时，出水浓度最低。各 HRT 下平均出水浓度由低到高依次为 50 h（0.66 mg/L）、45 h（0.86 mg/L）、35 h（1.16 mg/L）、40 h（1.31 mg/L）、30 h（1.48 mg/L）、15 h（1.83 mg/L）、25 h（1.97 mg/L）、20 h（2.22 mg/L），所有 HRT 工况的平均出水浓度均达不到 TP 排放的一级 A 标准；有两个工况的平均出水浓度符合 TP 排放的一级 B 标准，对应的 HRT 为 50 h 和 45 h；其余 6 个 HRT 工况的平均

出水浓度符合 TP 排放的二级标准。在 8 个 HRT 下，共得出 40 个 TN 出水浓度的水质数据。其中，有 29 个数据符合 TP 排放的二级标准；有 8 个数据符合 TP 排放的一级 B 标准；有 3 个数据符合 TP 排放的一级 A 标准，共 27.5%的数据达到排放要求。

对 TP 进水浓度、出水浓度及去除率三者之间的 Pearson 相关性进行分析，得出进水浓度与出水浓度、出水浓度与去除率两组之间具有显著性相关（$0.01<P\leqslant0.05$）。其中，进水浓度与出水浓度具有极其显著（$P\leqslant0.01$）的正相关，Pearson 相关系数为 0.767；出水浓度与去除率具有极其显著（$P\leqslant0.01$）的负相关，Pearson 相关系数为 -0.804。

7.2.6 HRT 与水质指标相关性

利用 SPSS 22.0 对 HRT 与 COD、BOD_5、TN、NH_3-N 及 TP 各项水质指标去除率进行 Pearson 相关性分析，见表 7-1。当显著性达到 0.05 时表示比较显著，在表中对应的相关系数用*表示；当显著性达到 0.01 时表示极显著，在表中对应的相关系数用**表示。COD、NH_3-N 及 TP 的去除率与 HRT 均呈正相关关系，相关性均为极显著水平（$P\leqslant0.01$）。其中，COD 的去除率与 HRT 的相关系数为 0.855，NH_3-N 的去除率与 HRT 的相关系数为 0.764，TP 的去除率与 HRT 的相关系数为 0.644，相关系数均较大。BOD_5、TN 的去除率与 HRT 分别呈负、正相关关系，但均为通过显著性检验（$P>0.05$），相关系数的绝对值均较小。

表 7-1　HRT 与各项水质指标去除率 Pearson 相关性分析

水质指标	COD	BOD_5	TN	NH_3-N	TP
相关系数	0.855**	-0.165	0.236	0.764**	0.644**
显著性	0.007	0.309	0.142	0.000	0.000

7.3　微生物群落结构和物种组成

基于高原生境以 HRT 为工况对实验室规模下 A^2O-BCO 工艺的好氧池活性污泥系统和 BCO 池生物膜系统中微生物群落结构和物种组成进行研究，

探讨不同 HRT 下两个反应池中物种各分类水平下种类数目、微生物多样性、微生物群落组成与差异性、物种间的关联性与相关性，分析 A^{2}O-BCO 工艺中优势的微生物细菌门和细菌属，为高原生境下双污泥系统中微生物群落结构和物种组成研究提供有价值的参考。

7.3.1 物种多样性注释与评估

为了得到高原生境下 A^{2}O-BCO 工艺在 9 个水平下物种分类信息，开展了物种多样性注释，得出 16 个样品在 9 个水平下 Taxon 个数统计情况，见表 7-2。

表 7-2 16 个样品在 9 个水平下 Taxon 个数统计情况

样品名称	域	界	门	纲	目	科	属	种	OTU
H_15	1	1	28	65	142	250	448	646	851
H_20	1	1	27	68	142	247	454	649	875
H_25	1	1	26	61	133	245	448	624	829
H_30	1	1	25	59	130	236	426	596	788
H_35	1	1	26	56	133	235	422	589	791
H_40	1	1	28	60	126	227	408	576	770
H_45	1	1	25	55	130	227	413	562	755
H_50	1	1	26	60	135	232	415	579	769
B_15	1	1	25	56	134	238	419	586	774
B_20	1	1	25	53	118	210	390	545	701
B_25	1	1	25	51	129	224	430	595	786
B_30	1	1	24	55	126	222	383	527	693
B_35	1	1	22	50	110	190	334	462	599
B_40	1	1	25	52	121	215	390	544	716
B_45	1	1	26	55	131	230	422	593	788
B_50	1	1	28	65	137	235	423	608	815
所有样品	1	1	30	76	173	318	605	946	1 351

所有的样本在域和界的分类水平下的数目均为 1，所有的微生物共同属于细菌域和细菌界。在好氧池中，HRT 为 15 h 时，微生物在门、目及科水平下种类最多，多样性最丰富；HRT 为 20 h 时，微生物在纲、目、属、种及 OTU 水平下种类最多，多样性最丰富。微生物种类在各水平下的变化规律随着 HRT 的升高基本呈下降趋势。

在 BCO 池中，HRT 为 15 h 时，微生物在科水平下种类最多，多样性最丰富；HRT 为 25 h 时，微生物在属水平下种类最多，多样性最丰富；HRT 为 50 h 时，微生物在门、纲、目、种及 OTU 水平下种类最多，多样性最丰富。微生物种类在各水平下的变化规律随着 HRT 的升高基本呈先下降再上升趋势。

7.3.2 Alpha 多样性指数

通过各样本的 Alpha 多样性分析微生物群落的丰富度、多样性及覆盖度。群落的丰富度主要采用 sobs、Chao 及 Ace 丰度指数进行表示，群落的多样性主要采用 Shannon、simpson 丰度指数进行表示，群落的覆盖度主要采用 coverage 丰度指数进行表示，见表 7-3。

表 7-3 微生物多样性、群落丰富度统计信息

样品名称	群落丰富度			群落多样性		覆盖度
	sobs	Chao	Ace	Shannon	simpson	coverage
H_15	851	1 066.009 434	1 048.910 684	4.785 39	0.024 21	0.994 286
H_20	875	1 042.776 86	1 047.522 217	4.886 29	0.021 326	0.994 687
H_25	829	1 064.967 742	1 033.164 296	4.894 201	0.021 48	0.994 332
H_30	788	979.030 612	975.715 699	4.730 647	0.021 881	0.995 256
H_35	791	1 014.787 879	1 011.845 657	4.683 668	0.025 628	0.994 354
H_40	770	929.504 95	934.467 45	4.901 673	0.016 79	0.995 037
H_45	755	957.220 93	925.966 06	4.906 428	0.016 529	0.994 619

续表

样品名称	群落丰富度			群落多样性		覆盖度
	sobs	Chao	Ace	Shannon	simpson	coverage
H_50	769	984.009 174	1 013.490 984	4.760 079	0.021 338	0.993 082
B_15	774	965.346 154	966.800 006	4.678 633	0.022 901	0.994 891
B_20	701	904.221 053	904.174 498	4.335 88	0.037 297	0.994 56
B_25	786	965.279 279	984.358 645	4.597 338	0.031 049	0.994 678
B_30	693	905.413 333	870.627 513	4.542 68	0.025 251	0.995 669
B_35	599	715.963 415	712.911 992	3.842 335	0.061 48	0.996 848
B_40	716	893.011 111	888.604 934	4.528 244	0.029 437	0.995 726
B_45	788	947.065 421	956.458 057	4.705 377	0.021 715	0.996 171
B_50	815	1 020.254 545	1 017.966 057	4.325 524	0.046 254	0.995 105

所有样本的覆盖度均高于0.99，表明A^2O-BCO工艺在不同HRT运行阶段好氧池和BCO池中的活性污泥样品具有极高的覆盖度，能充分、真实反映所有样本的整体情况。好氧池中的微生物sobs指数范围为755～875，Chao指数范围为929.50～1 066.01，Ace指数范围为925.97～1 048.91。微生物Shannon指数范围为4.68～4.91，simpson指数范围为0.016 5～0.025 6。BCO池中的微生物sobs指数范围为599～815，Chao指数范围为715.96～1 020.25，Ace指数范围为712.91～1 017.97。微生物Shannon指数范围为3.84～4.70，simpson指数范围为0.021 7～0.061 5。BCO池中样本微生物sobs、Chao、Ace、Shannon指数均小于好氧池中样本微生物对应的指数，而simpson指数大于好氧池中微生物simpson指数。

7.3.3 微生物组成

在16个样品中，共有30种微生物细菌门，计算所有细菌门的相对丰度。其中相对丰度大于1%的细菌门共有8种，这些都为优势细菌门。将相对丰度小于1%所有的细菌门统一归为其他细菌门，将各样品中8种细菌门及其他细菌门的相对丰度在图中进行表示，如图 7-7 所示。

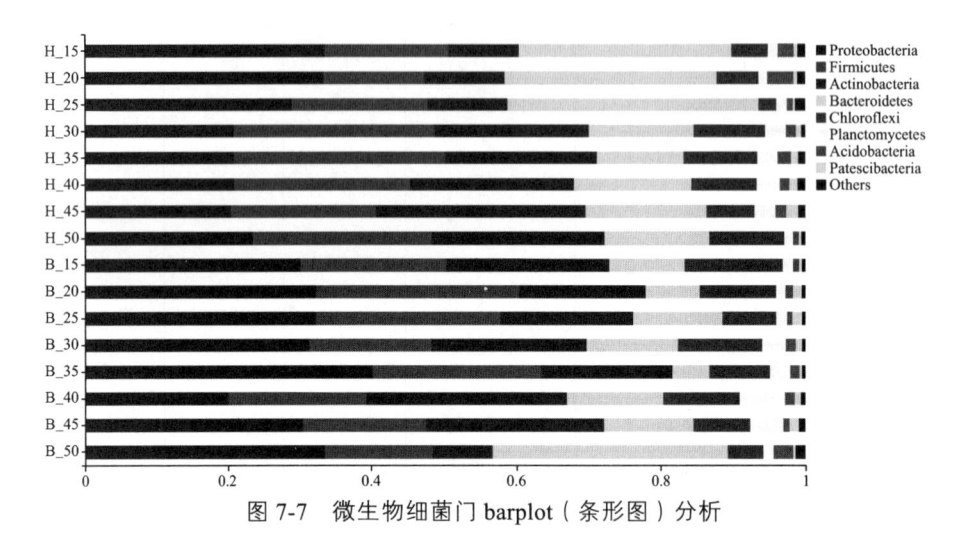

图 7-7 微生物细菌门 barplot（条形图）分析

16 个污泥样品微生物细菌门平均相对丰度超过 1% 的共有 7 种门，按平均相对丰度由大到小为 Proteobacteria（28.37%）>Firmicutes（21.34%）>Actinobacteriota（19.27%）>Bacteroidota（17.00%）>Chloroflexi（8.41%）>Patescibacteria（2.54%）>Acidobacteriota（1.49%）。平均相对丰度排名第 8 的细菌门为 Planctomycetota，平均相对丰度为 0.73%，小于 1%，但在 5 个污泥样品中相对丰度超过 1%，分别为 B_20、B_25、B_45、H_40 及 H_45。

Proteobacteria 的最大相对丰度为 40.01%，对应的污泥样品为 B_35，除此之外超过平均相对丰度的污泥样品还有 9 个，根据相对丰度由大到小为 H_15（33.34%）>B_50（33.33%）>H_20（33.31%）>B_20（32.20%）>B_25（32.14%）>B_30（31.24%）>B_45（30.26%）>B_15（29.87%）>H_25（29.01%）。因此，整体而言，BCO 池生物膜系统更适宜 Proteobacteria 的生长、繁殖及代谢等生命活动。Proteobacteria 主要进行反硝化反应，在 HRT 为 35 h 时 BCO 池中的相对丰度最大，其 TN 的去除率在 HRT 为 35 h 时最大，且 BCO 池的去除贡献率大于好氧池，这与微生物群落和水质去除两个角度相呼应。同时，Proteobacteria 在 B_35、H_15、B_50、H_20、B_20、B_25、B_30、B_45 及

B_15 共 9 个样品中的相对丰度最大，表明其代谢功能在一定程度上影响这些样品去除污染物的效果，在污泥样品的功能中发挥着极其重要的作用。

Firmicutes 的最大相对丰度为 29.80%，对应的污泥样品为 H_35，除此之外超过平均相对丰度的污泥样品还有 6 个，根据平均相对丰度由大到小为 B_20（28.15%）>H_30（27.99%）>B_25（25.46%）>H_50（25.25%）>H_40（24.80%）>B_35（23.41%）。这些样品所对应的 HRT 和反应池均有利于活性污泥中 Firmicutes 的生长、繁殖及代谢等生命活动。同时，Firmicutes 在 H_50、H_40、H_30 及 H_35 共 4 个样品中的相对丰度最大，表明其代谢功能在一定程度上影响这些样品去除污染物的效果，在污泥样品的功能中发挥着重要的作用。它主要进行有机物的降解，对极端环境的抵抗力较强。

Actinobacteriota 的最大相对丰度为 28.79%，对应的污泥样品为 H_45，除此之外超过平均相对丰度的污泥样品还有 8 个，根据平均相对丰度由大到小为 B_40（27.84%）>B_45（24.63%）>H_50（23.57%）>B_15（22.57%）>H_40（22.35%）>B_30（21.56%）>H_30（21.44%）>H_35（20.84%）。污泥样品中 Actinobacteriota 相对丰度大于平均相对丰度的个数超过了一半，且多个样品的相对丰度大于 Firmicutes 的相对丰度，这主要因为 H_25、H_20、H_15 及 B_50 共 4 个样品的相对丰度较小，为 14.11%～18.67%，这说明了 HRT 过小抑制了好氧池污泥中 Actinobacteriota 的生长、繁殖及代谢等生命活动。Actinobacteriota 主要的功能是在好氧环境中吸磷，有利于提高除磷效果，在 HRT 较大时相对丰度最大，与 TP 的去除效率在 HRT 较大时较好的研究结果相一致。同时，Actinobacteriota 在 H_45 及 B_40 两个样品中的相对丰度最大，表明其代谢功能在一定程度上影响这两个样品去除污染物的效果，在污泥样品的功能中发挥着重要的作用。

Bacteroidota 的最大相对丰度为 34.64%，对应的污泥样品为 H_25，除此之外超过平均相对丰度的污泥样品还有 3 个，根据平均相对丰度由大到小为 B_50（32.47%）>H_15（29.39%）>H_20（29.33%），且这 4 个活性污泥样品均为 Actinobacteriota 相对丰度较小时对应的样品。污泥样品中 Bacteroidota 相对丰度大于平均相对丰度的个数较少（仅为 4 个），但其相对丰度较大，且远大于平均相对丰度，这说明了 HRT 过小或过大将分别促进了好氧池及 BCO

池污泥中 Actinobacteriota 的生长、繁殖及代谢等生命活动。同时，Bacteroidota 在 H_25 样品中的相对丰度最大，表明其代谢功能在一定程度上影响该样品去除污染物的效果，在污泥样品的功能中发挥着重要的作用。它可以促进反应池中微生物利用蛋白质和糖类物质进行代谢作用，与 NO_3-N 呈显著负相关（$0.01<P\leq0.05$），与 NO_2-N 呈显著正相关（$0.01<P\leq0.05$）。

这些微生物细菌门均为高原生境下 A^2O-BCO 工艺的优势细菌门，平均相对丰度超过了 17%，其在去碳、脱氮及除磷等污染物去除中发挥着极其重要的作用。

Chloroflexi 为兼性厌氧菌，可分解死亡的细菌，促进颗粒污泥的形成，主要降解微生物细胞中多糖和氨基酸等物质，在有机物浓度较低的环境中发生丝状菌膨胀时，其具有较强的调节能力。Patescibacteria 主要在污水处理中进行反硝化反应，适当地增加曝气量可促进其生长及繁殖。Acidobacteriota 主要降解碳水化合物。这些微生物细菌门在污泥絮凝、有机物降解、脱氮除磷等方面具有重要的作用，其相对丰度在各样品中的变化规律不再一一说明，如图 7-8 所示。

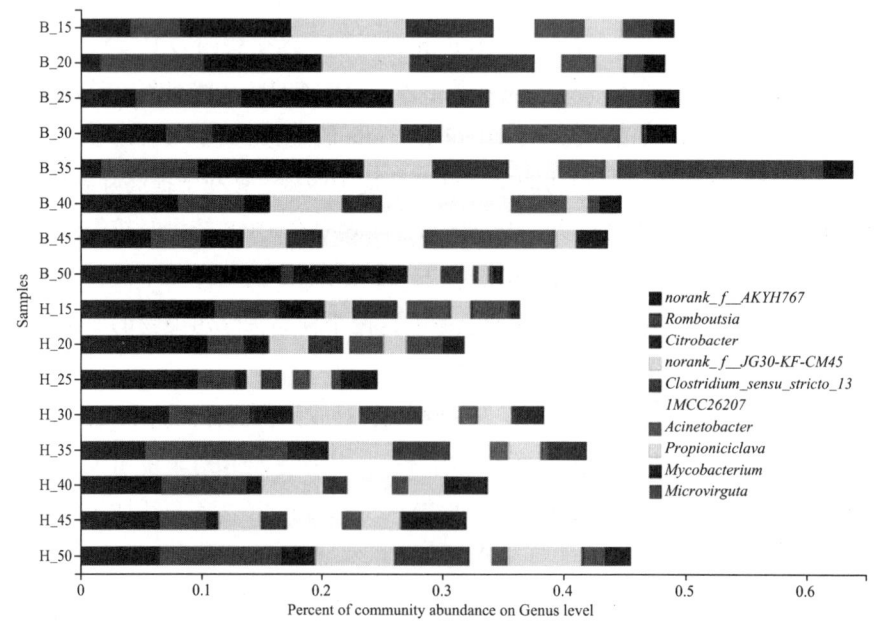

图 7-8 微生物细菌属 barplot 分析

在 16 个样品中，共有 605 种微生物细菌属，计算所有细菌属的相对丰度。将相对丰度排名前 10 的细菌属名称及相对丰度在图 7-8 中进行表示。将其他未展示出的细菌属统一归为其他细菌属（others），由于 others 所占的相对丰度较大，实际意义不大，故将所有样品 others 所占的相对丰度不再展示，重点分析优势细菌属（相对丰度排名前 10）在各样品中相对丰度的变化规律。

高原生境下 A^2O-BCO 工艺的优势细菌属根据平均相对丰度由大到小为 *norank_f__AKYH767*（6.96%）>*Romboutsia*（6.10%）>柠檬酸杆菌属（*Citrobacter*）（5.45%）>*norank_f__JG30-KF-CM45*（4.94%）>*Clostridium_sensu_stricto_13*（4.23%）>*IMCC26207*（3.49%）>*Acinetobacter*（3.43%）>*propioniciclava*（2.48%）>*Mycobacterium*（2.37%）>*Microvirgula*（2.27%），这 10 种优势细菌属的平均相对丰度总和为 42.01%，具有一定的代表性。

细菌属 *norank_f__AKYH767* 的平均相对丰度最高，其相对丰度超过平均相对丰度的污泥样品共有 6 个，对应的污泥样品及 *norank_f__AKYH767* 的相对丰度由大到小为 B_50（16.52%）>H_15（10.87%）>H_20（10.33%）>H_25（9.55%）>B_40（7.99%）>H_30（7.25%）。这说明较大的 HRT 和较小的 HRT 可分别促进 BCO 池生物膜和好氧池活性污泥中 *norank_f__AKYH767* 的生长、繁殖及代谢等生命活动，其具有降解有机物和脱氮的功能，与 NH_3-N 和 COD 的去除率有较好的正相关性。同时，*norank_f__AKYH767* 在 B_50、H_15、H_20、H_25、H_30 及 H_45 共 6 个样品中的相对丰度最大，表明其代谢功能在这些样品的功能中发挥着重要的作用。

Romboutsia 的平均相对丰度次之，其相对丰度超过平均相对丰度的污泥样品共有 7 个，对应的污泥样品及该细菌属的相对丰度由大到小为 H_35（11.88%）>H_50（10.21%）>B_25（8.96%）>B_20（8.70%）>B_35（8.19%）>H_40（7.31%）>H_30（6.87%）。这说明这些样品所对应的 HRT 和反应池均有利于活性污泥中 *Romboutsia* 的生长、繁殖及代谢等生命活动。其适宜在 pH 为中性的环境中生长，能将多糖转化为甲酸和乙酸等物质。同时，*Romboutsia* 在 H_35、H_50 及 H_40 共 3 个样品中的相对丰度最大，表明其代谢功能在这些样品的功能中发挥着重要的作用。

Citrobacter 的平均相对丰度排名第 3，相对丰度超过平均相对丰度的污泥样品共有 6 个，对应的污泥样品及 *Citrobacter* 的相对丰度由大到小为 B_35（13.66%）>B_25（12.48%）>B_20（9.73%）>B_50（9.43%）>B_15（9.12%）>B_30（8.97%）。超过平均相对丰度的样品均为 BCO 池中生物膜污泥，这表明 BCO 池生物膜系统有利于 *Citrobacter* 的生长、繁殖及代谢等生命活动。它作为好氧反硝化聚磷菌，具有较强脱氮除磷的作用，在一定范围内与 DO 呈正相关性。同时，*Citrobacter* 在 B_25 样品中的相对丰度最大，表明其代谢功能在该样品的功能中发挥着重要的作用。

norank_f__JG30-KF-CM45 的平均相对丰度排名第 4，相对丰度超过平均相对丰度的污泥样品共有 9 个。最大相对丰度为 9.48%，对应的污泥样品为 B_15，其在该样品中的相对丰度也为最大。这表明 HRT 为 15 h 时，能促进 BCO 池生物膜系统中该菌属的生长、繁殖及代谢等生命活动，且 *norank_f__JG30-KF-CM45* 的代谢功能在该样品的功能中发挥着重要的作用。

Clostridium_sensu_stricto_13 的平均相对丰度排名第 5，相对丰度超过平均相对丰度的污泥样品共有 6 个，其最大相对丰度（10.35%）远大于平均相对丰度（4.19%），对应的污泥样品为 B_20。这表明 HRT 为 20 h 时，能促进 BCO 池生物膜中 *Clostridium_sensu_stricto_13* 的生长和发育。同时 *Clostridium_sensu_stricto_13* 在该样品的相对丰度最大，其代谢功能在一定程度上影响该样品去除污染物的效果，在污泥样品的功能中发挥着重要的作用。

IMCC26207 的平均相对丰度排名第 6，相对丰度超过平均相对丰度的污泥样品共有 6 个，其最大相对丰度（10.66%）远大于平均相对丰度（4.19%），对应的污泥样品为 B_40。HRT 为 40 h 时促进 BCO 池生物膜系统中该菌属的生长、繁殖及代谢等生命活动，且 *IMCC26207* 在该样品的相对丰度最大，其代谢功能在一定程度上影响该样品去除污染物的效果，在污泥样品的功能中发挥着重要的作用。该菌属为高原地区特殊的优势细菌属，在高原生境的不同工况下稳定性较强，作为污泥的主要成分，具有较强的除磷作用，且与 TP 去除效率在不同 HRT 和反应池中的变化规律一致。

Acinetobacter 的平均相对丰度排名第 7，B_45 和 B_30 样品中该菌属的相对丰度分别为 10.83%和 9.64%，远大于平均相对丰度。这表明 HRT 为 45 h 和 30 h 时，促进了 BCO 池生物膜系统中该菌属的生长、繁殖及代谢等生命活动。这与张千对该菌属进行研究，得出其为生物膜中比较常见的异养硝化菌的结论一致。它作为反硝化菌属，具有降解芳香族化合物和除磷的功能。同时，该菌属在这两个样品中的相对丰度最高，其代谢功能在一定程度上影响这两个样品去除污染物的效果。

Propioniciclava 的平均相对丰度排名第 8，H_50 样品中该菌属的相对丰度分别为 6.11%，远大于平均相对丰度。这表明 HRT 为 50 h 时，促进了好氧池活性污泥中该菌属的生长、繁殖及代谢等生命活动。*Mycobacterium* 的平均相对丰度排名第 9，H_45 样品中该菌属的相对丰度分别为 5.42%。

Microvirgula 的平均相对丰度排名第 10，B_35 样品中该菌属的相对丰度分别为 17.03%，远大于其他样品中该菌属的相对丰度（小于 4%）。这表明 HRT 为 35 h 时，大大促进了 BCO 池生物膜系统中该菌属的生长、繁殖及代谢等生命活动。同时，该菌属为好氧反硝化细菌，在本样品中的相对丰度最高，说明 *Microvirgula* 的代谢功能在一定程度上影响该样品去除污染物的效果。

前 10 种微生物优势细菌属在 B_35 污泥样品中总相对丰度最大为 63.87%；在 H_25 污泥样品中总相对丰度最小，为 24.61%；8 个 HRT 下 BCO 池中微生物优势细菌属的相对丰度整体大于好氧池中微生物优势细菌属的相对丰度。这说明在高原生境 A²O-BCO 工艺中，与好氧池中活性污泥相比，BCO 池中生物膜系统更适宜微生物细菌属的生长、繁殖及代谢。这些优势细菌属在去碳、脱氮及除磷等污染物去除中发挥着极其重要的作用。

对 8 个 HRT 下两个污泥系统微生物菌属的相对丰度求和，得出各 HRT 下的总相对丰度，再对各 HRT 下微生物菌属的相对丰度进行排序，得出各 HRT 相对丰度排名前 10 的微生物菌属，作为各 HRT 的优势菌属，具体见表 7-4。*norank_f__AKYH767*、*norank_f__JG30-KF-CM45*、*Clostridium_sensu_stricto_13*、*Romboutsia* 共 4 种菌属为 8 个 HRT 的优势菌属，HRT 对该菌属的丰度影响较小，表明它们稳定性较强，为高原生境 A²O-BCO 工艺优势的微生物细菌属，它们均在去碳脱氮除磷中发挥着极其重要的作用。

Citrobacter 为 6 个 HRT 的优势菌属，当 HRT 为 40 h 和 45 h 时，相对丰度不在前 10 名，这 2 个工况抑制其生长、繁殖及代谢。*Acinetobacter* 为 6 个 HRT 的优势菌属，当 HRT 为 35 h 和 50 h 时，相对丰度不在前 10 名，这 2 个工况抑制其生长、繁殖及代谢。

Microvirgula 为 15 h、20 h 及 35 h 共 3 个 HRT 的优势菌属，*norank_f__norank_o__Saccharimonadales* 为 30 h、40 h 及 45 h 共 3 个 HRT 的优势菌属，*Trichococcus* 为 30 h、35 h 及 40 h 共 3 个 HRT 的优势菌属，*norank_f__67-14* 为 35 h、40 h 及 45 h 共 3 个 HRT 的优势菌属，*Gordonia*、*Ottowia* 为 15 h 及 50 h 共 2 个 HRT 的优势菌属。*Rhodanobacter*、*Escherichia-Shigella* 是 HRT 为 20 h 时的优势菌属，*Christensenellaceae_R-7_group* 是 HRT 为 25 h 时的优势菌属，*norank_f__NS9_marine_group*、*Terrimonas* 是 HRT 为 50 h 时的优势菌属，这些工况促进了优势菌属的生长、繁殖及代谢，它们在这些工况中发挥着重要的作用。

表 7-4 好氧池和 BCO 池中属水平下物种节点表

微生物菌属	15 h	20 h	25 h	30 h	35 h	40 h	45 h	50 h
norank_f__AKYH767	√	√	√	√	√	√	√	√
Citrobacter	√	√	√	√			√	
norank_f__JG30-KF-CM45	√	√	√	√	√	√	√	√
Clostridium_sensu_stricto_13	√	√	√	√	√	√	√	√
Romboutsia	√	√	√	√	√	√	√	√
Acinetobacter	√	√	√		√	√		
Microvirgula	√	√			√			
Gordonia	√						√	
Ottowia	√						√	
Propioniciclava	√	√	√			√	√	
Rhodanobacter		√						

续表

微生物菌属	15 h	20 h	25 h	30 h	35 h	40 h	45 h	50 h
Escherichia-Shigella		√						
Mycobacterium			√	√	√	√	√	
Christensenellaceae_R-7_group			√					
IMCC26207				√	√	√	√	
norank_f__norank_o__Saccharimonadales				√		√		
Trichococcus				√	√			
norank_f__67-14								√
norank_f__NS9_marine_group								√
Terrimonas								√

7.4 污水处理的微生物代谢机制

以高原生境下实验室规模的 A²O-BCO 工艺好氧池活性污泥系统和 BCO 池生物膜系统为研究对象，上述对其微生物多样性和群落结构进行了研究，下面将从基因组学的角度进一步分析两个系统微生物群落中优势的功能蛋白、功能基因、酶、代谢途径及其各 HRT 下组成，阐述参与碳、氮、磷代谢的主要代谢途径，探讨高原生境下 A²O-BCO 工艺去碳脱氮除磷的机理。

7.4.1 微生物群落功能注释及蛋白研究

1. 微生物群落功能注释

通过 PICRUSt2 中存储了 greengene id 对应的直系同源蛋白质簇 COG 信息对 OTU 丰度表进行标准化，获得 OTU 对应的 COG 家族信息，并计算其功能分类及相对丰度。COG 数据库对活性污泥样品中 4 422 种功能蛋白和生物膜样品中 4 364 种功能蛋白进行了同源蛋白质功能分类，共 24 小类，其预测功能主要可分为细胞生长与传导、信息储存与加工、分解及合成代谢、贫乏特征 4 大类，不同 HRT 下 A²O-BCO 工艺两个反应池中污泥样品的微生态群落物种的 COG 功能注释相对丰度如图 7-9 所示。

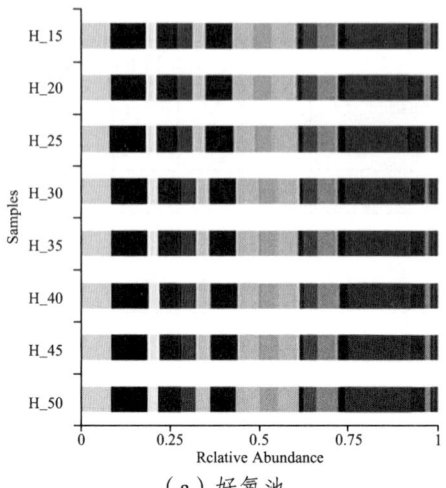

(a)好氧池

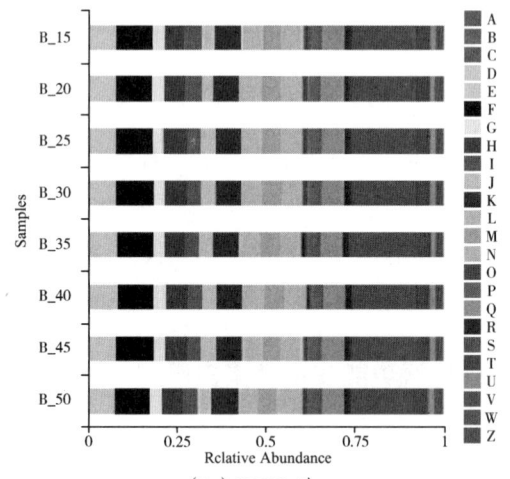

(b)BCO池

A—RNA 合成和修饰；B—染色质结构和动力学；C—能量产生和转化；D—细胞周期调控、细胞分裂、染色体分区；E—氨基酸运输和代谢；F—核苷酸运输和代谢；G—碳水化合物运输和代谢；H—辅酶运输和代谢；I—脂质运输和代谢；J—蛋白质翻译、核糖体结构和形成；K—基因转录；L—DNA 复制、重组和修复；M—细胞壁/膜/质膜形成；N—细胞运动；O—翻译后修饰、蛋白质折叠与分子伴侣；P—无机离子运输和代谢；Q—次生代谢产物生物合成、转运和分解代谢；R—一般功能预测；S—功能未知；T—信号转导机制；U—胞内合成、分泌和运输；V—免疫机制；W—胞外结构；Z—细胞骨架。

图 7-9　不同 HRT 下两个反应池中样品 COG 功能注释相对丰度

不同 HRT 下对应的活性污泥样品和生物膜样品中各 COG 功能注释相对丰度无明显变化，各 COG 功能注释相对丰度在两个反应池中的排名完全一致。这说明 HRT 的改变对微生态群落物种繁殖相关的功能注释及丰度几乎无影响，表明在高原生境下 A^{2}O-BCO 工艺的 2 个系统中微生物的功能注释具有较强的稳定性和适应性，在微生物细胞的生长、繁殖及代谢等生命活动中发挥着重要的作用。

功能注释的丰度高低代表着微生态群落物种生长繁殖的重要性。高原生境下 A^{2}O-BCO 工艺的两个反应池 16 个样品中功能注释平均相对丰度最高的为功能表达的功能未知（S），其相对丰度为 18.369%，这说明高原生境下 A^{2}O-BCO 双污泥系统中特殊的功能蛋白较多，暂未被归类，还有待进一步研究。其余平均相对丰度超过 5%的共有 8 种，其按照平均相对丰度由高到低依次为氨基酸运输与代谢（E）(10.198%)、蛋白质翻译、核糖体结构和形成（J）(7.394%)、能量产生与转化（C）(7.290%)、细胞壁/膜/质膜形成（M）(6.396%)、无机离子运输与代谢（P）(6.205%)、基因转录（K）(6.123%)、碳水化合物运输与代谢（G）(5.894%)及 DNA 复制、重组和修复（L）(5.048%)，这些功能注释主要属于信息存储和进程，合成、分解及代谢两大类，它们促进了微生物生长、繁殖及代谢等生命活动，在其中发挥着重要的作用。平均相对丰度最低的为细胞生长与传导大类中的细胞骨架（Z）(0.007 18%)和胞外结构（W）(0.000 22%) 2 类功能蛋白，它们在细胞的生长、繁殖及代谢等生命活动中发挥的作用较小。

2. 微生物群落功能蛋白

对每个 HRT 下好氧池活性污泥样品 COG 相对丰度进行计算，将平均相对丰度排名前 10 的 COG 编号作为活性污泥样品中优势的功能蛋白，见表 7-5。

在高原生境下 A^{2}O-BCO 工艺好氧池活性污泥系统中，微生物群落细胞中平均相对丰度最高的 COG 编号为 COG0642 和 COG0438，对应的功能蛋白为组氨酸激酶和糖基转移酶。它们作为细胞合成、分解及代谢的重要催化剂，主要促进蛋白质等物质的合成与转运，对微生物细胞的生命活动具有重要的作

表 7-5　不同 HRT 活性污泥样品 COG 相对丰度

COG 编号	H_15	H_20	H_25	H_30	H_35	H_40	H_45	H_50	平均
COG0642	0.49%	0.48%	0.49%	0.43%	0.43%	0.44%	0.43%	0.43%	0.45%
COG0438	0.46%	0.46%	0.46%	0.45%	0.45%	0.45%	0.45%	0.44%	0.45%
COG0745	0.43%	0.43%	0.44%	0.45%	0.44%	0.44%	0.43%	0.43%	0.44%
COG1028	0.43%	0.44%	0.44%	0.43%	0.43%	0.43%	0.44%	0.42%	0.43%
COG1595	0.43%	0.43%	0.44%	0.40%	0.39%	0.41%	0.41%	0.41%	0.42%
COG1309	0.39%	0.39%	0.40%	0.38%	0.38%	0.39%	0.40%	0.40%	0.39%
COG2814	0.37%	0.38%	0.36%	0.38%	0.38%	0.38%	0.39%	0.39%	0.38%
COG0596	0.35%	0.36%	0.35%	0.35%	0.35%	0.35%	0.37%	0.36%	0.36%
COG0451	0.33%	0.35%	0.34%	0.32%	0.33%	0.34%	0.34%	0.30%	0.33%
COG1131	0.31%	0.31%	0.31%	0.35%	0.35%	0.34%	0.34%	0.34%	0.33%

用。两种 COG 功能蛋白均在 HRT 为 15 h、20 h 及 25 h 时，相对丰度较大，这说明较小的 HRT 有利于它们的生长和繁殖。平均相对丰度排名第 3 的 COG 编号为 COG0745，对应的功能蛋白为生长调节因子，主要作用为促进微生物细胞的生长与繁殖。平均相对丰度排名第 4 的 COG 编号为 COG1028，对应的功能蛋白为脱氢酶/还原酶，主要作用是促进微生物细胞充分利用糖类、氨基酸等有机物使底物发生氧化还原反应。平均相对丰度排名第 5 的 COG 编号为 COG1595，对应的功能蛋白为 RNA 聚合酶，主要使微生物细胞进行合成、分解及代谢等生命活动。它在 HRT 为 15 h、20 h 及 25 h 时，相对丰度较大，这说明较小的 HRT 有利于其生长和繁殖。平均相对丰度排名第 6 的 COG 编号为 COG1309，对应的功能蛋白为转录调节因子，它与细胞的信息存储和进程有关。平均相对丰度排名第 7 的 COG 编号为 COG2814，对应的功能蛋白为膜转运蛋白，它为污染物的有效去除提供了保障。平均相对丰度排名第 8、9、10 的 COG 编号及功能蛋白分别为 COG0596（α/β 水解酶）、COG0451（Nad 依赖性差向异构酶脱水酶）、COG1131（ABC 转运酶），它们是细胞合成、分解及代谢的

重要催化剂,在污染物的去除中具有重要的作用。

对每个 HRT 下 BCO 池生物膜样品 COG 相对丰度进行计算,将平均相对丰度排名前 10 的 COG 编号作为生物膜样品中优势的功能蛋白,见表 7-6。

表 7-6 不同 HRT 生物膜样品 COG 相对丰度

COG	B_15	B_20	B_25	B_30	B_35	B_40	B_45	B_50	SUM
COG0438	0.43%	0.41%	0.41%	0.43%	0.40%	0.48%	0.44%	0.47%	0.44%
COG1028	0.43%	0.41%	0.42%	0.44%	0.42%	0.45%	0.44%	0.43%	0.43%
COG0642	0.42%	0.42%	0.43%	0.42%	0.42%	0.43%	0.42%	0.48%	0.43%
COG0745	0.43%	0.43%	0.43%	0.42%	0.42%	0.43%	0.43%	0.42%	0.43%
COG1309	0.40%	0.39%	0.39%	0.39%	0.41%	0.40%	0.40%	0.39%	0.40%
COG2814	0.41%	0.38%	0.38%	0.40%	0.40%	0.41%	0.40%	0.38%	0.39%
COG1595	0.38%	0.36%	0.36%	0.37%	0.31%	0.40%	0.39%	0.43%	0.38%
COG0596	0.36%	0.34%	0.34%	0.37%	0.33%	0.38%	0.38%	0.34%	0.36%
COG1131	0.34%	0.34%	0.32%	0.32%	0.30%	0.36%	0.33%	0.32%	0.33%
COG1012	0.32%	0.29%	0.31%	0.33%	0.33%	0.34%	0.33%	0.29%	0.32%

高原生境下 A^2O-BCO 工艺 BCO 池生物膜系统中优势 COG 功能蛋白与好氧池活性污泥系统中优势 COG 功能蛋白的相对丰度变化不大,两种污泥系统中优势 COG 功能蛋白(排名前 10)中有一种 COG 编号不一样。在活性污泥系统中为 COG0451,其更适宜在活性污泥系统中生长、繁殖及代谢;在生物系统中为 COG1012,对应的功能蛋白为脱氢酶,其更适宜在生物膜系统中生长、繁殖及代谢。其他优势 COG 功能蛋白与上述一致,因此不再一一叙述。COG0438 在生物膜系统中适宜在过大的 HRT 中生长,这与在活性污泥系统中的变化规律不一致,可能是由于生长环境不同所导致。

7.4.2 微生物群落功能基因

通过 16S rRNA 基因功能预测软件分析 A^2O-BCO 工艺好氧池活性污泥系统和 BCO 池生物膜系统中共 16 个样品 OTU 对应的 KO 信息,共得出 6 994

种基因，计算每个 HRT 下 KO 的相对丰度，筛选平均相对丰度前 20 的 KO 编号，将其作为优势功能基因。高原生境下 A^{2}O-BCO 工艺两个系统中优势 K number 在不同 HRT 下的相对丰度如图 7-10 所示，分析优势 K number 对应的功能基因和编码产物，具体见表 7-7。

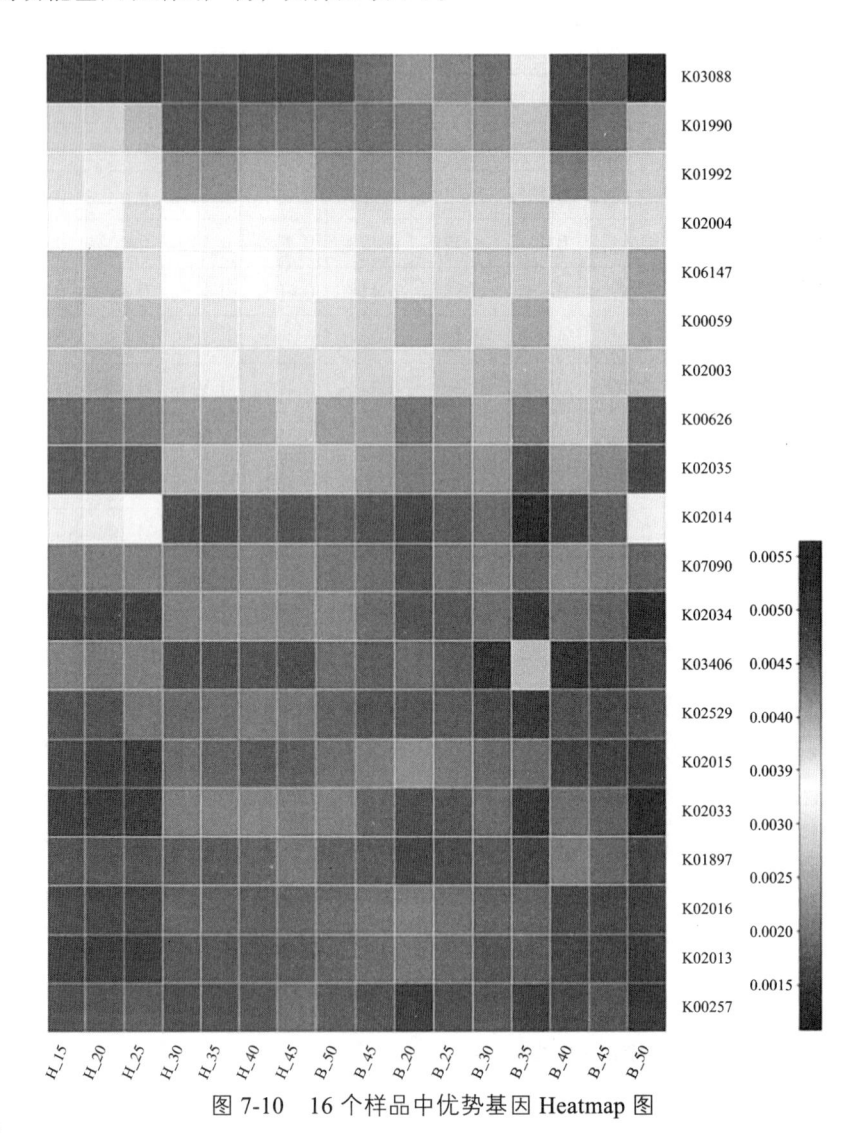

图 7-10　16 个样品中优势基因 Heatmap 图

表 7-7 优势功能基因相关信息

KO	基因名称	基因产物	平均相对丰度 活性污泥	生物膜	总丰度	排名
K03088	rpoE	RNA 聚合酶 sigma-70 因子，ECF 亚家族	0.52%	0.45%	0.49%	1
K01990	ABC-2.A	ABC-2 型转运系统 ATP 结合蛋白	0.43%	0.43%	0.43%	2
K01992	ABC-2.P	ABC-2 型转运系统通透酶蛋白	0.40%	0.40%	0.40%	3
K02004	ABC.CD.P	ABC 转运系统渗透酶蛋白	0.34%	0.30%	0.32%	4
K06147	ABCB-BAC	ATP 结合区、亚家族 B	0.31%	0.28%	0.29%	5
K00059	Fabg、oar1	3-氧代酰基-[酰基载体蛋白]还原酶	0.29%	0.27%	0.28%	6
K02003	ABC.CD.A	ABC 转运系统 ATP 结合蛋白	0.28%	0.27%	0.28%	7
K00626	acat、atob	乙酰辅酶 AC-乙酰转移酶	0.22%	0.22%	0.22%	8
K02035	ABC.PE.S	肽/镍转运系统底物结合蛋白	0.22%	0.22%	0.21%	9
K02014	TC.FEV.OM	铁复合外膜受体蛋白	0.22%	0.18%	0.20%	10
K07090	K07090	未表征的蛋白质	0.20%	0.19%	0.20%	11
K03406	mcp	甲基接受趋化蛋白	0.18%	0.17%	0.18%	12
K02034	ABC.PE.P1	肽/镍转运系统通透酶蛋白	0.18%	0.17%	0.18%	13
K02529	lacI、galR	LacI 家族转录调节因子	0.18%	0.17%	0.17%	14
K02015	ABC.FEV.P	铁复合转运系统通透酶蛋白	0.16%	0.18%	0.17%	15
K02033	ABC.PE.P	肽/镍转运系统通透酶蛋白	0.18%	0.17%	0.17%	16
K01897	ACSL、fadD	长链酰基辅酶 A 合成酶	0.17%	0.17%	0.17%	17
K02016	ABC.FEV.S	铁复合转运系统底物结合蛋白	0.16%	0.17%	0.17%	18
K02013	ABC.FEV.A	铁复合转运系统 ATP 结合蛋白	0.15%	0.16%	0.16%	19
K00257	mbtN、fadE14	酰基-ACP 脱氢酶	0.16%	0.15%	0.15%	20

平均相对丰度最高的 KO 是 K03088，对应的基因名称为 rpoE，编码产物为 RNA 聚合酶 sigma-70 因子、ECF 亚家族，主要存在于 G+C 低浓度革兰氏阳性细菌中的一类调节基因，对微生物细胞响应各种环境胁迫具有重要的调节作用。在 HRT 为 50 h 时，相对丰度最大为 0.52%。

平均相对丰度次之的 KO 是 K01990，对应的基因名称为 ABC-2.A，编码产物为 ABC-2 型转运系统 ATP 结合蛋白。其平均相对丰度为 0.43%，在

HRT 为 40 h 时，相对丰度最大为 0.47%。平均相对丰度排名第 3 的 KO 是 K01992，对应的基因名称为 *ABC-2.P*，编码产物为 ABC-2 型转运系统通透酶蛋白。其平均相对丰度为 0.40%，在 HRT 为 40 h 时，相对丰度最大为 0.42%。平均相对丰度排名第 4 的 KO 是 K02004，对应的基因名称为 *ABC.CD.P*，编码产物为 ABC 转运系统渗透酶蛋白。其平均相对丰度为 0.32%，在 HRT 为 50 h 时，相对丰度最大为 0.34%。平均相对丰度排名第 5 的 KO 是 K06147，对应的基因名称为 *ABCB-BAC*，编码产物为细菌 ATP 结合区、亚家族 B。其平均相对丰度为 0.29%，在 HRT 为 35 h 和 40 h 时，相对丰度最大为 0.31%。平均相对丰度排名第 6 的 KO 是 K00059，对应的基因名称为 *fabg* 和 *oar*1，编码产物为 3-氧代酰基-[酰基载体蛋白]还原酶，主要参与碳代谢的相关代谢途径。其平均相对丰度为 0.28%，在 HRT 为 40 h 和 45 h 时，相对丰度最大为 0.31%。

K00626 平均相对丰度也较高，功能基因为 *acat* 和 *atob*，基因的编码产物为乙酰辅酶 A C-乙酰转移酶。其属于转移酶类，平均相对丰度处于第 8 位，可将乙酰辅酶 A 和乙酰辅酶 C 通过转移酰基生成乙酰乙酰辅酶 A，它主要在氮代谢中发挥着显著作用。

K01990（*ABC-2.A*）、K01992（*ABC-2.P*）、K02004（*ABC.CD.P*）、K06147（*ABCB-BAC*）、K02035（*ABC.PE.S*）、K02034（*ABC.PE.P*1）、K02015（*ABC.FEV.P*）、K02033（*ABC.PE.P*）、K02016（*ABC.FEV.S*）及 K02013（*ABC.FEV.A*）等转运系统渗透酶蛋白类及 ATP 结合蛋白类等均属于转运系统蛋白基因，主要参与各污染物的合成、吸附、转化和分解等反应。K03088（*rpoE*）、K02004（*ABC.CD.P*）及 K06147（*ABCB-BAC*）在两个系统中的平均相对丰度超过 0.03%，它们在活性污泥系统中的平均相对丰度均较大，说明这些基因更适宜在活性污泥系统中生长和繁殖。整体而言，高原生境下 A^{2}O-BCO 工艺好氧池活性污泥系统更适宜优势功能基因的生长和繁殖。过大的 HRT 有利于各功能基因的生长和繁殖，从而提高各污染物的去除效率，减低各污染物的排放浓度。

7.4.3 微生物群落酶

通过 16S rRNA 基因功能预测软件分析 A^{2}O-BCO 工艺好氧池活性污泥系

统和 BCO 池生物膜系统中共 16 个样品 OTU 对应的 EC 信息，共得出 2 182 种酶，计算每个 HRT 下 Enzyme 的相对丰度，筛选平均相对丰度前 20 的 EC 编号，将其作为微生物群落的优势酶。高原生境下 A^{2}O-BCO 工艺两个系统中优势 EC 编号在不同 HRT 下的相对丰度如图 7-11 所示，分析优势 EC 编号对应的功能信息及平均相对丰度，具体见表 7-8。

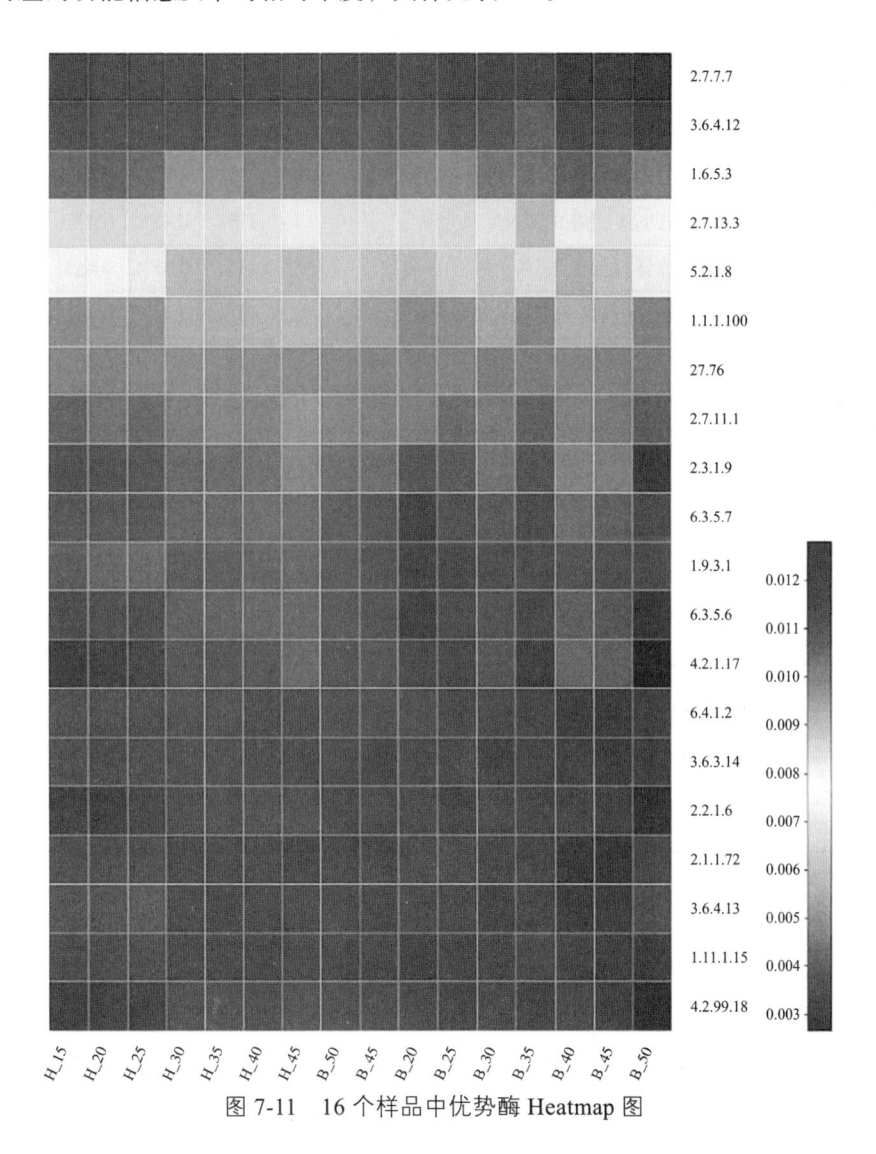

图 7-11　16 个样品中优势酶 Heatmap 图

表 7-8 优势酶相关信息

Enzyme	功能信息	平均相对丰度 活性污泥	平均相对丰度 生物膜	平均相对丰度 总丰度	排名
2.7.7.7	DNA 指导的 DNA 聚合酶	1.24%	1.22%	1.23%	1
3.6.4.12	DNA 解旋酶	1.17%	1.13%	1.15%	2
1.6.5.3	NADH：泛醌还原酶（H(+)-易位）	1.04%	1.03%	1.04%	3
2.7.13.3	组氨酸激酶	0.84%	0.84%	0.84%	4
5.2.1.8	肽基脯氨酰异构酶	0.67%	0.64%	0.65%	5
1.1.1.100	3-氧代酰基-[酰基-载体-蛋白]还原酶	0.53%	0.52%	0.53%	6
2.7.7.6	DNA 指导的 RNA 聚合酶	0.47%	0.47%	0.47%	7
2.7.11.1	非特异性丝氨酸/苏氨酸蛋白激酶	0.45%	0.45%	0.45%	8
2.3.1.9	乙酰辅酶 A C-乙酰转移酶	0.40%	0.41%	0.41%	9
6.3.5.7	谷氨酰胺酰-tRNA 合酶（谷氨酰胺水解）	0.40%	0.38%	0.39%	10
1.9.3.1	细胞色素 c 氧化酶	0.39%	0.36%	0.38%	11
6.3.5.6	天冬酰胺酰-tRNA 合酶（谷氨酰胺水解）	0.37%	0.36%	0.37%	12
4.2.1.17	烯酰辅酶 A 水合酶	0.34%	0.36%	0.35%	13
6.4.1.2	乙酰辅酶 A 羧化酶	0.35%	0.35%	0.35%	14
3.6.3.14	H(+)-运输两部门 ATP 酶	0.34%	0.33%	0.33%	15
2.2.1.6	乙酰乳酸合酶	0.32%	0.33%	0.33%	16
2.1.1.72	位点特异性 DNA 甲基转移酶（腺嘌呤特异性）	0.32%	0.33%	0.32%	17
3.6.4.13	RNA 解旋酶	0.32%	0.32%	0.32%	18
1.11.1.15	过氧还蛋白	0.31%	0.33%	0.32%	19
4.2.99.18	DNA-（无嘌呤或无嘧啶位点）裂解酶	0.31%	0.32%	0.32%	20

平均相对丰度最高的酶为 DNA 指导的 DNA 聚合酶（2.7.7.7），属于转移酶类，可转移含磷基团及核苷酸，发生的反应为 2'-脱氧核糖核苷-5'-三磷酸 + DNA$_n$ ══ 二磷酸 + DNA$_{n+1}$，参与 DNA 复制、嘌呤及嘧啶代谢等代谢反应，主要作用是进行 DNA 的复制和聚合，是污水脱氮除磷系统中重要的催化剂。在 HRT 为 50 h 时，相对丰度最大为 1.25%。

平均相对丰度次之的酶为 DNA 解旋酶（3.6.4.12），属于水解酶类，发生 ATP + H$_2$O ══ ADP + 磷酸盐的反应，主要作用为消耗能量，主要参与 DNA 的复制、重组及分解。在 HRT 为 50 h 时，相对丰度最大为 1.17%。在活性污泥系统中平均相对丰度显著高于生物膜系统，表明该酶适宜在活性污泥系统中生长和繁殖。

平均相对丰度排名第 3 的酶为 NADH：泛醌还原酶（H$^+$-易位）(1.6.5.3)，功能与 EC 7.1.1.2 酶的功能一致，属于易位酶类，发生的反应为 NADH + 泛醌 + 6H + [side 1] ══ NAD$^+$ + 泛醇 + 7H + [side 2]，参与氧化磷酸化和代谢途径等代谢反应，主要作用是进行 DNA 的复制。在 HRT 为 15 h 时，相对丰度最大为 1.06%。

平均相对丰度排名第 4 的酶为组氨酸激酶（2.7.13.3），属于转移酶类，发生的反应为 ATP + 蛋白质 L-组氨酸 ══ ADP + 蛋白质 N-磷酸-L 组氨酸，参与细菌双组分系统的代谢反应。在 HRT 为 35 h 时，相对丰度最大为 0.87%。

平均相对丰度排名第 5 的酶为肽基脯氨酰异构酶（5.2.1.8），属于异构酶类，发生的反应为肽基脯氨酸(omega = 180) ══ 肽基脯氨酸(omega = 0)。在 HRT 为 25 h 时，相对丰度最大为 0.73%。

平均相对丰度排名第 6 的酶为 3-氧代酰基-[酰基-载体-蛋白]还原酶（1.1.1.100），属于氧化还原酶类，发生的反应为(3R)-3 羟基酰基-[酰基载体蛋白] + NADP$^+$ ══ 3 氧代酰基-[酰基载体蛋白] + NADPH + H$^+$，参与脂肪酸生物合成、生物素代谢及代谢途径等代谢反应。在 HRT 为 40 h 和 45 h 时，相对丰度最大为 0.57%。

平均相对丰度排名第 7 的酶为 DNA 指导的 RNA 聚合酶（2.7.7.6），属于转移酶类，发生的反应为三磷酸核苷 + RNA$_n$ ══ 二磷酸 + RNA$_{n+1}$，主要进行 RNA 聚合和磷降解反应。在 HRT 为 40 h 和 45 h 时，相对丰度最大为 0.48%。

乙酰辅酶 A C-乙酰转移酶（2.3.1.9）的平均相对丰度也较高，排名第 9，属于转移酶类。发生的总体反应为 2 乙酰-CoA ══ CoA + 乙酰乙酰-CoA（总体反应）；(1a)乙酰-CoA + [乙酰-CoA C-乙酰转移酶]-L-半胱氨酸 ══ [乙酰-CoA C-乙酰转移酶]-S-乙酰-L-半胱氨酸 + CoA；(1b)[乙酰-CoA C-乙酰转移酶]-S-乙酰-L-半胱氨酸 + 乙酰-CoA⸺乙酰乙酰-CoA + [乙酰-CoA C-乙酰转移酶]-L-半胱氨酸,主要进行脂肪酸降解,缬氨酸、亮氨酸和异亮氨酸降解,赖氨酸降解,苯甲酸盐降解,色氨酸代谢,丙酮酸代谢,乙醛酸和二羧酸代谢,丁酸代谢,原核生物中的碳固定途径,萜类骨架生物合成,代谢途径,次生代谢物的生物合成及不同环境中的微生物代谢降解反应,为去除各类污染物的相关反应提供前提条件,确保各污染物的高效去除,从而使得出水达到排放标准。在 HRT 为 45 h 时,相对丰度最大为 0.48%。

烯酰辅酶 A 水合酶(4.2.1.17)的平均相对丰度也较高,属于优势酶,排名第 13,属于裂解酶和水解酶类。发生的总体反应为(3S)-3-羟基酰基-CoA⸺反-2(或 3)-烯酰基-CoA + H_2O,主要参与脂肪酸降解,缬氨酸、亮氨酸和异亮氨酸降解,香叶醇降解,赖氨酸降解,苯丙氨酸代谢,苯甲酸盐降解,色氨酸代谢,氨基苯甲酸降解,丙酸代谢,丁酸代谢,原核生物中的碳固定途径,代谢途径,次生代谢物的生物合成及不同环境中的微生物代谢降解反应。该类酶主要通过氨基酸降解代谢途径及碳水化合物的固定等代谢途径去除污染物,提高污染物的去除效率,降低出水浓度。在 HRT 为 45 h 时,相对丰度最大为 0.42%。

总体而言,酶的变化规律与功能基因的变化规律相一致,较大的 HRT 和活性污泥系统有利于各酶的生长和繁殖,从而提高各污染物的去除效率,减低各污染物的排放浓度。

7.4.4 微生物群落碳、氮、磷代谢关系解析

1. 微生物群落碳代谢途径

高原生境下 Carbon metabolism 在所有的代谢途径中丰度较高,为优势的代谢途径,同时也是碳代谢最主要的代谢途径。碳代谢途径共由 3 个二级代谢通路模块组成,分别为 Carbohydrate metabolism、Energy metabolism 和 Amino acid metabolism。Carbohydrate metabolism 由 Central carbohydrate metabolism 和 Other carbohydrate metabolism 组成,Energy metabolism 由 Carbon fixation 和 Methane metabolism 组成,Amino acid metabolism 由 Serine and threonine metabolism 和 Cysteine and methionine metabolism 组成。它们是

第 7 章　A²O-BCO 工艺试验特性

碳代谢反应途径的重要代谢反应，由许多功能模块（modules）构成。碳代谢包含的二级代谢通路、代谢反应和功能模块较多，代谢关系较复杂，因此对主要的代谢反应关系及对应的功能模块进行解析。对 Carbohydrate metabolism 下的 Central carbohydrate metabolism 的代谢关系进行解析，如图 7-12 所示。

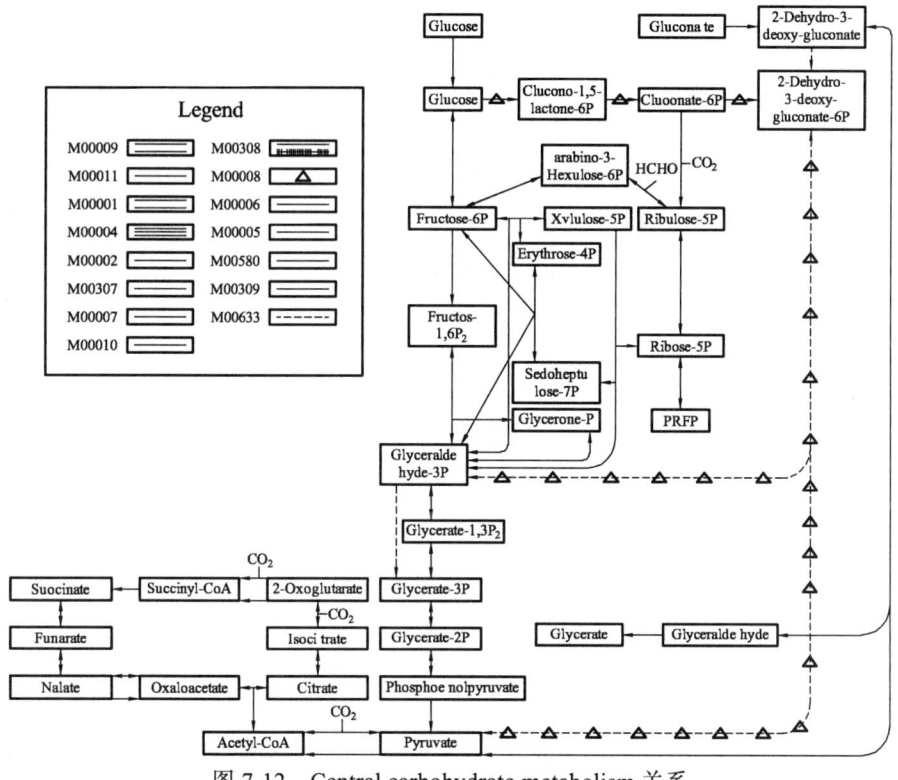

图 7-12　Central carbohydrate metabolism 关系

Central carbohydrate metabolism 关系中共有 15 种功能模块和 34 种碳代谢相关的物质直接参与反应，解析了每种模块的功能和具体参与物质的代谢反应。高原生境下 A²O-BCO 工艺的两个污泥系统中共存在 307 种功能模块，具有图 7-12 中的 15 种功能模块，为明晰微生物参与碳代谢的代谢关系，对 Central carbohydrate metabolism 下各功能模块的平均相对丰度、参与反应的基因及最佳 HRT 进行分析，具体见表 7-9。

表 7-9 中枢碳水化合物代谢各功能模块的功能描述、参与基因及平均相对丰度

顺序	模块	功能描述	参与基因	平均相对丰度 活性污泥	平均相对丰度 生物膜	平均相对丰度 总丰度	最佳 HRT
1	M00009	Citrate cycle (TCA cycle, Krebs cycle)	*OGDH、korA/B/C/D、DLST、sucC/D、kgd、LSC$_1$/C$_2$、DLD、aarC、sdhA/B/C/D、mdh、SDHA/B/C/D、frdhA/B/C/D、MDH$_1$/H$_2$、mqo、E4.2.1.2A/B/AA/AB*	2.47%	2.45%	2.46%	15 h 和 25 h (2.51%)
3	M00001	Glycolysis (Embden-Meyerhof pathway), glucose→pyruvate	*HK、GCK、glk、ppgk、ADPGK、pfkC、GPI、pgil、tal-pgi、pgi-pmi、pfkA/B/C、pfk、ALDO、FBA、fbaB、TPI、GAPDH、gap$_2$、PGK、gapor、PGAM、gpmI/B、apgM、ENO、PK、PKLR*	2.08%	2.12%	2.10%	30 h (2.16%)
4	M00011	Citrate cycle, second carbon oxidation, 2-oxoglutarate→oxaloacetate	*OGDH、korA/B/C/D、DLST、sucC/D、kgd、LSC$_1$/C$_2$、DLD、aarC、sdhA/B/C/D、mdh、SDHA/B/C/D、frdhA/B/C/D、MDH$_1$/H$_2$、mqo、E4.2.1.2A/B/AA/AB*	1.98%	1.97%	1.97%	15 h 和 50 h (2.01%)

续表

顺序	模块	功能描述	参与基因	平均相对丰度 活性污泥	平均相对丰度 生物膜	平均相对丰度 总丰度	最佳HRT
12	M00002	Glycolysis, core module involving three-carbon compounds	TPI、GAPDH、gap$_2$、PGK、gapor、PGAM、gpmI/B、apgM、ENO、PK、PKLR	1.29%	1.33%	1.31%	30 h 和 35 h（1.36%）
13	M00004	Pentose phosphate pathway (Pentose phosphate cycle)	H/G6PD、azf、PGLS、pgl、PGD、rpe、GPI、rpiA/B、E2,2,1,1/2、pgil、tal-pgi、pgi-pmi	1.29%	1.30%	1.30%	40 h（1.35%）
41	M00307	Pyruvate oxidation, pyruvate→acetyl-CoA	aceE、PDHA/B、DLAT、DLD、PDHX、porA/B/C/D、vorG、por	0.79%	0.80%	0.79%	35 h（0.85%）
43	M00007	Pentose phosphate pathway, non-oxidative phase, fructose 6P→ribose 5P	rpe、rpiA/B、E2,2,1,1/2、tal-pgi	0.78%	0.78%	0.78%	30 h 和 40 h（0.80%）
71	M00308	Semi-phosphorylative Entner-Doudoroff pathway, gluconate→glycerate-3P	gnaD、kdgK、eda、GAPDH、PGK、gapN	0.51%	0.52%	0.52%	35 h（0.53%）
75	M00010	Citrate cycle, first carbon oxidation, oxaloacetate→2-oxoglutarate	CS、E2.3.3.3、ACO、acnB、IDH$_1$/H$_3$	0.49%	0.48%	0.49%	25 h（0.51%）

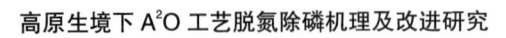

续表

顺序	模块	功能描述	参与基因	活性污泥	生物膜	总丰度	最佳HRT
				\multicolumn{3}{c}{平均相对丰度}	
105	M00008	Entner-Doudoroff pathway, glucose-6P→glyceraldehyde-3P+pyruvate	G6PD、PGLS、pgl、edd、eda	0.35%	0.35%	0.35%	35 h、40 h 和 45 h（0.36%）
106	M00006	Pentose phosphate pathway, oxidative phase, glucose 6P→ribulose 5P	H/G6PD、azf、PGLS、pgl、PGD	0.35%	0.35%	0.35%	35 h（0.38%）
143	M00005	PRPP biosynthesis, ribose 5P→ PRPP	PRPS	0.17%	0.18%	0.17%	无最佳工况（0.18%）
177	M00580	Pentose phosphate pathway, archaea, fructose 6P→ ribose 5P	hxlA/B、fae-hps、hps-phi、rpiA	0.06%	0.06%	0.06%	35 h（0.07%）
214	M00309	Non-phosphorylative Entner-Doudoroff pathway, gluconate/galactonate → glycerate	ganD、kdpgA、kdgA、cutA/B/C、badh、aor	0.02%	0.02%	0.02%	无最佳工况（0.02%）
215	M00633	Semi-phosphorylative Entner-Doudoroff pathway, gluconate/galactonate → glycerate-3P	gnaD、sskdgk、kdpgA、gapN	0.01%	0.02%	0.02%	无最佳工况（0.02%）

第7章 A²O-BCO 工艺试验特性

表 7-9 中的 15 种功能模块从上到下依次对应着平均相对丰度从高到低的顺序,列出了 15 种功能模块的平均相对丰度在两个系统中 307 种功能模块的排名。M00009 的平均相对丰度最高(2.46%),主要参与柠檬酸循环(TCA 循环、克雷布斯循环),由 M00010 和 M00011 模块反应组成,同时丰度也为 M00010 和 M00011 的丰度之和,由乙酰辅酶 A 直接代谢反应和参与一系列的反应共两条路线生成草酰乙酸。在 HRT 为 15 h 和 25 h 时,相对丰度最高为 2.51%,其平均相对丰度在两个系统中差异较小。

M00001 的平均相对丰度次之(2.10%),参与糖酵解(Embden-Meyerhof 途径)的反应,由葡萄糖经过一系列的反应最终生成丙酮酸。包含模块 M00002 中的所有反应和基因。在 HRT 为 30 h 时,相对丰度最高为 2.16%,在生物膜系统中平均相对丰度比活性污泥系统高 0.04%,表明其更适宜在生物膜系统中发生反应。

M00011 的平均相对丰度位居第 3(1.97%),参与柠檬酸循环、二次碳氧化、2-氧戊二酸的反应。由 2-氧戊二酸经过图 7-12 中的反应生成酶 N6-(硫辛酰基)赖氨酸和草酰乙酸。在 HRT 为 15 h 和 50 h 时,相对丰度最高为 2.01%,平均相对丰度在两个系统中差异较小。M00009 由 M00010 和 M00011 两个模块反应组成,M00009 与 M00011 的基因完全相同,未包含 M00010 中的基因,这因为 M00011 的平均相对丰度较大,所参与其反应的基因丰度也较大;而 M00010 及其参与反应的基因丰度较小。说明基因的丰度影响模块的丰度,从而影响模块反应的程度。

完成 M00002 模块反应的基因与完成 M00001 模块反应的部分基因相同,这说明 M00002 是 M00001 模块的部分反应。参与 M00007 模块和 M00006 模块的所有基因是模块 M00004 的部分基因,而模块 M00007 和模块 M00006 是模块 M00004 的部分反应,这印证了基因影响着模块反应的程度。对 Carbohydrate metabolism 下的 Other carbohydrate metabolism 的代谢关系进行解析,如图 7-13 所示。

Central carbohydrate metabolism 关系中共有 6 种功能模块和 39 种碳代谢相关的物质直接参与反应,解析了每种模块的功能和具体参与物质的代谢反应。高原生境下 A²O-BCO 工艺的两个污泥系统中共存在 307 种功能模块,

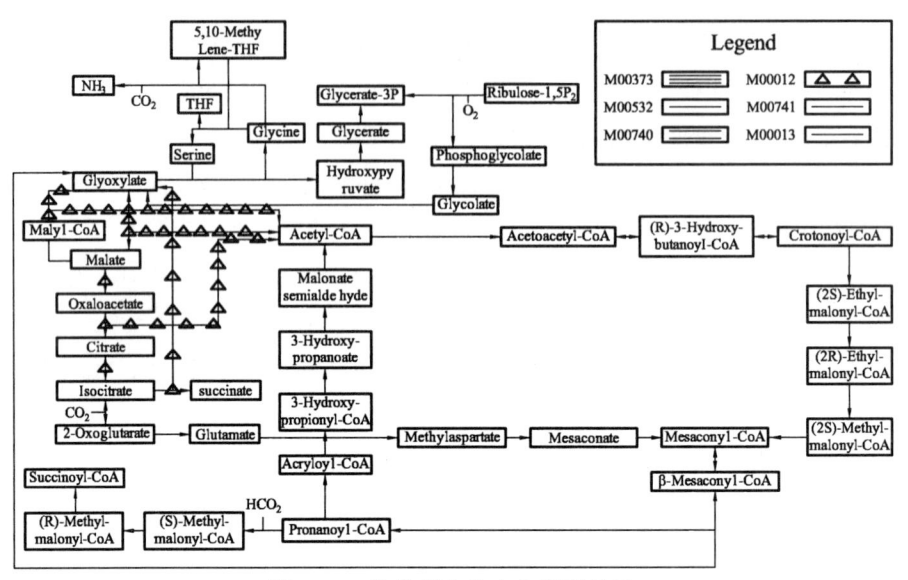

图 7-13 其他碳水化合物代谢关系

具有图 7-13 中的 6 种功能模块，为明晰微生物参与碳代谢的代谢关系，对 Central carbohydrate metabolism 中 6 种功能模块的功能描述、参与反应的基因、平均相对丰度及最佳 HRT 进行分析，见表 7-10。

表 7-10 其他碳水化合物代谢各功能模块的功能描述、参与基因及平均相对丰度

顺序	模块	功能描述	参与基因	平均相对丰度 活性污泥	平均相对丰度 生物膜	平均相对丰度 总丰度	最佳 HRT
31	M00373	Ethylmalonyl pathway	ACAT、phbB、croR、ccr、ecm、mcd/h/l/l₂、PCCA/B、MCEE、MUT	0.98%	0.94%	0.96%	45 h（1.09%）
34	M00532	Photorespiration	rbcL/S、PGP、HAO、katE、GGAT、glyA、AGXT、HPR₁/R₂₋₃、GLYK、GLDC、gcvT/H、DLD	0.93%	0.90%	0.92%	在各 HRT 下相对丰度差异较小

续表

顺序	模块	功能描述	参与基因	活性污泥	生物膜	总丰度	最佳HRT
54	M00740	Methylaspartate cycle	CS、ACO、IDH$_1$、GLUD$_{1-2}$、glmE/S、mal、mct/h/l、aceB、mdh	0.68%	0.69%	0.68%	在各HRT下相对丰度差异较小
63	M00012	Glyoxylate cycle	CS、ACO、acnB、E4.1.3.1、aceB、MDH$_1$H$_2$、mdh	0.59%	0.59%	0.59%	在各HRT下相对丰度差异较小
70	M00741	Propanoyl-CoA metabolism, propanoyl-CoA→succinyl-CoA	PCCA/B、bccA、accD6、pccB/X、MCEE、MUT、E5.4.99.2A/2B	0.55%	0.51%	0.53%	40 h 和 45 h（0.59%）
144	M00013	Malonate semialdehyde pathway, propanoyl-CoA→acetyl-CoA	ACADS、E1.3.3.6、ECHS$_1$、FOX$_2$、HIBCH,HPD$_1$、mmsA	0.17%	0.18%	0.17%	45 h（0.19%）

表 7-10 中的 6 种功能模块从上到下依次对应着平均相对丰度从高到低的顺序，列出了 6 种功能模块的平均相对丰度在两个系统中 307 种功能模块的排名。M00373 的平均相对丰度最高（0.96%），总排名为 31，主要参与乙基丙二酰途径，由乙酰辅酶 A 参与一系列的反应生成 S-苹果酸和琥珀酰辅酶 A。在 HRT 为 45 h 时，相对丰度最高为 1.09%，在活性污泥系统中平均相对丰度比生物膜系统高 0.04%，表明其更适宜在活性污泥系统中发生反应。

M00532 的平均相对丰度次之（0.92%），参与光呼吸的反应，D-核酮糖 1、5-二磷酸和 L-谷氨酸经过图 7-13 中的相关反应共同生成氧气和 3-磷酸-D-甘油酸。在各 HRT 下相对丰度差异较小，无明显优势工况，在活性污泥系统中平均相对丰度比生物膜系统高 0.03%，表明其更适宜在活性污泥系统中发生反应。

M00740 的平均相对丰度为第 3（0.68%），总排名为 54，由乙酰辅酶 A 和草酰乙酸生成S-苹果酸和草酰乙酸的循环反应,与M00373的部分反应有重合。在各HRT下及两个系统中相对丰度差异较小,无明显优势工况和反应系统。图7-13和表7-10展示了其他功能模块的相关反应,不再一一阐述。整体而言,较大的HRT促进了Central carbohydrate metabolism中功能模块的生长、繁殖及代谢等生命活动,且其适宜在活性污泥系统中生存及发生相关反应。

对Energy metabolism中Carbon fixation的代谢关系进行解析,如图7-14所示。

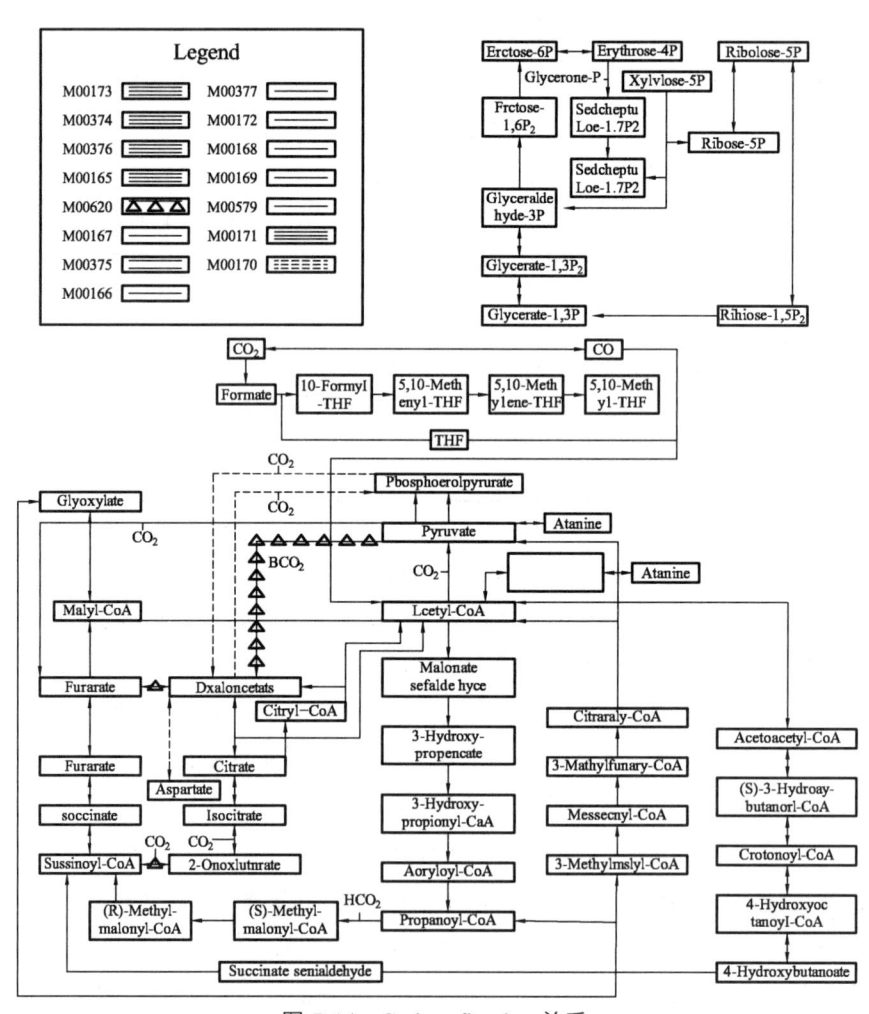

图7-14 Carbon fixation关系

Carbon fixation 关系中共有 15 种功能模块和 56 种碳代谢相关的物质直接参与反应,解析了每种模块的功能和具体参与物质的代谢反应。对 Carbon fixation 中 15 种功能模块的功能描述、参与反应的基因、平均相对丰度及最佳 HRT 进行分析,见表 7-11。

表 7-11 Carbon fixation 各功能模块的功能描述、参与基因及平均相对丰度

顺序	模块	功能描述	参与基因	平均相对丰度 活性污泥	平均相对丰度 生物膜	平均相对丰度 总丰度	最佳 HRT
2	M00173	Reductive citrate cycle (Arnon-Buchanan cycle)	*porA/B/C/D*、*por*、*pps/dK/c*、*pycA/B*、*PC*、*mdh*、*E4.2.1.2A/2B/2AA/2AB*、*ccsA/B*、*sdhA/B/C/D*、*frdA/B/C/D/E*、*IDH*、*ACO*、*sucD/C*、*korA/B/C/D*、*acnB*、*aclB/A*、*ccl*	2.14%	2.13%	2.13%	15 h (2.18%)
9	M00374	Dicarboxylate-hydroxybutyrate cycle	*porA/B/C/D*、*pps/c*、*mdh*、*E4.2.1.2AA/2AB*、*sdhA/B/C/D*、*sucD/C*、*4 hbl*、*abfD*、*ACAT*	1.50%	1.52%	1.51%	45 h (1.60%)
11	M00376	3-Hydroxypropionate bi-cycle	*accA/B/C/D*、*mcr*、*MCEE*、*MUT*、*E5.4.99.2A/2B*、*smtA₁/B*、*sdhA/B/C/D*、*E4.2.1.2B*	1.35%	1.32%	1.33%	50 h (1.36%)
24	M00165	Reductive pentose phosphate cycle (Calvin cycle)	*PRK*、*rbcL/S*、*PGK*、*GAPA/DH*、*gap₂*、*ALDO*、*FBA/P*、*glpX*、*glpX/fbp-SEBP*、*E2.2.1.1*、*E3.3.3.37*、*rpiA/B*	1.09%	1.11%	1.10%	在各 HRT 下相对丰度差异较小

续表

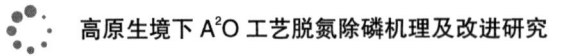

顺序	模块	功能描述	参与基因	平均相对丰度 活性污泥	平均相对丰度 生物膜	平均相对丰度 总丰度	最佳HRT
45	M00620	Incomplete reductive citrate cycle, acetyl-CoA→oxoglutarate	*porA/B/C/D*、*pycA/B*、*mdh*、*tfrA/B*、*E4.2.1.2AA/2AB*、*sucD/C*、*korA/B/C/D*	0.80%	0.74%	0.77%	50 h（0.81%）
49	M00167	Reductive pentose phosphate cycle, glyceraldehyde-3P→ribulose-5P	*ALDO*、*FBA/P*、*glpX*、*glpX/fbp-SEBP*、*E2.2.1.1*、*E3.3.3.37*、*rpiA/B*	0.72%	0.73%	0.72%	20 h 和 25 h（0.74%）
53	M00375	Hydroxypropionate-hydroxybutylate cycle	*K15037/36/17/39/18/19/20/38/16*、*K01964*、*MCEE*、*E5.4.99.2A/2B*、*K14465/6*、*K18861*、*abfD*、*ACAT*	0.68%	0.70%	0.69%	45 h（0.79%）
98	M00377	Reductive acetyl-CoA pathway (Wood-Ljungdahl pathway)	*cooS*、*fdhA/B/F*、*hydA$_2$*、*hycB*、*fhs*、*folD*、*fchA*、*metF/A*、*rnfC$_2$*、*acsE/B*、*cdhE/D*	0.38%	0.38%	0.38%	在各HRT下相对丰度差异较小
100	M00166	Reductive pentose phosphate cycle, ribulose-5P→glyceraldehyde-3P	*PRK*、*rbcL/S*、*PGK*、*GAPA/DH*、*gap$_2$*	0.37%	0.38%	0.37%	
120	M00172	C4-dicarboxylic acid cycle, NADP-malic enzyme type	*ppc*、*E1.1.1.82/40*、*ppdk*	0.26%	0.24%	0.25%	25 h 和 50 h（0.27%）

续表

顺序	模块	功能描述	参与基因	平均相对丰度			最佳HRT
					活性污泥	生物膜	总丰度	
133	M00579	Phosphate acetyltransferase-acetate kinase pathway, acetyl-CoA→ acetate	$E2.3.1.8$、pta、$K15024$、$ackA$	0.22%	0.21%	0.21%	35 h（0.23%）
140	M00168	CAM (Crassulacean acid metabolism), dark	ppc、MDH_1/H_2、mdh	0.19%	0.19%	0.19%	在各HRT下相对丰度差异较小
142	M00169	CAM (Crassulacean acid metabolism), light	$E1.1.1.40$、$ppdK$	0.19%	0.17%	0.18%	25 h 和 50 h（0.19%）
147	M00171	C4-dicarboxylic acid cycle, NAD - malic enzyme type	ppc、GOT_1/T_2、MDH_1/H_2、$E1.1.1.39$、GPT、$GGAT$、$ppdK$	0.17%	0.16%	0.17%	在各HRT下相对丰度差异较小
155	M00170	C4-dicarboxylic acid cycle, phosphoenolpyruvate carboxykinase type	ppc、GOT_1/T_2、$E4.1.1.49$	0.14%	0.13%	0.14%	

M00374 的平均相对丰度次之（1.51%），总排名为 9，参与二羧酸-羟基丁酸循环的反应，发生由乙酰辅酶 A 生成 13 种物质再生成乙酰辅酶 A 的循环反应。在 HRT 为 45 h 时，相对丰度最高为 1.60%，其平均相对丰度在两个系统中差异较小。

M00376 的丰度为第 3，总排名为 11，由乙酰辅酶 A 发生 3 条线路的反应分别生成 S-苹果酸、乙醛酸和丙酮酸再生成乙酰辅酶 A 的循环反应。在 HRT 为 50 h 时，相对丰度最高为 1.36%，在活性污泥系统中平均相对丰度比生物膜系统高 0.03%，表明其更适宜在活性污泥系统中发生反应。

M00165 的平均相对丰度为第 4（1.10%），总排名为 24，主要参与还原性磷酸戊糖循环（卡尔文循环），由 M00166 和 M00167 模块反应组成，同时丰度也为 M00166 和 M00167 的丰度之和。同时，参与模块 M00165 反应的基因刚好由参与模块 M00166 和 M00167 反应的基因组成，跟模块反应组成相吻合。先发生 M00166 的反应，由 D-核酮糖-5-磷酸生成 D-核酮糖-1,5-磷酸，再跟 CO_2 发生一系列的反应产生 D-甘油醛-3-磷酸。然后发生 M00167 的反应，由上一个反应的产物 D-甘油醛-3-磷酸经过一系列的反应最终生成 D-核酮糖-5-磷酸。在各 HRT 下及两个系统中相对丰度差异较小，无明显优势工况和反应系统。其他功能模块的相关反应和解析关系在图 7-14 和表 7-11 中表明，故不再一一阐述。

对 Energy metabolism 中 Methane metabolism 的代谢关系进行解析，如图 7-15 所示。Methane metabolism 关系中共有 9 种功能模块和 41 种碳代谢相关

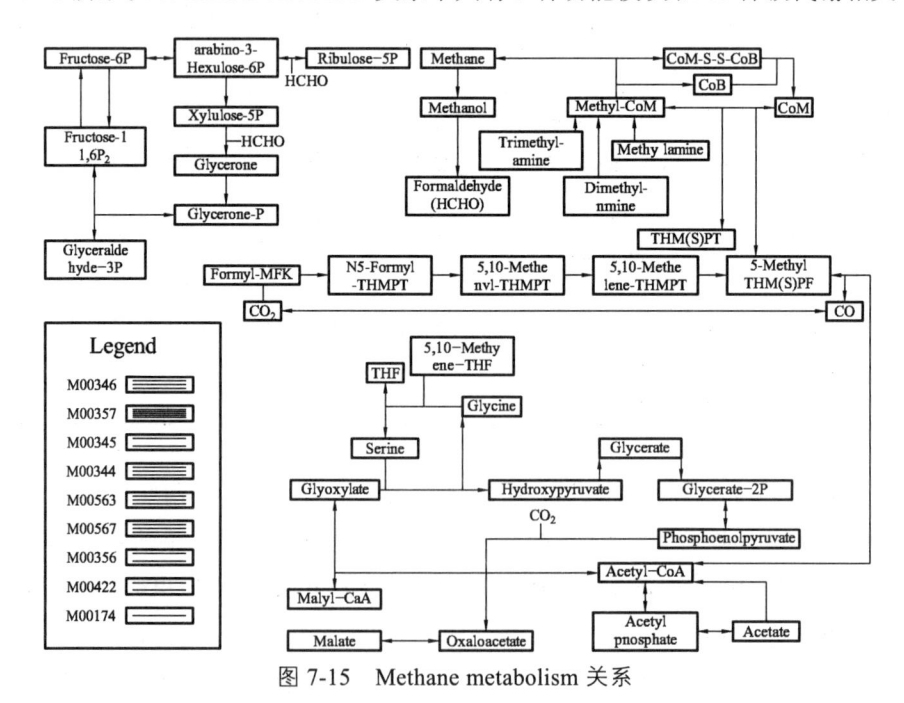

图 7-15　Methane metabolism 关系

的物质直接参与反应，解析了每种模块的功能和具体参与物质的代谢反应。对 Methane metabolism 中 9 种功能模块的功能描述、参与反应的基因、平均相对丰度及最佳 HRT 进行分析，见表 7-12。

表 7-12 Methane metabolism 各功能模块的功能描述、参与基因及平均相对丰度

顺序	模块	功能描述	参与基因	平均相对丰度 活性污泥	平均相对丰度 生物膜	平均相对丰度 总丰度	最佳 HRT
65	M00346	Formaldehyde assimilation, serine pathway	glyA、AGXT、hprA、gck、ENO、ppc、mdh、mtkB、mtkA、mcl	0.56%	0.56%	0.57%	在各 HRT 下相对丰度差异较小
103	M00357	Methanogenesis, acetate→methane	ackA、ACSS1_2、cdhC/E/D、mtrA/H、mcrA/B/G、hdrA1/A2/B1/B2/C1/C2/D/E、mvhA/D/G、fdhA/B	0.37%	0.36%	0.36%	30 h 和 35 h（0.38%）
109	M00345	Formaldehyde assimilation, ribulose monophosphate pathway	hxlA/B、fae-hps、hps-phi、pfkA/B、FBA	0.33%	0.33%	0.33%	25 h 和 50 h（0.35%）
135	M00344	Formaldehyde assimilation, xylulose monophosphate pathway	DAS、DAK、FBA、FBP	0.20%	0.21%	0.20%	25 h（0.23%）
201	M00563	Methanogenesis, methylamine/ dimethylamine/ trimethylamine→methane	mtbA/B/C、mtmB/C、mttB/C、hdrA1/A2/B1/B2/C1/C2/D/E、mcrA/B/G、mvhA/D/G、fdhA/B	0.03%	0.02%	0.02%	平均相对较小，在各 HRT 下相对丰度差异较小

续表

顺序	模块	功能描述	参与基因	平均相对丰度 活性污泥	平均相对丰度 生物膜	平均相对丰度 总丰度	最佳HRT
209	M00567	Methanogenesis, $CO_2 \rightarrow$ methane	fwdA/B/C/D/E/F/G/H、ftr、mch、mtd、hmd、mer、mtrA/B/C/D/E/F/G/H、hdrA1/A2/B1/B2/C1/C2/D/E、mvhA/D/G、fdhA/B、mcrA/B/G	0.02%	0.02%	0.02%	平均相对较小，在各HRT下相对丰度差异较小
241	M00422	Acetyl-CoA pathway, CO2 $\rightarrow$ acetyl-CoA	cdhA/B/C/D/E	0.01%	0.01%	0.01%	
246	M00356	Methanogenesis, methanol $\rightarrow$ methane	mtaA/B/C、hdrA1/A2/B1/B2/C1/C2/D/E、mcrA/B/G、mvhA/D/G、fdhA/B	0.00%	0.01%	0.01%	
263	M00174	Methane oxidation, methanotroph, methane $\rightarrow$ formaldehyde	pmoA-amoA、pmoB-amoB、pmoC-amoC、mmoX/Y/Z/B/C/D、mdh1/h2、xoxF	0.00%	0.00%	0.00%	

表7-12中的9种功能模块从上到下依次对应着平均相对丰度从高到低的顺序，列出了9种功能模块的平均相对丰度在两个系统中307种功能模块的排名，其平均相对丰度较小，排名均靠后，且在两个系统中的平均相对丰度差异较小。M00346的平均相对丰度最高，总排名为65，主要参与甲醛同化、丝氨酸途径，发生由甘氨酸参与一系列的反应生成羟基丙酮酸和乙醛酸盐等再生成甘氨酸的循环反应。M00357的丰度次之，总排名为103，主要发生产甲烷反应，由醋酸纤维参与反应生成乙酰辅酶A等物质，最终生成辅酶B和

辅酶 M。M00345 的丰度为第 3，总排名为 109，发生甲醛同化、由 D-核酮糖-5-磷酸和甲醛发生反应生成 D-甘油醛-3-磷酸。M00344 的丰度为第 4，总排名为 135，主要参与甲醛同化，一磷酸木酮糖途径，由甲醛生成 D-果糖 6-磷酸，参与基因的反应为 DAS，生成 DAK，再生成 FBA，最终生成 FBP。其他功能模块的平均相对丰度较低，排名也相对靠后，其相关反应和解析关系在图 7-15 和表 7-12 中表明。

Amino acid metabolism 由 Serine and threonine metabolism 和 Cysteine and methionine metabolism 组成，每种代谢反应具有一种功能模块。其中，Serine and threonine metabolism 的功能模块为 M00020，主要的功能为 Serine biosynthesis，由 3 磷酸-D-甘油酸生成 3-膦酰氧基丙酮酸盐，再生成 O-磷酸-L-丝氨酸，最后生成 L-丝氨酸。主要参与反应的基因为 serA/B/C、thrH 及 psp，总排名为 82，平均相对丰度为 0.43%，在各 HRT 下及两个系统中相对丰度差异较小，无明显优势工况和反应系统。其中，Cysteine and methionine metabolism 功能模块为 M00021，主要的功能是半胱氨酸生物合成。由 L-丝氨酸生成 O-乙酰-L-丝氨酸，然后与硫化氢一起生成 L-半胱氨酸。主要参与反应的基因为 cysE/K、ATCYSC1 及 MET17，总排名为 110，平均相对丰度为 0.32%，HRT 为 35 h 时相对丰度最大为 0.35%，在两个系统中平均相对丰度差异较小，无明显优势反应系统。

参与碳代谢途径的基因编码共有 363 种，高原生境下 A^{2}O-BCO 工艺好氧池和 BCO 池两个系统中共含有 266 种基因编码参与反应，并且可以进行完整的碳代谢通路。由于参与碳代谢的基因较多，无法一一列出，因此分析了平均相对丰度排名前 20 的基因编码（优势基因）的功能及在最佳 HRT 下的相对丰度，见表 7-13。

表 7-13 碳代谢优势基因的功能描述及最佳 HRT 下的相对丰度

KO	基因名称	功能描述	平均相对丰度			最佳HRT
			活性污泥	生物膜	总丰度	
K00626	ACAT, atoB	乙酰辅酶 A C-乙酰转移酶（EC:2.3.1.9）	0.218%	0.220%	0.219%	45 h（0.262%）

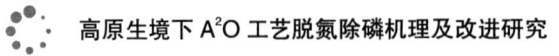

续表

KO	基因名称	功能描述	平均相对丰度			最佳HRT
			活性污泥	生物膜	总丰度	
K00382	DLD, lpd, pdhD	二氢硫辛酰胺脱氢酶（EC:1.8.1.4）	0.124%	0.119%	0.123%	40 h 和 45 h（0.127%）
K00615	tktA, tktB	转酮醇酶（EC:2.2.1.1）	0.122%	0.122%	0.121%	40 h（0.129%）
K15634	gpmB	磷酸甘油酸变位酶（EC:5.4.2.12）	0.114%	0.123%	0.116%	40 h（0.140%）
K00058	serA, PHGDH	D-3-磷酸甘油酸脱氢酶/2-酮戊二酸还原酶（EC:1.1.1.95 1.1.1.399）	0.117%	0.105%	0.115%	40 h（0.121%）
K01754	E4.3.1.19, ilvA, tdcB	苏氨酸脱水酶（EC:4.3.1.19）	0.099%	0.091%	0.099%	50 h（0.102%）
K00845	glk	葡萄糖激酶（EC:2.7.1.2）	0.094%	0.089%	0.093%	40 h（0.102%）
K00074	paaH, hbd, fadB, mmgB	3-羟基丁酰-CoA 脱氢酶（EC:1.1.1.157）	0.086%	0.083%	0.086%	40 h 和 50 h（0.088%）
K00134	GAPDH, gapA	3-磷酸甘油醛脱氢酶（EC:1.2.1.12）	0.084%	0.085%	0.083%	30 h 和 40 h（0.087%）
K00850	pfkA, PFK	6-磷酸果糖激酶1（EC:2.7.1.11）	0.082%	0.076%	0.082%	50 h（0.084%）
K00873	PK, pyk	丙酮酸激酶（EC:2.7.1.40）	0.080%	0.080%	0.080%	35 h 和 40 h（0.082%）

续表

KO	基因名称	功能描述	平均相对丰度			最佳HRT
			活性污泥	生物膜	总丰度	
K01647	CS, gltA	柠檬酸合酶（EC:2.3.3.1）	0.080%	0.075%	0.080%	45 h (0.082%)
K01738	cysK	半胱氨酸合酶（EC:2.5.1.47）	0.078%	0.075%	0.078%	35 h (0.083%)
K00948	PRPS, prsA	磷酸核糖焦磷酸激酶（EC:2.7.6.1）	0.078%	0.077%	0.078%	40 h 和 50 h (0.079%)
K01895	ACSS1_2, acs	乙酰辅酶A合成酶（EC:6.2.1.1）	0.077%	0.078%	0.078%	45 h (0.088%)
K00600	glyA, SHMT	甘氨酸羟甲基转移酶（EC:2.1.2.1）	0.075%	0.073%	0.075%	40 h (0.077%)
K01803	TPI, tpiA	磷酸丙糖异构酶（TIM）（EC:5.3.1.1）	0.073%	0.069%	0.073%	40 h (0.076%)
K01783	rpe, RPE	磷酸核酮糖-3-差向异构酶（EC:5.1.3.1）	0.073%	0.070%	0.073%	40 h (0.076%)
K00927	PGK, pgk	磷酸甘油酸激酶（EC:2.7.2.3）	0.072%	0.069%	0.071%	40 h (0.075%)
K01689	ENO, eno	烯醇化酶（EC:4.2.1.11）	0.070%	0.068%	0.070%	40 h (0.752%)

两个系统16个样品中总平均相对丰度最高的KO编码为K00626，对应的基因为 *ACAT*、*atoB*，对应的酶为乙酰辅酶A C-乙酰转移酶（EC:2.3.1.9），其平均相对丰度为0.219%，在40 h时相对丰度最高为0.262%。总平均相对丰度排名第2的KO编码为K00382，对应的基因为 *DLD*、*lpd* 及 *pdhD*，对应的酶为二氢硫辛酰胺脱氢酶（EC:1.8.1.4），其平均相对丰度为0.123%，在

40 h 和 45 h 相对丰度最高为 0.127%。总平均相对丰度排名第 3 的 KO 编码为 K00615，对应的基因为 *tktA* 及 *tktB*，对应的酶为转酮醇酶（EC:2.2.1.1），其平均相对丰度为 0.121%，在 40 h 时相对丰度最高为 0.129%。总平均相对丰度排名第 4 的 KO 编码为 K15634，对应的基因为 *gpmB*，对应的酶为磷酸甘油酸变位酶（EC:5.4.2.12），其平均相对丰度为 0.116%，在 40 h 时相对丰度最高为 0.140%。总平均相对丰度排名第 5 的 KO 编码为 K00058，对应的基因为 *serA* 及 *PHGDH*，对应的酶为 D-3-磷酸甘油酸脱氢酶（EC:1.1.1.95）和 2-酮戊二酸还原酶（EC:1.1.1.399），其平均相对丰度为 0.115%，在 40H 时相对丰度最高为 0.121%。

这些优势基因在碳代谢途径中发挥着重要的作用。20 种优势基因中，14 种基因均在 40 h 时相对丰度最高，总体上均在较高的 HRT 下相对丰度较高，与 COD 的去除规律基本一致。说明高原生境下 A^{2}O-BCO 工艺两个系统中微生物细胞碳代谢途径的优势基因适宜在较大的 HRT 下进行生长、繁殖及代谢等生命活动，同时，在污水处理中发挥的作用最强，大幅度降低了 COD 的浓度，提高了 COD 的去除率。

2. 微生物群落氮代谢途径

在去除氮的相关代谢中，氮循环的生物过程是一个复杂的相互作用，且氮以各种氧化态存在，从硝酸盐中的 +5 价到氨中的 -3 价。Nitrogen metabolism 途径在所有的氮代谢途径中丰度较高，是 A^{2}O-BCO 双污泥系统中微生物细胞参与硝化及反硝化反应的主要途径。将分子氮还原为氨的过程，是一种结合到氨基酸和其他重要化合物中的生物学上有用的还原形式，结束了固氮（M00175）。通过固氮酶复合物固定大气氮的能力存在于限制性原核生物（固氮生物）中。其他还原途径是 Assimilatory nitrate reduction 和 Dissimilatory nitrate reduction，均用于转化为氨和反硝化作用（M00529）。反硝化被归类为呼吸作用，其中硝酸盐或亚硝酸盐作为终端电子受体在低氧或缺氧条件下被切断，向大气中产生气态氮化合物（N$_2$、NO 和 N$_2$O）。两种氧化途径是硝化作用（M00528）和厌氧氨氧化。硝化是氨（NH$_3$）与氧气一起氧化成亚硝酸盐，然后亚硝酸盐氧化成硝酸盐。第一步在氨氧化

第 7 章　A²O-BCO 工艺试验特性

微生物中完成如亚硝化单胞菌和亚硝化球菌，第二步通过亚硝酸盐氧化完成微生物（如硝化杆菌）。厌氧氨氧化是一种生化过程，其中亚硝酸盐是电子受体，将氨（NH_4^+）氧化成氮气（N_2）。具体的代谢关系解析如图 7-16 所示。

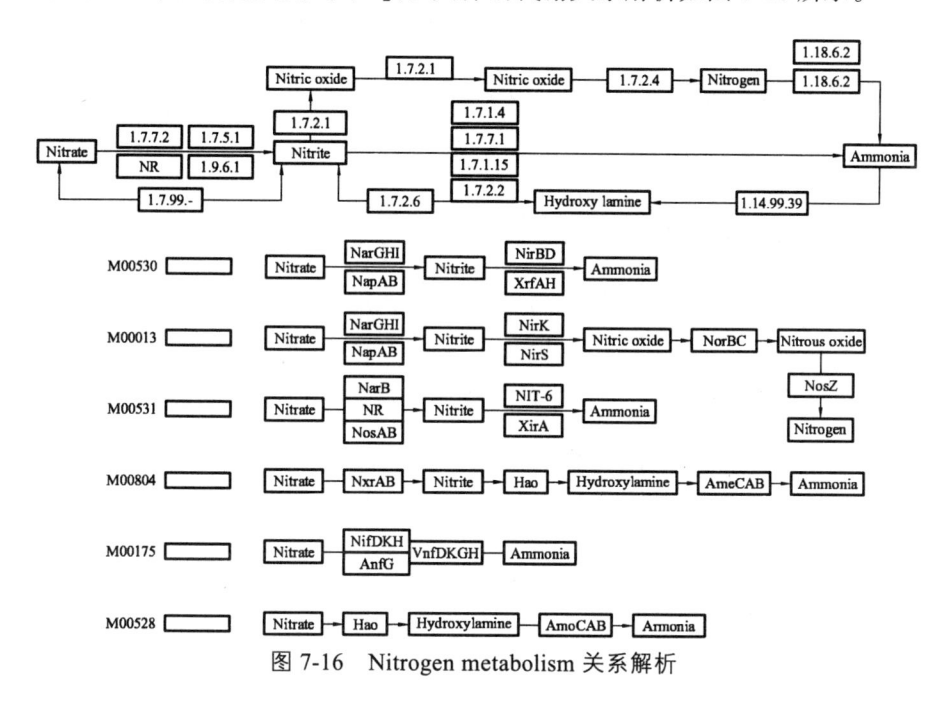

图 7-16　Nitrogen metabolism 关系解析

Nitrogen metabolism 关系中的物质及 16 种酶直接参与了氮代谢反应，解析了每种模块的功能和具体参与物质的代谢反应。对 Nitrogen metabolism 中 6 种功能模块的功能描述、参与反应的基因、平均相对丰度及最佳 HRT 进行分析，见表 7-14。

表 7-14　Nitrogen metabolism 各功能模块的功能描述、参与基因及平均相对丰度

顺序	模块	功能描述	参与基因	平均相对丰度 活性污泥	生物膜	总丰度	最佳 HRT
123	M00530	Dissimilatory nitrate reduction, nitrate→ammonia	narG/H/I、napA/B、nirB/D、nrfA/H	0.232%	0.265%	0.248%	20 h (0.278%)

续表

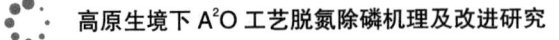

顺序	模块	功能描述	参与基因	平均相对丰度 活性污泥	平均相对丰度 生物膜	平均相对丰度 总丰度	最佳HRT
149	M00529	Denitrification, nitrate → nitrogen	*narG/H/I*、*napA/B*、*nirK/S*、*norB/C*、*nosZ*	0.150%	0.182%	0.165%	20 h （0.195%）
174	M00804	Complete nitrification, comammox, ammonia → nitrite → nitrate	*pmoA-amoA*、*pmoB-amoB*、*pmoC-amoC*、*hao*、*narG/H*	0.054%	0.076%	0.065%	35 h （0.092%）
182	M00531	Assimilatory nitrate reduction, nitrate → ammonia	*narB*、*NR*、*nasA/B*、*nirA*、*NIT-6*	0.056%	0.051%	0.053%	30 h （0.059%）
222	M00175	Nitrogen fixation, nitrogen → ammonia	*nifH/D/K*、*anfG*、*vnfD/K/G/H*	0.015%	0.011%	0.013%	35 h 和 50 h （0.015%）
270	M00528	Nitrification, ammonia → nitrite	*pmoA-amoA*、*pmoB-amoB*、*pmoC-amoC*、*hao*	0.001%	0.001%	0.001%	50 h （0.002%）

表 7-14 中的 6 种功能模块从上到下依次对应着平均相对丰度从高到低的顺序，列出了 6 种功能模块的平均相对丰度在两个系统中 307 种功能模块的排名，其平均相对丰度较小，排名均靠后。M00530 的平均相对丰度最高（0.248%），总排名为 123，主要的作用为异化硝酸盐还原，发生的具体反应为由硝酸盐经过 NarGHI 酶和 NapAB 酶的催化作用生成亚硝酸盐，然后再经过 NirBD 酶和 NrfAH 酶的催化作用最终生成氨。当 HRT 为 20 h 时，相对丰

度最大为 0.278%，在生物膜系统中平均相对丰度比活性污泥系统高 0.033%，表明其更适宜在生物膜系统中发生反应。M00529 的平均相对丰度次之（0.165%），总排名为 149，主要进行反硝化反应，由硝酸盐经过各种酶的催化作用生成氮。当 HRT 为 20 h 时，相对丰度最大为 0.195%，在生物膜系统中平均相对丰度比活性污泥系统高 0.032%，表明其更适宜在生物膜系统中发生反应。M00804 的平均相对丰度为第 3（0.065%），总排名为 174，主要进行完全硝化反应，由氨经过一系列的反应生成硝酸盐。当 HRT 为 35 h 时，相对丰度最大为 0.092%，在生物膜系统中平均相对丰度比活性污泥系统高 0.022%，表明其更适宜在生物膜系统中发生反应。M00531 的平均相对丰度为第 4（0.053%），总排名为 182，主要进行同化硝酸盐还原反应，参与反应和生成的物质与模块 M00530 参与反应和生成的物质完全相同，但是参与反应的酶完全不同。当 HRT 为 30 h 时，相对丰度最大为 0.059%，其在两个反应系统中的平均相对丰度差异较小。M00175 的平均相对丰度为第 5（0.013%），总排名为 222，主要进行固氮反应，由氮经过一系列的反应生成氨。当 HRT 为 35 h 和 50 h 时，相对丰度最大为 0.015%，其在两个反应系统中的平均相对丰度差异较小。M00528 的平均相对丰度为第 6（0.001%），总排名为 270，主要进行硝化反应，由氨经过一系列的反应生成亚硝酸盐。当 HRT 为 50 h 时，相对丰度最大为 0.002%，其在两个反应系统中的平均相对丰度差异较小。

在高原生境下 A^{2}O-BCO 工艺两个系统中微生物细胞参与 Nitrogen metabolism 较适宜的 HRT 为 20 h 和 35 h，微生物所处环境的 HRT 升高和降低均会影响功能模块的丰度，从而影响硝化和反硝化等去除氮污染物反应的效能，故导致 TN 及 NH$_3$-N 的去除率降低，浓度升高，达不到排放标准。因此，选择较适宜的 HRT 是至关重要的。

参与上述氮代谢模块反应的基因共有 65 种，在高原生境下 A^{2}O-BCO 工艺两个系统的微生物细胞中共包含 48 种基因编码。对平均相对丰度排名前 20 的基因编码（优势基因）的功能及在最佳 HRT 下的相对丰度进行分析，见表 7-15。

表 7-15 氮代谢优势基因的功能描述及最佳 HRT 下的相对丰度

KO	基因名称	功能描述	平均相对丰度 活性污泥	生物膜	总丰度	最佳 HRT
K01915	glnA, GLUL	谷氨酰胺合成酶（EC:6.3.1.2）	0.139%	0.136%	0.139%	45 h（0.157%）
K00266	gltD	谷氨酸合酶(NADPH)小链（EC:1.4.1.13）	0.078%	0.073%	0.078%	40 h 和 50 h（0.079%）
K01673	cynT, can	碳酸酐酶（EC:4.2.1.1）	0.077%	0.071%	0.076%	25 h（0.078%）
K00459	ncd2, npd	硝基单加氧酶（EC:1.13.12.16）	0.051%	0.042%	0.050%	45 h（0.054%）
K00262	gdhA	谷氨酸脱氢酶(NADP$^+$)（EC:1.4.1.4）	0.047%	0.043%	0.047%	25 h（0.051%）
K02575	NRT, narK, nrtP, NASA	MFS 转运蛋白、NNP 家族、硝酸盐/亚硝酸盐转运蛋白	0.039%	0.042%	0.039%	35 h（0.048%）
K00265	gltB	谷氨酸合酶(NADPH)大链（EC:1.4.1.13）	0.041%	0.039%	0.040%	45 h（0.043%）
K00926	arcC	氨基甲酸激酶（EC:2.7.2.2）	0.024%	0.032%	0.024%	35 h（0.039%）
K05601	hcp	羟胺还原酶（EC:1.7.99.1）	0.027%	0.027%	0.027%	20 h（0.032%）
K00261	GLUD1_2, gdhA	谷氨酸脱氢酶(NAD(P)$^+$)（EC:1.4.1.3）	0.027%	0.026%	0.027%	最高相对丰度差异不大
K00362	nirB	亚硝酸还原酶(NADH)大亚基（EC:1.7.1.15）	0.023%	0.022%	0.023%	30 h（0.025%）

续表

KO	基因名称	功能描述	平均相对丰度 活性污泥	生物膜	总丰度	最佳 HRT
K00363	nirD	亚硝酸还原酶(NADH)小亚基（EC:1.7.1.15）	0.022%	0.020%	0.022%	45 h（0.023%）
K15371	GDH2	谷氨酸脱氢酶（EC:1.4.1.2）	0.019%	0.018%	0.019%	35 h（0.023%）
K00371	narH, narY, nxrB	硝酸还原酶/亚硝酸氧化还原酶，β亚基（EC:1.7.5.1 1.7.99.-）	0.012%	0.016%	0.013%	35 h（0.020%）
K00374	narI, narV	硝酸还原酶γ亚基（EC:1.7.5.1 1.7.99.-）	0.012%	0.016%	0.013%	35 h（0.020%）
K00370	narG, narZ, nxrA	硝酸还原酶/亚硝酸氧化还原酶，α亚基（EC:1.7.5.1 1.7.99.-）	0.012%	0.016%	0.013%	35 h（0.020%）
K00372	NASA	同化硝酸还原酶催化亚基（EC:1.7.99.-）	0.015%	0.013%	0.015%	30 h 和 45 h（0.016%）
K00284	GLU, gltS	谷氨酸合酶（铁氧还蛋白）（EC:1.4.7.1）	0.013%	0.013%	0.013%	40 h（0.017%）
K03385	nrfA	亚硝酸还原酶（细胞色素 c-552）（EC:1.7.2.2）	0.010%	0.009%	0.010%	50 h（0.013%）
K04561	norB	一氧化氮还原酶亚基 B（EC:1.7.2.5）	0.009%	0.008%	0.009%	35 h（0.013%）

根据表 7-15 可知，平均相对丰度最高的基因为 *glnA* 和 *GLUL*（K01915），对应的酶为谷氨酰胺合成酶（EC:6.3.1.2），总平均相对丰度为 0.139%。在 HRT 为 45 h 时，相对丰度最高为 0.157%。平均相对丰度排名第 2 的基因为 *gltD*（K00266），对应的酶为谷氨酸合酶(NADPH)小链（EC:1.4.1.13），总平均相对丰度为 0.078%。在 HRT 为 40 h 和 50 h 时，相对丰度最高为 0.079%。

平均相对丰度排名第 3 的基因为 *cynT* 和 *can*（K01673），对应的酶为碳酸酐酶（EC:4.2.1.1），总平均相对丰度为 0.076%。在 HRT 为 25 h 时，相对丰度最高为 0.078%。平均相对丰度排名第 4 的基因为 *ncd2* 和 *npd*（K00459），对应的酶为硝基单加氧酶（EC:1.13.12.16），总平均相对丰度为 0.050%。在 HRT 为 45 h 时，相对丰度最高为 0.054%。平均相对丰度排名第 5 的基因为 *gdhA*（K00262），对应的酶为谷氨酸脱氢酶(NADP$^+$)（EC:1.4.1.4），总平均相对丰度为 0.047%。在 HRT 为 25 h 时，相对丰度最高为 0.051%。所有优势基因在两个系统中平均相对丰度差异较小，均小于 0.01%。

这些优势基因在高原生境下 A^{2}O-BCO 工艺中 HRT 为 35 h（中等偏大）时两个系统微生物细胞中生长、繁殖及代谢等生理活动最旺盛，同时在污水处理中发挥的作用最强，大幅度降低了 TN 及 NH$_3$-N 的浓度，提高了 TN 及 NH$_3$-N 的去除率，这与水质的去除规律较相似。

完全硝化反应主要是去除 NH$_3$-N，将其氧化为 NO$_3$-N，共包含 6 种基因，全部被检出。其中，*pmoC-amoC*、*pmoA-amoA*、*pmoB-amoB* 及 *hao* 4 种基因属于硝化反应，主要功能是将 NH$_3$-N 氨氧化为 NO$_2$-N，它们主要存在于亚硝化单胞菌科（Nitrosomonadaceae）、亚硝化单胞菌属（*Nitrosomonas*）和亚硝化球菌属（*Nitrosococcus*）等常见的 AOB 中，它们在所有的样本中均存在，但平均相对丰度较低，这与罗袁爽的研究结果相似。*nxrA* 和 *nxrB* 的主要功能是将 NO$_2$-N 转化为 NO$_3$-N，主要存在于 NOB 中，主要的菌属为亚硝化螺菌属（*Nitrosospira*）。这些功能菌均在活性污泥和生物膜系统中，表明该微生态系统具有较好去除 NH$_3$-N 的效能。

反硝化反应主要去除 TN，将 NO$_3$-N 和 NO$_2$-N 氧化成 N$_2$ 的过程，共包含 10 种基因，全部被检出。首先由 *narG*、*narH*、*narI*、*napA* 和 *napB* 将 NO$_3$-N 还原为 NO$_2$-N，然后通过 *nirK* 和 *nirS* 再将 NO$_2$-N 还原为 NO，接着通过基因 *norB* 和 *norC* 将 NO 还原为 N$_2$O，最后通过基因 *norZ* 将 N$_2$O 还原为 N$_2$。在 NO 还原的过程中，*norB* 大于 *norC* 的平均相对丰度，说明 *norB* 发挥的作用较大，这与罗袁爽的研究结果较相似。主要进行反硝化的菌属为 *Terrimonas*、*Pseudomonas*、索氏菌属（*Thauera*）、黄杆菌属（*Flavobacterium*）、*Pedobacter* 及脱氯单胞菌（*Dechloromonas*）等，它们均在该系统中，具有较好的脱氮功能。

第7章 A²O-BCO 工艺试验特性

3. 微生物群落磷代谢途径

磷代谢主要的代谢途径为氧化磷酸化，属于 Energy metabolism，主要的功能为 ATP 合成，共包含 21 种功能模块。其中，高原生境下 A²O-BCO 工艺的活性污泥中微生物代谢中具有 17 种功能模块，其余 4 种功能模块不存在，分别为：NADH：泛醌氧化还原酶（线粒体）（M00142）、NADH 脱氢酶（泛醌）1β 亚复合物（M00147）、琥珀酸脱氢酶（泛醌）（M00148）、V 型 ATP 酶（真核生物）（M00160）。对氧化磷酸化（ko00190）中存在的 17 种功能模块的功能描述、参与反应的基因、平均相对丰度及最佳 HRT 进行分析，见表 7-16。

表 7-16 氧化磷酸化（ko00190）各功能模块的功能描述、参与基因及平均相对丰度

顺序	模块	功能描述	参与基因	平均相对丰度 活性污泥	平均相对丰度 生物膜	平均相对丰度 总丰度	最佳 HRT
5	M00144	NADH:quinone oxidoreductase, prokaryotes	nuoA/B/C/D/E/F/G/H/I/J/K/L/M/N/CD/BCD	1.790%	1.842%	1.819%	40 h (1.908%)
16	M00157	F-type ATPase, prokaryotes and chloroplasts	ATPF1A/1B/1D/1E/1G/0A/0B/0C	1.244%	1.223%	1.234%	40 h 和 50 h (1.251%)
79	M00149	Succinate dehydrogenase, prokaryotes	SdhC/D/A/B	0.473%	0.470%	0.472%	15 h (0.479%)
86	M00155	Cytochrome c oxidase, prokaryotes	coxB/A/C/AC/D	0.415%	0.393%	0.405%	40 h (0.439%)
130	M00153	Cytochrome bd ubiquinol oxidase	CydA/B/X、appX	0.213%	0.241%	0.228%	25 h (0.237%)
137	M00159	V/A-type ATPase, prokaryotes	APTVA/B/C/D/E/F/G/I/K	0.223%	0.188%	0.203%	25 h (0.233%)
141	M00151	Cytochrome bc1 complex respiratory unit	CYTB,CYC₁,fbcH,UQCRFS1、MQCRA/B/C、qcrA/B/C	0.194%	0.188%	0.190%	35 h (0.213%)

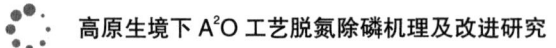

续表

顺序	模块	功能描述	参与基因	平均相对丰度 活性污泥	生物膜	总丰度	最佳HRT
148	M00156	Cytochrome c oxidase, cbb3-type	ccoN/O/NO/Q/P	0.183%	0.148%	0.166%	25 h (0.197%)
159	M00154	Cytochrome c oxidase	$COX_{10}/X_3/X_1/X_2/X_8/X_4/X_{11}/X_{15}/X_{17}, COX5A/5B/6A/6B/6C/7A/7B/7C$	0.129%	0.114%	0.122%	35 h (0.126%)
163	M00152	Cytochrome bc1 complex	$UQCRFS1、CYC_1、QCR1/R2/R6/R7/R8/R9/R10$	0.109%	0.102%	0.106%	35 h (0.124%)
169	M00417	Cytochrome o ubiquinol oxidase	CyoA/B/C/D	0.087%	0.102%	0.095%	30 h (0.111%)
190	M00150	Fumarate reductase, prokaryotes	frdA/B/C/D	0.023%	0.056%	0.039%	35 h (0.079%)
238	M00145	NAD(P)H:quinone oxidoreductase, chloroplasts and cyanobacteria	NdhC/K/J/H/A/I/G/E/F/D/B/L/M/N	0.009%	0.007%	0.008%	45 h (0.011%)
259	M00416	Cytochrome aa3-600 menaquinol oxidase	qoxB/A/C/D	0.001%	0.003%	0.002%	20 h 和 30 h (0.004%)
272	M00158	F-type ATPase, eukaryotes	$ATPeF1A/1B/1G/1D/1E/00/0A/0B/0C/0D/0E/OE/08/0F6、TIM11、ATPeFF/G/H/J/K$	0.000%	0.001%	0.001%	
278	M00143	NADH dehydrogenase (ubiquinone) Fe-S protein/flavoprotein complex, mitochondria	$NDUFS_1/S_2/S_3/S_4/S_5/S_6/S_7/S_8/V_1/V_2/V_3$	0.000%	0.000%	0.000%	最大相对丰度差异不大
282	M00146	NADH dehydrogenase (ubiquinone) 1 alpha subcomplex	$NDUFA_1/A_2/A_3/A_4/A_5/A_6/A_7/A_8/A_9/A_{10}/A_{11}/A_{12}/A_{13}/AB_1$	0.000%	0.000%	0.000%	

表 7-16 中的 17 种功能模块从上到下依次对应着平均相对丰度从高到低的顺序，列出了 17 种功能模块的平均相对丰度在两个系统中 307 种功能模块的排名。M00144 的平均相对丰度最高（1.819%），总排名为 5，HRT 为 40 h 时，相对丰度最高为 1.251%，主要作用为 NADH：醌氧化还原酶（原核生物）。发生的具体反应为由泛醌和 NADH 经过反应生成泛醇和 NAD$^+$，主要参与的酶为 EC:7.1.1.2。在生物膜系统中平均相对丰度比活性污泥系统高 0.052%，表明其更适宜在生物膜系统中发生反应。M00157 的平均相对丰度次之（1.234%），总排名为 16，HRT 为 40 h 和 50 h 时，相对丰度最高为 1.908%，主要作用为 F 型 ATP 酶（原核生物和叶绿体），主要参与的酶为 EC:7.1.2.2。在生物膜系统中平均相对丰度比活性污泥系统高 0.021%，表明其更适宜在生物膜系统中发生反应。M00149 的平均相对丰度排第 3（0.472%），总排名为 79，HRT 为 15 h 时，相对丰度最高为 0.479%，在两个系统中的平均相对丰度差异较小，主要作用为琥珀酸脱氢酶（原核生物）。发生的具体反应为由琥珀酸盐和醌生成富马酸盐和对苯二酚，主要参与的酶为 EC:1.3.5.1。M00155 的平均相对丰度排第 4（0.405%），总排名为 86，HRT 为 40 h 时，相对丰度最高为 0.439%，在两个系统中的平均相对丰度差异较小，主要作用为细胞色素 c 氧化酶，原核生物。主要参与的酶为 EC:7.1.1.9。M00153 的平均相对丰度排第 5（0.228%），总排名为 130，HRT 为 25 h 时，相对丰度最高为 0.237%，在生物膜系统中平均相对丰度比活性污泥系统高 0.028%，表明其更适宜在生物膜系统中发生反应，主要作用为细胞色素 bd 泛醇氧化酶。M00416 的总平均相对丰度较低，发生的具体反应为由甲萘醌和氧生成甲萘醌和水。M00416、M00143、M00158 及 M00146 功能模块的丰度较低，排名靠后，在去除磷的反应中发挥的作用较小。

参与上述 Oxidative phosphorylation 模块反应的基因共有 219 种，在高原生境下 A^{2}O-BCO 工艺两个系统的微生物细胞中共包含 92 种基因编码。对平均相对丰度排名前 20 的基因编码（优势基因）的功能及在最佳 HRT 下的相对丰度进行分析，见表 7-17。

表7-17 Oxidative phosphorylation 优势基因的功能描述及最佳 HRT 下的相对丰度

KO	基因名称	功能描述	平均相对丰度 活性污泥	平均相对丰度 生物膜	平均相对丰度 总丰度	最佳 HRT
K02109	*ATPF0B, atpF*	F-type H$^+$-transporting ATPase subunit b	0.077%	0.072%	0.074%	40 h（0.079%）
K00335	*nuoF*	NADH-quinone oxidoreductase subunit F（EC:7.1.1.2）	0.072%	0.071%	0.072%	最大相对丰度差异不大
K00334	*nuoE*	NADH-quinone oxidoreductase subunit E（EC:7.1.1.2）	0.072%	0.068%	0.070%	40 h（0.072%）
K02114	*ATPF1E, atpC*	F-type H$^+$-transporting ATPase subunit epsilon	0.071%	0.067%	0.069%	40 h（0.072%）
K02108	*ATPF0A, atpB*	F-type H$^+$-transporting ATPase subunit a	0.070%	0.067%	0.068%	40 h（0.072%）
K02110	*ATPF0C, atpE*	F-type H$^+$-transporting ATPase subunit c	0.070%	0.067%	0.068%	40 h（0.071%）
K02115	*ATPF1G, atpG*	F-type H$^+$-transporting ATPase subunit gamma	0.070%	0.067%	0.068%	40 h（0.071%）
K02112	*ATPF1B, atpD*	F-type H$^+$/Na$^+$-transporting ATPase subunit beta（EC:7.1.2.2/7.2.2.1）	0.070%	0.067%	0.068%	40 h（0.071%）
K02111	*ATPF1A, atpA*	F-type H$^+$/Na$^+$-transporting ATPase subunit alpha（EC:7.1.2.2/7.2.2.1）	0.070%	0.067%	0.068%	40 h（0.071%）
K00240	*sdhB, frdB*	succinate dehydrogenase / fumarate reductase, iron-sulfur subunit（EC:1.3.5.1/1.3.5.4）	0.065%	0.064%	0.064%	最大相对丰度差异不大

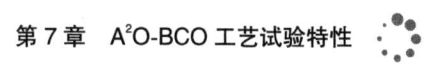

续表

KO	基因名称	功能描述	平均相对丰度 活性污泥	生物膜	总丰度	最佳HRT
K00239	sdhA, frdA	succinate dehydrogenase / fumarate reductase, flavoprotein subunit （EC:1.3.5.1/1.3.5.4）	0.066%	0.062%	0.064%	45 h （0.069%）
K02113	ATPF1D, atpH	F-type H$^+$-transporting ATPase subunit delta	0.065%	0.062%	0.064%	40 h （0.067%）
K00336	nuoG	NADH-quinone oxidoreductase subunit G（EC:7.1.1.2）	0.065%	0.061%	0.063%	最大相对丰度差异不大
K02274	coxA, ctaD	cytochrome c oxidase subunit I （EC:7.1.1.9）	0.061%	0.056%	0.059%	40 h 和 45 h （0.064%）
K00331	nuoB	NADH-quinone oxidoreductase subunit B [EC:7.1.1.2]	0.058%	0.059%	0.058%	40 h （0.065%）
K00342	nuoM	NADH-quinone oxidoreductase subunit M（EC:7.1.1.2）	0.057%	0.058%	0.057%	40 h 和 45 h （0.064%）
K02275	coxB, ctaC	cytochrome c oxidase subunit II （EC:7.1.1.9）	0.058%	0.055%	0.057%	40 h （0.066%）
K00337	nuoH	NADH-quinone oxidoreductase subunit H（EC:7.1.1.2）	0.056%	0.057%	0.056%	40 h （0.063%）
K00241	sdhC, frdC	succinate dehydrogenase / fumarate reductase, cytochrome b subunit	0.057%	0.055%	0.056%	15 h 和 45 h （0.058%）
K00330	nuoA	NADH-quinone oxidoreductase subunit A（EC:7.1.1.2）	0.056%	0.057%	0.056%	40 h 和 45 h （0.062%）

总平均相对丰度最高的 KO 编码为 K02109，对应的基因为 *ATPF0B* 和 *atpF*，对应的酶为 F 型 H⁺-转运 ATP 酶亚基 b，总平均相对丰度为 0.074%。在 HRT 为 40 h 时，相对丰度最高为 0.079%。总平均相对丰度排名第 2 的 KO 编码为 K00335，对应的基因为 *nuoF*，对应的酶为 NADH-醌氧化还原酶亚基 F（EC:7.1.1.2），总平均相对丰度为 0.072%。最大相对丰度差异不大，无明显最优 HRT。总平均相对丰度排名第 3 的 KO 编码为 K00334，对应的基因为 *nuoE*，对应的酶为 NADH-醌氧化还原酶亚基 E（EC:7.1.1.2），总平均相对丰度为 0.070%。在 HRT 为 40 h 时，相对丰度最高为 0.072%。总平均相对丰度排名第 4 的 KO 编码为 K02114，对应的基因为 *ATPF1E* 及 *atpC*，对应的酶为 F 型 H⁺转运 ATP 酶亚基，总平均相对丰度为 0.069%。在 HRT 为 40 h 时，相对丰度最高为 0.072%。总平均相对丰度排名第 5 的 KO 编码为 K02108，对应的基因为 *ATPF0A* 和 *atpB*，对应的酶为 F 型 H⁺转运 ATP 酶亚基 a，总平均相对丰度为 0.068%。在 HRT 为 40 h 时，相对丰度最高为 0.072%。其他优势基因的功能及相对丰度在表 7-17 中进行表示，具体不再叙述。

这 20 种优势基因的丰度均较大，基本在 40 h 和 45 h 时相对丰度最高，在活性污泥系统中平均相对丰度比生物膜系统高，这与水质的去除规律基本一致。这表明 Oxidative phosphorylation 代谢途径中优势基因更适宜在较大的 HRT 下活性污泥系统中生存。此时微生物生长、繁殖及代谢等生理活动最旺盛，同时在污水处理中发挥的作用最强，大幅降低了 TP 的浓度，提高了 TP 的去除率。

其他参与除磷的主要功能基因相对丰度也较大，其中磷酸盐转运系统基因有：K02040，*pstS*：phosphate transport system substrate-binding protein；K02038，*pstA*：phosphate transport system permease protein；K02036，*pstB*：phosphate transport system ATP-binding protein；K02037，*pstC*：phosphate transport system permease protein；K02039，*phoU*：phosphate transport system protein；K02044，*phnD*：phosphonate transport system substrate-binding protein；K02042，*phnE*：phosphonate transport system permease proteinK；02041，*phnC*：phosphonate transport system ATP-binding protein。

双组分调节系统基因可以调节磷的摄取和代谢，主要有 *phoB*(K07657)：

two-component system, OmpR family, phosphate regulon response regulator PhoB；*phoR*(K07636)：two-component system, OmpR family, phosphate regulon sensor histidine kinase；*phoB*1/*phoP(*K07658)：two-component system, OmpR family, alkaline phosphatase synthesis response regulator。

多组分 K^+：H^+ 反转运子基因：K05559，*phaA*：multicomponent K^+:H^+ antiporter subunit A；K05560，*phaC*：multicomponent K^+:H^+ antiporter subunit C。PHA 合成酶基因为：K03821，*phaC*,*phbC*：polyhydroxyalkanoate synthase subunit PhaC。PHA 解聚酶基因为：K05973，*phaZ*：poly(3-hydroxybutyrate) depolymerase。多聚磷酸盐分解基因为：K01524，*ppx-gppA*：exopolyphosphatase/guanosine-5'-triphosphate,3'-diphosphate pyrophosphatase。磷酸盐饥饿诱导蛋白 PhoH 及其相关蛋白基因为：K06217，*phoH, phoL*：phosphate starvation-inducible protein PhoH and related proteins，主要促进微生物细胞的磷转运。

主要除磷的微生物细菌属为 *Citrobacter*、*IMCC26207*、*Acinetobacter*、*unclassified_f__Comamonadaceae*、*Pseudomonas*、噬酸菌属（*Acidovorax*）、*norank_f__Anaerolineaceae*、芽孢杆菌属（*Bacillus*）、肠球菌属（*Enterococcus*）等，它们的总相对丰度为 14.78%，在总磷的去除过程中具有重要的作用，能使该系统发生聚磷反应，以确保系统中磷的去除。

总结而言，污染物去除效率的高低主要由活性污泥中对应微生物菌群结构和丰度决定，而微生物菌群结构和丰度是由各微生物种属的生长、繁殖及代谢等生命活动决定的，其本质为基因、酶的种类和丰度，反应机制为代谢通路和代谢模块的丰度和反应程度。

7.5 本章小结

通过自制 A^2O-BCO 双污泥系统，探究了不同 HRT 下 COD、BOD_5、TN、NH_3-N 及 TP 各项水质指标的去除规律和污泥的性能。采用 16S rRNA 基因测序技术，研究了两个污泥系统中微生物多样性、优势的微生物细菌门和细菌属、微生物群落组成与差异性、物种间的关联性与相关性，从代谢组学的角度分析了优势的 COG 功能蛋白、功能基因、酶及在不同 HRT 和两个反应池中的变化规律，并解析了微生物群落脱氮除磷的代谢关系。主要的研究结论如下：

（1）COD、BOD_5、TN、NH_3-N 及 TP 的平均去除率分别为 85.57%、91.74%、77.30%、81.95% 及 75.71%，它们在所有 HRT 下出水浓度达标率依次为 100%、30%、42.5%、81.95% 及 27.5%，随着 HRT 的延长它们的去除率变化趋势无明显变化规律。COD、NH_3-N 及 TP 的去除率与 HRT 均呈正相关。

（2）活性污泥 SV_{30} 的范围为 22%~29%，随着 HRT 的延长基本呈上升趋势。在 HRT 为 45 h 时最大。MLSS 和 MLVSS 的范围分别为 2 599~2 968 mg/L 和 1 595~2 937 mg/L，两者均随 HRT 的延长呈先上升再下降的趋势，且在 HRT 为 40 h 时为最大值。

（3）两个污泥系统中共检出细菌门 30 种、细菌纲 76 种、细菌目 173 种、细菌科 318 种、细菌属 605 种、细菌种 946 种、OTU 种类 1 351 种。优势细菌门为 Proteobacteria、Firmicutes、Actinobacteriota、Bacteroidota、Chloroflexi 等。其中 Bacteroidota 在两个反应池中具有显著性差异，适宜在活性污泥系统中生长和繁殖。优势细菌属为 *norank_f__AKYH*767、Romboutsia、Citrobacter、*norank_f__JG30-KF-CM*45、*Clostridium_sensu_stricto_*13、IMCC26207 等。

（4）主要 COG 功能注释为氨基酸运输与代谢（E）、蛋白质翻译、核糖体结构和形成（J）、能量产生与转化（C）、细胞壁/膜/质膜形成（M）等，主要 COG 功能蛋白为组氨酸激酶、糖基转移酶、生长调节因子、脱氢酶/还原酶、RNA 聚合酶等。优势功能蛋白种类在两个反应系统中的差异较小，不同功能蛋白在 HRT 下的变化规律不同。优势功能基因为 *rpoE*、*Fabg*、*oar*1、*acat*、*atob*、*mcp*、*lacI*、*galR*、ABC 转运系统渗透酶蛋白类及 ABC 结合蛋白类等，优势酶为 DNA 和 RNA 聚合酶及解旋酶、组氨酸激酶、烯酰辅酶 A 水合酶、乙酰辅酶 A 羧化酶等。

（5）高原生境下污水处理 A^2O-BCO 双污泥系统中微生物菌属具有较完整的碳氮磷代谢途径，碳代谢主要的代谢通路反应为中枢碳水化合物代谢、其他碳水化合物代谢、碳固定和甲烷代谢，其主要的功能基因及酶在 HRT 为 40 h 时相对丰度较大。氮代谢主要的功能模块为异化硝酸盐还原、反硝化反应及完全硝化反应，磷代谢主要的代谢途径为氧化磷酸化。

第 8 章 结 论

本书以生活污水为处理对象,运用 A^2O 开展试验研究,分别对温度、DO、HRT、UV 照射时间等工况下的不同处理单元的运行特性开展研究,应用 Illumina MiSeq 高通量测序技术分析活性污泥微生物群落结构、丰度和代谢功能,探讨了进水水质、工艺参数及工况因子与活性污泥中微生物群落结构、丰度的相关性,分析了污染物代谢转化过程中的主要功能蛋白、主要功能基因和酶的种类与丰度变化,从生物化学和分子水平探讨了高原环境下污水脱氮除磷的微生物机理。采用 MBBR 型 A^2O 工艺、A^2O-BCO 工艺等开展了应用性实验,结果表明:

(1) 活性污泥的两项指标 SV_{30} 和 MLSS 均较低,即高原环境因素下的活性污泥浓度不足; TN、TP、COD、NH_3-N 去除率整体较低,出水中部分指标不满足污水厂排放标准。

(2) 高原生境下谱系学数值和微生物多样性指标均低于已有非高原区域的研究成果,Beta 多样性显示,微生物对四个工况较为敏感;优势菌的共现性和健壮性较好,部分微生物受到工况的抑制或强化作用,UV 对微生物影响尤为明显,发现 Verrucomicrobia 属于高原特殊生境下的优势菌门和 Chlamydiae 属于高原特殊生境下特有的活性污泥微生物菌门;排名前 20 的优势菌属中部分优势菌受到工况的抑制或强化作用,尤其 UV 对微生物影响较为明显,优势菌门和属是高原生境下重要功能微生物和污染物的去除贡献者;高原生境下活性污泥浓度不高与丝状菌占比不高有关。

(3) 高原生境下活性污泥微生物群落较为稳定,群落丰度与进水水质、污泥浓度等较为密切；门水平的工况因子影响程度由大到小的排序分别为UV、DO、温度、HRT，属水平的影响程度由大到小的排序分别为温度、UV、HRT、DO，说明了 UV 对微生物的群落影响最为显著，而 HRT 和温度对微生物的影响不显著；门水平下影响微生物群落结构和丰度的工艺参数程度由大到小依次为 MLSS、SV_{30}、TP、TN、NH_3-N、BOD_5、COD、SVI，属水平下影响微生物群落结构和丰度的工艺参数程度由大到小依次为 MLSS、SV_{30}、NH_3-N、SVI、TP、BOD_5、COD、TN；门水平显著性相关的为 6 对，属水平下相关性显著有 74 对，相关系数大于 0.8 的有 11 对，门和属的相关性主要体现了微生物菌群之间存在氧气、能量、磷源等方面的共生和拮抗关系，这是污水处理系统的多样性、稳定性的微生物学基础。

（4）各工况下 COG 功能蛋白、代谢途径、酶、基因及碳氮磷代谢途径对应的最优工况几乎相一致；主要参与丙酸酯、氨基酸、丙酮酸、乙醛酸和二羧酸等碳代谢的共有基因为 7 种，参与氨基酸和氮代谢的共有基因为 8 种，参与氧化磷酸化的磷代谢共有基因为 6 种。上述代谢功能基因为高原环境因素下的脱氮除磷优势基因，也是细菌群落物种适应高原地区污水微生物系统的分子机理。

（5）采用 MBBR 型 A^2O 工艺处理高原地区生活污水，40%填充率的 A 型载体填料为最优选择；对比不同 HRT 发现 15 h 对应的工况氮磷去除效能最佳，反应池内存在多功能菌群共存且相互协同除污生长环境，能够实现有机污染物和氮素的高效去除，代谢主要以碳代谢和氮代谢通路为主，磷代谢通路相对较少。

（6）自制 A^2O-BCO 双污泥系统中 COD、BOD_5、TN、NH_3-N 及 TP 的平均去除率分别为 85.57%、91.74%、77.30%、81.95%及 75.71%；活性污泥 SV_{30} 的范围为 22%~29%，随着 HRT 的延长基本呈上升趋势，其在 HRT 为 45 h 时最大，MLSS 和 MLVSS 的范围分别为 2 599~2 968 mg/L 和 1 595~2 937 mg/L；其优势细菌门为 Proteobacteria、Firmicutes、Actinobacteriota、Bacteroidota、Chloroflexi 等，优势细菌属为 *norank_f__AKYH767*、*Romboutsia*、*Citrobacter*、*norank_f__JG30-KF-CM45*、*Clostridium_sensu_stricto_13*、*IMCC26207*；A^2O-BCO 双污泥系统中微生物菌属具有较完整的碳氮磷代谢途径，碳代谢主要的代谢通路反应为中枢碳水化合物代谢、其他碳水化合物代谢、碳固定和甲烷代谢。

参考文献
Reference

[1] 陈相宇，郝凯越，苏东，等. A^2/O 法处理高海拔地区污水的特性研究[J]. 水处理技术，2018，44（2）：93-96.

[2] 段杰. 西藏太阳紫外线与人体维生素 D 的研究[D]. 拉萨：西藏大学，2018.

[3] ZONG Y C, HAO K Y, LI Y W, et al. Nitrogen and phosphorous removal of pilot-scale anaerobic-anoxic-aerobic process under plateau environmental factors[J]. Applied Ecology & Environmental Research，2019，17（5）：12213-12226.

[4] 郝凯越，陈相宇，李远威，等. 林芝市紫外辐射与空气质量的相关性分析[J]. 环境科学与技术，2018，41（7）：103-106.

[5] 宗永臣，张永恒，陆光华，等. 基于主成分分析法的高海拔 A^2/O 工艺特性研究[J]. 水处理技术，2018（9）：116-119.

[6] 田连生，陈秀清. 生物絮凝剂产生菌的人工选育及污水处理试验[J]. 工业水处理，2016，36（3）：47-50.

[7] WANG L, LI G, LI Y. Enhanced treatment of composite industrial wastewater using anaerobic-anoxic-oxic membrane bioreactor: performance, membrane fouling and microbial community[J]. Journal of Chemical Technology & Biotechnology，2019，94（7）：2292-2304.

[8] WUHRMANN K, MECHSNER K L, KAPPELER T H. Investigation on rate—Determining factors in the microbial reduction of azo dyes[J]. European journal of applied microbiology and biotechnology,1980,9（4）:325-338.

[9] ROXBURGH R, SIEGER R, JOHNSON B, et al. Sludge minimization technologies-doing more to get less[J]. Proceedings of the Water Environment Federation,2006,13:506-525.

[10] GUO Y, ZENG W, LI N, et al. Effect of electron acceptor on community structures of denitrifying polyphosphate accumulating organisms in anaerobic-anoxic-oxic（A^2O）process using DNA based stable-isotope probing（DNA-SIP）[J]. Chemical Engineering Journal,2018,334:2039-2049.

[11] LI S, FEI X, CHI Y, et al. Integrated temperature and DO effect on the lab scale A^2O process: Performance, kinetics and microbial community[J]. International Biodeterioration & Biodegradation,2018,133:170-179.

[12] 彭艺艺,孟宪翚,刘广钊,等.影响生物除磷效果的几点因素探讨[J].中国给水排水,2013,29（1）:84-87.

[13] 柳利魁,张萌,刘俊良,等.A^2O工艺处理高氨氮城市污水调试运行[J].水处理技术,2017,43（5）:123-125.

[14] 曾武,周少奇,余建恒.A^2O工艺处理混合污水脱氮中试研究[J].水处理技术,2008,34（10）:53-56.

[15] 马俊,张永祥,刘亮,等.A^2O工艺脱氮效果研究[J].哈尔滨商业大学学报（自然科学版）,2006,22（1）:28-31.

[16] 徐伟锋,顾国维,张芳.混合液回流比对A/A/O工艺反硝化除磷的影响[J].化工学报,2007,58（10）:2619-2623.

[17] 陈玉新,许仕荣,武延坤,等.基于正交实验的A^2O工艺运行方式优化[J].环境工程,2017,35（2）:59-63.

[18] 程静,王宁,姜应和.混合液回流比对A^2O工艺升级改造的影响[J].武汉理工大学学报,2014,36（8）:99-103.

[19] 黄宁，陈炳东. 城市污水生化处理系统中总氮去除的影响因素分析[J]. 东莞理工学院学报，2014，21（3）：69-73.

[20] WANG F, HE X, WEI W, et al. Treatment of Mature Landfill Leachate by Improved A^{2}O Process[C]// 2016 5th International Conference on Advanced Materials and Computer Science（ICAMCS 2016）. Qingdao：Atlantis Press. 2016：947-951.

[21] YE C, ZHOU Z, LI M, et al. Evaluation of simultaneous organic matters and nutrients removal from municipal wastewater using a novel bioreactor（D-A^{2}O）system[J]. Journal of Environmental Management，2018，218（15）：509-515.

[22] 刘新超，贾磊，俞勤，等. AAO 工艺在不同 HRT 和回流比条件下对实际污水的处理效果[J]. 环境工程，2017，35（1）：51-54.

[23] 饶钦平，蓝先标. 污泥质量浓度泥龄与回流比对脱氮除磷的影响[J]. 市政技术，2010，28（5）：100-102.

[24] 李咏梅，杨诗家，曾庆玲，等. A^{2}O 活性污泥工艺去除污水中雌激素的试验[J]. 同济大学学报（自然科学版），2009，37（8）：1055-1059.

[25] HONGBO, WANG, XIAODI, et al. Effect of sludge return ratio on the treatment characteristics of high-efficiency sedimentation tank[J]. Desalination and Water Treatment，2014，52（25-27）：5118-5125.

[26] HU X, ZHANG Y, WANG Y F, et al. Simulation and Optimization of Compound A^2/O Treatment Process Based on Model ASM3[J]. Advanced Materials Research，2013，726-731：2389-2393.

[27] 王子兴. 煤气化废水特征污染物在厌氧/缺氧/好氧组合工艺中的降解特性研究[D]. 大连：大连理工大学，2014.

[28] 徐莹. 高分子量多环芳烃降解菌的筛选、鉴定及其降解特性研究[D]. 南京：南京大学，2014.

[29] HE J G, KE L, HAN B P, et al. Study on the Operational Characteristics of Hybrid A^2/O Process at Low Temperature[J]. Applied Mechanics & Materials，2011，39：326-331.

[30] LI S M, DU G S, TANG F B. Nitrogen and Phosphorus Removal of Modified A^2/O Process on Low-Carbon Domestic Sewage under Low Temperature[J]. Advanced Materials Research，2013，777：187-191.

[31] GUVEN H, DERELI R K, Ozgun H, et al. Towards sustainable and energy ecient municipal wastewater treatment by up-concentration of organics[J]. Progress in Energy and Combustion Science，2019，70（JUN.）：145-168.

[32] JUANJUAN, QI, FENFEN, et al. Comparison of biodiesel production from sewage sludge obtained from the A2/O and MBR processes by in situ transesterification[J]. Waste Management，2016，49：212-220.

[33] 赵丰，戴兴春，黄民生. 温度对 A^2/O 工艺脱氮影响的研究[J]. 环境科学与技术，2010，33（3）：49-53.

[34] 李思敏，郝同，王若冰，等. 改良型 A^2/O 工艺在低温不同污泥负荷下的运行研究[J]. 中国给水排水，2014，30（13）：64-68.

[35] MOLINUEVO-SALCES B, RIAO B, DAVID HERNÁNDEZ, et al. Microalgae and Wastewater Treatment：Advantages and Disadvantages[M]// Microalgae Biotechnology for Development of Biofuel and Wastewater Treatment. Springer. 2019：505-533.

[36] 王荣昌，司书鹏，杨殿海，等. 温度对生物强化除磷工艺反硝化除磷效果的影响[J]. 环境科学学报，2013，33（6）：1535-1544.

[37] 刘明超. 改良 A^{2}O 工艺处理寒区低碳氮比城市污水的试验研究[D]. 哈尔滨：哈尔滨工业大学，2014：50-69.

[38] JU Y K, WANG H L, ZHANG Q, et al. Effect of Dissolved Oxygen on Nitrogen and Phosphorus Removal Rate in Biolak Process[J]. Advanced Materials Research，2013，779-780：1629-1633.

[39] CHEN H, WANG D, LI X, et al. Effect of dissolved oxygen on biological phosphorus removal induced by aerobic/extended-idle regime[J]. Biochemical Engineering Journal，2014，90：27-35.

[40] LIMPIYAKORN T, SHINOHARA Y, KURISU F, et al. Communities of

ammonia-oxidizing bacteria in activated sludge of various sewage treatment plants in Tokyo[J]. FEMS Microbiology Ecology, 2005, 54 (2): 205-217.

[41] LI Y F, YANG J Y, ZHANG G C. Changes of pH in A^{2}O process system and its impact on nitrogen and phosphorus removal[J]. Advanced Materials Research, 2012, 588-589: 55-58.

[42] 张洪波. 改良分段进水 A/O 工艺处理城市生活污水试验研究[D]. 扬州: 扬州大学, 2013.

[43] 吴成强, 杨清, 杨敏. 好氧反硝化在短程硝化反硝化工艺中的作用研究[J]. 中国给水排水, 2007, 23 (023): 97-100.

[44] 李明, 唐益洲, 汪鑫龙. 酸析-UV-Fenton 预处理胶粘废水[J]. 工业用水与废水, 2020, 51 (4): 34-37.

[45] 毕学军, 张波. 倒置 A^2/O 工艺生物脱氮除磷原理及其生产应用[J]. 环境工程, 2006, 24 (3): 29-30.

[46] ZHANG Z, PAN S, HUANG F, et al. Nitrogen and phosphorus removal by activated sludge process: a review[J]. Mini-Reviews in Organic Chemistry, 2017, 14 (2): 99-106.

[47] 李亚峰, 杨嗣靖, 于燿滏. 基于倒置 A^2/O 工艺脱氮除磷存在问题的优化措施[J]. 工业水处理, 2019, 39 (8): 15-18.

[48] TANGA J, LI M, ZHANG Y. Research on the Optimal Operation of Inverted A^2/O&MBR Process for Rural Domestic Sewage Treatment[J]. Iop Conference, 2018, 452: 022163-022168.

[49] WANG Z, LIU B, LIU Y D, et al. Evaluation of biological removal efficiency in a UCT process treating municipal wastewater during start-up stage[J]. Journal of Environmental Biology, 2013, 34 (2): 459-464.

[50] 王慰, 王淑莹, 张琼, 等. 后置缺氧 UCT 分段进水工艺处理低 C/N 城市污水[J]. 中国环境科学, 2016, 36 (7): 1997-2005.

[51] ABARGUES M R, FERRER J, BOUZAS A, et al. Fate of endocrine

disruptor compounds in an anaerobic membrane bioreactor（AnMBR）coupled to an activated sludge reactor[J]. Environmental Science：Water Research & Technology, 2018, 4（2）: 226-233.

[52] 杨志泉, 周少奇, 何伟, 等. 改良 A2/O 工艺生物脱氮除磷应用研究[J]. 中国给水排水, 2010, 26（1）: 79-82.

[53] 李思敏, 杜国帅, 唐锋兵. 改良 A^2O 工艺对低碳源污水的脱氮除磷性能分析[J]. 中国给水排水, 2013, 29（12）: 25-29.

[54] LAI T M, DANG H V, NGUYEN D D, et al. Wastewater treatment using a modified A^2O process based on fiber polypropylene media[J]. Journal of Environmental Science & Health Part A, 2011, 46（10）: 1068-1074.

[55] 赵蓉, 周少奇, 伍志研. A+A^2/O 工艺脱氮除磷参数调控及运行效果分析[J]. 水处理技术, 2012, 38（4）: 118-121.

[56] 周爱姣, 陶涛, 张太平, 等. A-A^2O 工艺处理低碳源城市污水的除磷脱氮效果[J]. 环境科学与技术, 2008, 31（12）: 150-152.

[57] 邹伟国, 陆嘉竑, 张辰, 等. 曝气生物滤池在脱氮除磷工艺中的应用[J]. 环境工程, 2004, 22（5）: 27-29.

[58] 邹伟国, 杨小红, 张辰. 双污泥脱氮除磷工艺用于老厂达标改造[J]. 中国给水排水, 2006, 22（2）: 20-22.

[59] 徐宇峰, 王让, 唐锋兵, 等. 分配比对分段进水 A^2/O 工艺脱氮除磷的影响[J]. 浙江大学学报（工学版）, 2018, 52（4）: 761-768.

[60] DEMIR M, DEBIK E, OZKAYA B, et al. Determination of microbial community in a pilot scale two-stage step-feed biological nutrient removal process[J]. GLOBAL NEST JOURNAL, 2019, 21（2）: 211-221.

[61] LI N, ZENG W, MIAO Z, et al. Enhanced nitrogen removal and in situ microbial community in a two step feed oxic/anoxic/oxic membrane bioreactor（O/A/O MBR）process[J]. Journal of Chemical Technology & Biotechnology, 2019, 94（4）: 1315-1322.

[62] 吴昌永, 彭永臻, 王淑莹, 等. 强化反硝化除磷对 A^2O 工艺微生物种群变化的影响[J]. 化工学报, 2010, 61（1）: 186-191.

[63] ZHANG M, YANG Q, ZHANG J, et al. Enhancement of denitrifying phosphorus removal and microbial community of long-term operation in an anaerobic anoxic oxic biological contact oxidation system[J]. Journal of Bioscience & Bioengineering, 2016, 1-11: 456-466.

[64] OLIVER B G, COSGROVE E G. The disinfection of sewage treatment plant effluents using ultraviolet light[J]. Canadian Journal of Chemical Engineering, 2010, 53（2）: 170-174.

[65] 钱晓莉, 吴永贵, 陈程, 等. 赤泥对煤矿酸性废水中污染物的去除效率研究[J]. 西南大学学报（自然科学版）, 2011, 33（3）: 68-72.

[66] 王晓莲, 彭永臻. A^{2}O 法污水生物脱氮除磷处理技术与应用[M]. 北京: 科学出版社, 2009: 35-52.

[67] 马放, 杨基先, 魏利, 等. 环境微生物图谱[M]. 北京: 中国环境科学出版社, 2010.

[68] 张雪苍, 周国磊, 傅科涵, 等. Soleris 检测技术在焙烤食品微生物检测中的应用研究[J]. 食品科技, 2020, 45（4）: 327-332.

[69] 王颖, 聂冬, 金明姬. 温度对改良后 Atmosphere-exposed Biofilm 系统处理特性的影响[J]. 科学技术与工程, 2018, 18（17）: 332-336.

[70] 陈建发. 高效微生物菌群强化抗生素类废水生物处理研究[J]. 长江大学学报（自科版）, 2018, 15（6）: 62-67.

[71] 李水秀, 朱静平, 胡小宇. 厌氧条件下不同种类污泥的释磷效果[J]. 西南科技大学学报, 2019, 34（2）: 39-44.

[72] BANU J R, UAN D K, YEOM I T. Nutrient removal in an A^{2}O-MBR reactor with sludge reduction[J]. Bioresource Technology, 2009, 100（16）: 3820-3824.

[73] WANG Z, XU X, GONG Z, et al. Removal of COD, phenols and ammonium from Lurgi coal gasification wastewater using A^{2}O-MBR system[J]. Journal of hazardous materials, 2012, 235-236: 78-84.

[74] AZIMI A A, HOOSHYARI B, MEHRDADI N, et al. Enhanced COD and nutrient removal efficiency in a hybrid integrated fixed film-activated

[75] 刘贝, 林玉姬, 李安琪, 等. 温度对 MOSA 工艺厌氧反应器物质释放及磷回收的影响[J]. 环境与发展, 2019, 31（5）: 98-100.

[76] LI Y, ZHAO S, ZHANG J, et al. Screening and Diversity Analysis of Aerobic Denitrifying Phosphate Accumulating Bacteria Cultivated from A^{2}O Activated Sludge[J]. Processes, 2019, 7（11）: 827-835.

[77] 王建华, 陈永志, 彭永臻. 低碳氮比实际生活污水 A^{2}O-BAF 工艺低温脱氮除磷[J]. 中国环境科学, 2010, 30（9）: 1195-1200.

[78] AL-ANI F H, MAJDI H S, ALI J M, et al. Desalination and Water Treatment Comparative study on CAS, UCT, and MBR configurations for nutrient removal from hospital wastewater [J]. Desalination and water treatment, 2019, 164: 39-47.

[79] 霍唐燃, 潘珏君, 刘思彤. 基于代谢组的厌氧氨氧化菌群对温度的响应机制[J]. 微生物学通报, 2019, 46（8）: 1936-1945.

[80] JIANG Y, POH L S, LIM C, et al. Impact of free nitrous acid shock and dissolved oxygen limitation on nitritation maintenance and nitrous oxide emission in a membrane bioreactor[J]. Science of The Total Environment, 2019, 660: 11-17.

[81] 符波, 廖潇逸, 丁丽丽, 等. 环境扫描电镜对废水生物样品形态结构的表征研究[J]. 中国环境科学, 2010, 30（1）: 93-98.

[82] LU Q, DE TOLEDO R A, Shim H. Effect of COD/TP ratio on biological nutrient removal in A^{2}O and SBR processes coupled with microfiltration and effluent reuse potential[J]. Environmental technology, 2016, 37（12）: 1461-1466.

[83] KISO Y, JUNG Y J, ICHINARI T, et al. Wastewater treatment performance of a filtration bio-reactor equipped with a mesh as a filter material[J]. Water Research, 2000, 34（17）: 4143-4150.

[84] 田美. 基于新一代测序技术的 BIOLAK 和 A^{2}O 活性污泥宏基因组研

究[D]. 徐州：中国矿业大学，2016.

[85] 闻韵，王晓慧，林常青. Miseq 测序分析活性污泥系统中细菌群落的动态变化[J]. 环境工程学报，2015，9（11）：5225-5230.

[86] WANG J, CHON K, REN X, et al. Effects of beneficial microorganisms on nutrient removal and excess sludge production in an anaerobic anoxic/oxic （A^2O） process for municipal wastewater treatment[J]. Bioresource Technology，2019，281：90-98.

[87] FAN X, GAO J, PAN K, et al. Functional genera, potential pathogens and predicted antibiotic resistance genes in 16 full-scale wastewater treatment plants treating different types of wastewater[J]. Bioresource technology，2018，268：97-106.

[88] ZHANG L, ZHANG M, GUO J, et al. Effects of K + salinity on the sludge activity and the microbial community structure of an A^2O process[J]. Chemosphere，2019，235（NOV.）：805-813.

[89] 顾丽君，钱庄，祝志超，等. 不同含量低污染水对人工湿地中细菌的影响研究[J]. 水处理技术，2020，46（4）：35-40.

[90] 李娜英，韩智勇，王双超，等. 多污染源作用下填埋场地下水微生物群落分析[J]. 中国环境科学，2020，40（11）：4900-4910.

[91] 邓敬轩，黄振兴，李激，等. 多孔生物质基材用于城镇污水处理厂尾水深度净化的试验研究[J]. 环境工程，2020，38（7）：81-87.

[92] 马烨姝，姚俊芹，汪溪远，等. 干旱寒冷地区氧化沟工艺活性污泥的菌群结构研究[J]. 环境工程，2020，38（3）：58-62＋50.

[93] 李新慧，郑权，李静，等. 氟喹诺酮对垂直流人工湿地性能及微生物群落的影响[J]. 环境科学，2018，39（10）：4809-4816.

[94] CHEN C, OUYANG W, HUANG S, et al. Microbial Community Composition in a Simultaneous Nitrification and Denitrification Bioreactor for Domestic Wastewater Treatment[C]. IOP Conference Series：Earth and Environmental Science，2018，112(1)：012007-012011.

[95] 韩文杰，吴迪，周家中，等. 长三角地区 MBBR 泥膜复合污水厂低

温季节微生物多样性分析[J]. 环境科学, 2020, 41（11）: 5037-5049.

[96] 于小彦, 张平究, 张经纬, 等. 城市河流沉积物微生物量分布和群落结构特征[J]. 环境科学学报, 2020, 40（2）: 585-596.

[97] 方德新, 吉芳英, 许晓毅, 等. 高原高寒污水处理系统的微生物群落特征[J]. 中国环境科学, 2020, 40（3）: 1081-1088.

[98] 韩岳桐, 赵堃, 王森, 等. 青岛海泊河污水处理厂缺氧池中微生物群落动态变化[J]. 中国海洋大学学报（自然科学版）, 2018, 48（7）: 103-110.

[99] LUIS SANDOVAL, FLORENTINA ZURITA, OSCAR ANDRÉS DEL ÁNGEL-CORONEL, et al. Influence of a new ornamental species (Spathiphyllum blandum) on the removal of COD, nitrogen, phosphorus and fecal coliforms: a mesocosm wetland study with PET and tezontle substrates[J]. 2020, 81（5）: 961-970.

[100] 潘婷, 张森, 范亚骏, 等. 基于碳源优化的反硝化除磷及微生物特性[J]. 中国环境科学, 2020, 40（7）: 2901-2908.

[101] 皮艳霞, 左金龙, 李俊生, 等. 典型湿地沉积物中硝酸盐异化还原成铵的细菌群落结构的研究[J]. 环境科学学报, 2019, 39（6）: 1816-1824.

[102] 金京华, 沈丹丹, 程言君, 等. 光化合反应生物酶系统启动下厌氧-缺氧-好氧工艺活性污泥微生物群落结构响应[J]. 生物工程学报, 2020, 36（12）: 2824-2837.

[103] 侯晓薇, 牛永健, 李维维, 等. 高温冲击对亚硝酸盐氧化过程中微生物菌群结构影响[J]. 环境科学, 2020, 41（8）: 3773-3780.

[104] 陈鑫宇, 王道雄, 潘飞, 等. 基于高通量测序的 OMS-2 对序批式反应器系统微生物群落的影响[J]. 环境工程学报, 2020, 14（1）: 244-252.

[105] 张春秋, 蒋聪, 耿金菊, 等. 环境浓度双氯芬酸对活性污泥处理性能和微生物群落的影响[J]. 环境科学学报, 2019, 39（10）: 3215-3224+3565.

[106] 洪颖, 姚俊芹, 马斌, 等. 基于高通量测序的 SBR 反应器丝状膨胀污泥菌群分析[J]. 环境科学, 2018, 39（7）: 3279-3285.

[107] 张喆，傅金祥，朱京海. OPCRP 填料的 SBMBBR 处理低温污水脱氮细菌多样性试验[J]. 环境工程，2020，38（10）：108-113.

[108] 康小虎. 西北亚高原地区城市污水净化的微生物学机制研究[D]. 兰州：兰州交通大学，2018.

[109] 郝晓地，陈峤，刘然彬. Tetrasphaera 聚磷菌研究进展及其除磷能力辨析[J]. 环境科学学报，2020，40（3）：741-753.

[110] 黄潇. 多级 AO-深床滤池工艺深度处理城市污水效能及微生物特征[D]. 哈尔滨：哈尔滨工业大学，2019.

[111] 冯萃敏，庆杉，鑫悦，等. MBR 工艺对公共建筑污水抗生素抗性基因的去除效果研究[J]. 安全与环境学报，2020，20（2）：292-298.

[112] KIM J, LEE C. Response of a continuous biomethanation process to transient organic shock loads under controlled and uncontrolled pH conditions[J]. Water Research，2015，73（apr.15）：68-77.

[113] ZHUANG X, HUANG Y, SONG Y, et al. The transformation pathways of nitrogen in sewage sludge during hydrothermal treatment[J]. Bioresource Technology，2017，245：463-470.

[114] JIANG C, XU S, WANG R, et al. Achieving efficient nitrogen removal from real sewage via nitrite pathway in a continuous nitrogen removal process by combining free nitrous acid sludge treatment and DO control[J]. Water Research，2019，161（15）：590-600.

[115] WANG D, TOOKER N B, SRINIVASAN V, et al. Side-stream enhanced biological phosphorus removal （S2EBPR） process improves system performance - A full-scale comparative study[J]. Water Research，2019，167：115109.

[116] YANG L, LOU JUN, WANG H H, et al. Use of an improved high-throughput absolute abundance quantification method to characterize soil bacterial community and dynamics[J]. Science of the Total Environment，2018，633：360-371

[117] 苗琦. MBBR 型 A^2/O 复合工艺处理城市污水的效能研究[D]. 哈尔滨：

哈尔滨工业大学，2018.

[118] 闫晓乐. 填料 CASS 工艺在酒精废水处理中的应用研究[D]. 郑州：郑州大学，2019.

[119] LI X, SUN S, BADGLEY B D, et al. Nitrogen removal by granular nitritation-anammox in an upflow membrane-aerated biofilm reactor. [J]. Water Research，2016，94(May1)：23-31.

[120] 宗永臣. 西藏高原环境下 A2/O 工艺微生物特征及脱氮除磷机理研究[D]. 林芝：西藏大学，2021.

[121] 梁珊. A^2/O-MBR 工艺处理含磷废水的运行条件优化及膜污染控制研究[D]. 大连理工大学，2019.

[122] 艾胜书. 基于气升式微压双循环多生物相反应器的寒区城市污水处理性能及机理研究[D]. 长春：吉林大学，2021.

[123] 母宣贻. 多级 AO 工艺处理酿酒废水性能及微生物群落演替解析[D]. 成都：西华大学，2021.

[124] 占子杰. 微氧 EGSB 与 SBR-MBBR 联合系统处理中药渣脱水废水的效能研究[D]. 哈尔滨：哈尔滨工业大学，2021.

[125] 梁秀莲. 向家坝库区底泥氮形态分布特征及微生物群落结构研究[D]. 邯郸：河北工程大学，2021.

[126] 王晓暄. 河道治理中曝气耦合湿地的叠加效应及机理研究[D]. 无锡：江南大学，2021.

[127] 赵思源. 好氧反硝化聚磷菌强化 MBR 反应器脱氮除磷实验研究[D]. 成都：西南交通大学，2020.

[128] 崔贺. 管式生物净水装置用于农村生活污水处理设施尾水强化脱氮的研究及示范[D]. 上海：华东师范大学，2019.

[129] 郝凯越，李远威，宗永臣，等. 高原生境下 A^{2}O 工艺对污水处理的微生物机制[J]. 中国环境科学，2021，41（5）：2240-2251.

[130] 张千. 基于固相反硝化和吸附除磷的低碳源污水脱氮除磷技术研究[D]. 重庆：重庆大学，2016.

[131] 夏瑜. 城市污水处理系统微生物多样性和时间动态变化[D]. 北京：清

华大学，2016.

[132] 罗袁爽. 基于宏基因测序的污水生物处理系统菌群结构及功能研究[D]. 乌鲁木齐：新疆大学，2020.

[133] 马切切，袁林江，牛泽栋，等. 活性污泥微生物群落结构及与环境因素响应关系分析[J]. 环境科学，2021，42（8）：3886-3893.

[134] MICHAEL, PESTER, FRANK, et al. NxrBencoding the beta subunit of nitrite oxidoreductase as functional and phylogenetic marker for nitrite-oxidizingNitrospira[J]. Environmental Microbiology，2014，16（10）：3055-3071.

扫码查看本书彩图